高等学校电子信息类专业系列教材

应用型网络与信息安全工程技术人才培养系列教材

网络系统集成

(第二版)

主 编 秦智

副主编 韩 斌 樊小龙

U0378841

西安电子科技大学出版社

内 容 简 介

本书针对当前在网络工程设计和实施过程中的一些原理、方法和技术，系统、全面地介绍了计算机网络、综合布线方案、局域网设计和工程设计方法中所涉及的概念及技术，重点介绍了局域网设计、网络服务器技术及选型、综合布线系统设计、网络需求分析、工程设计、工程验收等相关概念及技术，并为读者提供了几个典型案例以增强实践学习。

本书以方案设计为中心进行技术分析、产品介绍和案例讲解，可作为高等院校网络工程、计算机科学与技术、通信工程等专业本科生的教材，也可供从事网络技术研究与开发的人员参考。

图书在版编目(CIP)数据

网络系统集成 / 秦智主编. --2 版. --西安：西安电子科技大学出版社，2024.1
ISBN 978-7-5606-7151-2

Ⅰ.①网…　Ⅱ.①秦…　Ⅲ.①计算机网络—网络集成　Ⅳ.①TP393.03

中国国家版本馆 CIP 数据核字(2024)第 009119 号

策　　划　李惠萍
责任编辑　张　玮
出版发行　西安电子科技大学出版社(西安市太白南路 2 号)
电　　话　(029)88202421　88201467　　邮　　编　710071
网　　址　www.xduph.com　　　　　　电子邮箱　xdupfxb001@163.com
经　　销　新华书店
印刷单位　陕西天意印务有限责任公司
版　　次　2024 年 1 月第 2 版　　2024 年 1 月第 1 次印刷
开　　本　787 毫米×1092 毫米　1/16　印　张　17.5
字　　数　408 千字
定　　价　44.00 元

ISBN 978-7-5606-7151-2/TP
XDUP 7453002-1
如有印装问题可调换

序

进入 21 世纪以来，信息技术迅速地改变着人们传统的生产和生活方式，社会的信息化已经成为当今世界发展不可逆转的趋势和潮流。信息作为一种重要的战略资源，与物资、能源、人力一起被视为现代社会生产力的主要因素。目前，世界各国围绕着信息获取、利用和控制的国际竞争日趋激烈，网络与信息安全问题已成为一个世纪性、全球性的课题。党的十八大报告明确指出，要"高度关注海洋、太空、网络空间安全"。党的十八届三中全会又决定设立国家安全委员会，成立中央网络安全和信息化领导小组，并把网络与信息安全列入了国家发展的最高战略方向之一。这为包含网络空间安全在内的非传统安全领域问题的有效治理提供了重要的体制机制保障，是我国国家安全体制机制的一个重大创新性举措，彰显了我国政府治国理政的战略新思维和"大安全观"。

人才资源是确保我国网络与信息安全第一位的资源，信息安全人才培养是国家信息安全保障体系建设的基础和必备条件。随着我国信息化和信息安全产业的快速发展，社会对信息安全人才的需求不断增加。2015 年 6 月 11 日，国务院学位委员会和教育部联合发出"学位[2015]11 号"通知，决定在"工学"门类下增设"网络空间安全"一级学科，代码为"0839"，授予工学学位。这是国家推进专业化教育，在信息安全领域掌握自主权、抢占先机的重要举措。

新中国成立以来，我国高等工科院校一直是培养各类高级应用型专门人才的主力。培养网络与信息安全高级应用型专门人才也是高等院校义不容辞的责任。目前，许多高等院校和科研院所已经开办了信息安全专业或相关课程。作为国家首批 61 所"卓越工程师教育培养计划"试点院校之一，成都信息工程大学以《国家中长期教育改革和发展规划纲要(2010—2020 年)》《国家中长期人才发展规划纲要(2010—2020 年)》《卓越工程师教育培养计划通用标准》为指导，以专业建设和工程技术为主线，始终贯彻"面向工业界、面向未来、面向世界"的工程教育理念，按照"育人为本、崇尚应用""一切为了学生"的教学教育理念和"夯实基础、强化实践、注重创新、突出特色"的人才培养思路，遵循"行业指导、校企合作、分类实施、形式多样"的原则，实施了一系列教育教学改革。令人欣喜的是，该校信息安全工程学院与西安电子科技大学出版社近期联合组织了一系列网络与信息安全专业教育教学改革的研讨活动，共同研讨培养应用型高级网络与信息安全工程技术人才的教育教学方法和课程体系，并在总结近年来该校信息安全专业实施"卓越工程师教育培养计划"教育教学改革成果和经验的基础上，组织编写了"应用型网络与信息安全工程技术人才培养系列教材"。本套教材总结了该校信息安全专业教育教学改革的成果和经验，相关课程有配套的课程过程化考核系统，是培养应用型网络与信息安全工程技术人才的一套比较完整、实用的教材，相信可以对我国高等院校网络与信息安全专业的建设起到很好的促进作用。该套教材为中国电子教育学会高教分会推荐教材。

　　信息安全是相对的，信息安全领域的对抗永无止境。国家对信息安全人才的需求是长期的、旺盛的。衷心希望本套教材在培养我国合格的应用型网络与信息安全工程技术人才的过程中取得成功并不断完善，为我国信息安全事业做出自己的贡献。

高等学校电子信息类"十三五"规划教材
应用型网络与信息安全工程技术人才培养系列教材
名誉主编（中国密码学会常务理事）

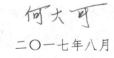

二〇一七年八月

高等学校电子信息类专业系列教材

应用型网络与信息安全工程技术人才培养系列教材

编审专家委员会名单

前　言

计算机网络源于计算机技术与通信技术的结合，始于 20 世纪 70 年代，发展于 20 世纪 80 年代。尤其是在近十多年以来，计算机网络已广泛地应用于工业、商业、金融、政府部门、教育、科研及人们日常生活的各个领域，成为信息社会的基础设施。

本书系统全面地介绍了有关网络系统集成及网络工程方面的知识。网络系统集成其实是一门综合性的学科，涉及计算机网络技术、工程技术、项目投标、关系学等多方面的内容。本课程应在"计算机网络""路由与交换技术""网络服务配置与管理"等课程之后开设。本课程的参考教学时数为 24～32 学时，各学校可根据学生已掌握的知识及接受能力等具体情况做适当缩减。为了方便任课教师的教学，本书在上一版本的基础上提供以下基本教学资源：课件、大纲、教案、课程总结模板、课程成绩考核模板、综合实验文档；还提供了以下教学参考资料：第 3 章综合布线资料(施工技术资料、福禄克 DTX 使用参考、布线材料报价参考、GB50311 和 GB50312 标准)；第 4 章局域网方案相关的产品参考(华为部分资料、网络产品参考的 URL 地址)；第 6 章网络安全方案参考资料(安全产品参考的 URL 地址、二层攻击及防范 PPT)；第 7 章和第 8 章关于服务器和网络存储的资料(产品参考 URL 地址、数据容灾技术文档、存储技术及产品文档)。

本书共 10 章。第 1 章为网络系统集成概述，主要介绍网络系统集成的概念、集成内容和集成步骤等，以及网络技术基础，包括 TCP/IP 网络模型、IP 地址的分类以及目前常用的组网技术。第 2 章主要介绍网络工程项目管理的相关知识。第 3 章主要介绍综合布线系统各个子系统的设计及相关知识。第 4 章主要介绍局域网和交换机的相关知识，以及广域网接入的相关技术。第 5 章列举案例讲解网络方案的基本设计。第 6 章主要介绍网络安全方案设计，并针对防火墙、入侵检测系统、防病毒系统产品进行了介绍。第 7 章主要介绍服务器的技术特点和服务器选型要点。第 8 章主要介绍网络存储技术和灾难备份与恢复技术，并用实际案例分析网络存储备份解决方案的设计。第 9 章主要介绍网络管理的相关知识、网管协议以及常用的网管软件，并介绍常见网络故障的处理方法。第 10 章主要介绍网络工程中常见的验收和维护知识。

本书编写组成员长期从事一线教学工作、科研工作和工程技术工作，在计算机学科建设、课程建设、网络规划和网络工程实践方面具有丰富的经验。作者以多年来在课堂教学和网络系统集成方面的实践经验为基础，参考了大量的资料，用通俗易懂的语言，全面系统地介绍工程中所涉及的理论、技术，使用的主要设备及技术指标，设备选型和方案设计等。本书的一大特色是以方案设计为中心展开技术分析、产品介绍和案例综述。本书内容系统，语言叙述简练，实用性强，结构安排合理，适用于课程教学和实践教学。

本书第 1～5 章由秦智编写，其他章节由韩斌、樊小龙、甄妮和秦友编写。

本书在编写过程中多次得到有关领导及兄弟院校、研究所的专家、教授、同行的热情帮助和支持，在此表示衷心的感谢。

由于编者的专业水平和写作能力有限，书中难免会有不足之处，恳请各位专家和读者批评指正。

编　者

2023 年 9 月于成都

目　录

第1章　网络系统集成概述 1
1.1　网络系统集成的概念 1
1.2　网络系统集成层面及内容 2
1.3　网络系统集成体系框架 4
1.4　网络系统集成原则 5
1.5　网络系统集成步骤 6
1.6　网络系统集成的网络技术 7
　　1.6.1　计算机网络 OSI/RM 体系结构 7
　　1.6.2　TCP/IP 体系结构 9
　　1.6.3　IEEE 802 局域网体系结构 10
　　1.6.4　TCP/IP 协议集 12
　　1.6.5　IP 地址及子网划分 13
　　1.6.6　网络拓扑结构 15
　　1.6.7　以太网技术 17
　　1.6.8　VLAN 技术 20
　　1.6.9　VPN 技术 21
　　1.6.10　无线局域网技术 23
本章小结 25
习题与思考 26

第2章　网络工程项目管理 27
2.1　项目管理基础 27
　　2.1.1　项目管理的概念 27
　　2.1.2　项目管理的特点 28
　　2.1.3　项目管理的内容 29
2.2　项目投标 32
　　2.2.1　网络系统集成的投标 32
　　2.2.2　投标书文件格式简介 35
2.3　网络系统集成需求分析 40
　　2.3.1　用户网络系统集成目标 41
　　2.3.2　用户需求调查报告 41

2.3.3　市场调研报告 42
2.3.4　详细的需求分析报告 43
2.4　网络系统规划管理 44
　　2.4.1　网络拓扑结构规划 44
　　2.4.2　IP 和 VLAN 规划 47
　　2.4.3　网络路由规划 49
　　2.4.4　网络应用服务规划 49
　　2.4.5　网络安全整体规划 50
2.5　成本及风险管理 51
　　2.5.1　项目成本管理 51
　　2.5.2　项目风险管理 51
2.6　网络系统集成项目质量管理 52
2.7　网络系统集成项目监理 52
　　2.7.1　网络系统集成监理依据 53
　　2.7.2　网络系统集成监理组织结构 53
　　2.7.3　网络系统集成监理的主要内容 ... 54
　　2.7.4　网络系统集成监理实施步骤 55
本章小结 55
习题与思考 56

第3章　综合布线系统及案例 57
3.1　综合布线概述 57
　　3.1.1　综合布线系统概念 57
　　3.1.2　综合布线系统相关标准简介 59
　　3.1.3　综合布线系统的设计等级 59
　　3.1.4　综合布线系统的设计原则 61
　　3.1.5　综合布线系统的设计范围及步骤 ... 62
3.2　综合布线系统常用传输介质 62
　　3.2.1　双绞线 62
　　3.2.2　同轴电缆 67
　　3.2.3　光纤和光缆 68

I

3.3 综合布线系统的设计 72
  3.3.1 工作区子系统的设计 72
  3.3.2 水平(配线)子系统的设计 74
  3.3.3 管理子系统的设计 76
  3.3.4 干线子系统的设计 81
  3.3.5 设备间子系统的设计 83
  3.3.6 建筑群子系统的设计 87
  3.3.7 进线间子系统的设计 90
  3.3.8 电气保护设计 91
3.4 工程测试与验收 93
  3.4.1 测试与验收的标准和依据 93
  3.4.2 测试与验收工作 93
3.5 综合布线方案案例 95
  3.5.1 某大学主楼综合布线系统
      需求分析 95
  3.5.2 综合布线系统设计 96
本章小结 100
习题与思考 100

第4章 局域网组网技术 102
4.1 局域网基础知识 102
  4.1.1 局域网的组成 102
  4.1.2 局域网的分类 103
  4.1.3 以太网 104
  4.1.4 局域网 MAC 地址及管理办法 106
4.2 局域网交换机及交换技术 108
  4.2.1 局域网交换机的交换原理 108
  4.2.2 交换机的分类 110
  4.2.3 交换机的连接方式 116
  4.2.4 多层交换技术 117
4.3 VLAN 技术 119
  4.3.1 VLAN 概述 119
  4.3.2 IEEE 802.1Q 协议 121
  4.3.3 Cisco ISL 协议 122
4.4 交换机链路聚合 122
4.5 交换机选型 123
4.6 WLAN 局域网技术 125
  4.6.1 WLAN 主要设备 125
  4.6.2 WLAN 组网方式 127

4.6.3 WLAN 的安全隐患 128
4.6.4 无线网络设备选型 129
4.7 VoIP 技术 129
  4.7.1 VoIP 概述 129
  4.7.2 VoIP 系统协议 130
  4.7.3 VoIP 编码技术 131
4.8 广域接入技术 132
  4.8.1 DDN 接入方式 132
  4.8.2 FR 接入方式 134
  4.8.3 xDSL 接入方式 135
  4.8.4 Cable Modem 接入方式 137
  4.8.5 光纤以太网接入方式 137
  4.8.6 无线广域网接入方式 139
本章小结 141
习题与思考 141

第5章 网络方案设计案例 142
5.1 网络建设目标及需求分析 142
  5.1.1 网络建设目标 142
  5.1.2 网络建设需求分析 142
  5.1.3 信息点分布分析 145
5.2 网络建设设计原则 145
5.3 网络拓扑设计 146
  5.3.1 网络拓扑及设备选型分析 146
  5.3.2 网络拓扑结构设计 150
5.4 网络 IP 地址及 VLAN 规划设计 152
  5.4.1 用户信息点分类 152
  5.4.2 IP 和 VLAN 设计 152
5.5 路由设计 154
  5.5.1 默认路由设计 154
  5.5.2 动态路由设计 154
  5.5.3 路由汇总设计 155
5.6 网络冗余设计 156
本章小结 157
习题与思考 157

第6章 网络安全方案设计 158
6.1 网络安全基础 158
6.2 网络安全设计的步骤 158

6.2.1　信息安全的三要素 158

6.2.2　风险分析和管理 159

6.2.3　安全策略设计 162

6.3　常见的网络安全手段 162

6.3.1　密码技术 163

6.3.2　网络嗅探 165

6.3.3　安全扫描技术 165

6.3.4　无线网络安全问题 166

6.3.5　网络操作系统安全加固 167

6.3.6　防火墙技术 169

6.3.7　入侵检测技术 170

6.3.8　病毒防范 173

6.4　传统网络安全产品及选型 174

6.4.1　防火墙 174

6.4.2　入侵检测 177

6.4.3　统一威胁 180

6.4.4　桌面安全管理系统 182

6.5　网络安全方案设计 183

6.5.1　网络安全需求 183

6.5.2　设计原则 185

6.5.3　网络安全方案简介 185

本章小结 187

习题与思考 188

第 7 章　网络应用服务器 189

7.1　服务器基础知识 189

7.1.1　服务器简介 189

7.1.2　服务器的作用 190

7.2　服务器的分类 190

7.2.1　根据网络规模划分 190

7.2.2　根据处理器架构划分 191

7.2.3　根据外形划分 192

7.3　服务器主要技术与指标 194

7.3.1　服务器 CPU 194

7.3.2　服务器内存 195

7.3.3　服务器硬盘 197

7.3.4　应急管理端口 198

7.3.5　RAID 技术 199

7.3.6　SMP 技术 200

7.3.7　容错技术 201

7.3.8　服务器集群 201

7.4　服务器虚拟化 203

7.4.1　服务器虚拟化的优点 203

7.4.2　常见的服务器虚拟化软件 204

7.5　网络服务器选型 204

7.5.1　用户网络服务器性能要求分析 204

7.5.2　服务器选购指南 205

本章小结 207

习题与思考 207

第 8 章　网络存储方案设计 208

8.1　网络存储技术 208

8.1.1　DAS 存储技术 208

8.1.2　SAN 存储技术 209

8.1.3　NAS 存储技术 211

8.1.4　iSCSI 存储技术 213

8.1.5　云存储 214

8.1.6　几种存储技术之间的简单比较 216

8.2　灾难备份与恢复 217

8.2.1　灾难备份与恢复概述 217

8.2.2　建立灾难备份专门机构 218

8.2.3　分析灾难备份需求 218

8.2.4　制订灾难备份方案 219

8.2.5　实施灾难备份方案 219

8.2.6　制订灾难恢复计划 219

8.2.7　保持灾难恢复计划持续可用 220

8.2.8　典型的灾备产品介绍 221

8.3　存储备份解决方案 223

8.3.1　存储与备份需求分析 223

8.3.2　方案设计目标 224

8.3.3　远程存储备份方案设计 225

8.3.4　备份方案设计 227

8.3.5　服务器备份方案设计 228

本章小结 228

习题与思考 229

第 9 章　网络管理与故障排除 230

9.1　网络管理基础 230

9.1.1 网络管理的概念......................230

9.1.2 网络管理的目标......................230

9.1.3 网络管理的功能......................231

9.2 网络管理系统.............................233

9.2.1 简单网络管理协议...................233

9.2.2 网络管理体系结构的发展趋势...236

9.3 常用网络管理软件及应用.............238

9.4 Windows 下 SNMP 的 Agent 配置........239

9.5 Linux 下 SNMP 的 Agent 配置.............241

9.6 网络故障处理.............................245

9.6.1 网络故障概述......................245

9.6.2 网络故障的分类...................245

9.6.3 网络故障排除流程...............247

9.6.4 常见网络故障的排除...........248

本章小结 250

习题与思考....................................250

第 10 章 测试验收与维护管理...............251

10.1 工程测试...............................251

10.1.1 测试网络系统...................251

10.1.2 网络测试工具...................253

10.2 工程验收...............................256

10.2.1 综合布线系统工程验收规范....257

10.2.2 工程验收过程...................259

10.2.3 验收文档管理...................260

10.3 网络维护与管理........................260

10.3.1 网络维护.......................261

10.3.2 网络管理.......................262

本章小结 267

习题与思考....................................267

参考文献..268

网络系统集成概述

【内容介绍】

本章是网络系统集成概述，综述性地介绍了系统集成中涉及的网络技术的基本概念，详细讲解了 OSI 参考模型、TCP/IP 体系结构、TCP/IP 协议集的内容、网络拓扑结构和局域网 IEEE 802 标准体系，重点介绍了 IP 地址和子网划分，以及以太网、VLAN、VPN 和 WLAN 等网络技术。

1.1　网络系统集成的概念

随着计算机网络技术的发展，人们的生活对网络的依赖程度越来越高，对网络系统的性能、功能、稳定性、安全性的要求也越来越高。因此，网络系统集成成为了计算机网络技术应用发展不可缺少的一种新兴的服务方式，而且人们对网络系统集成服务内容、技术、工艺等也提出了更高的要求。

网络系统集成术语含有三个层次的概念，第一个是"网络"，第二个是"系统"，第三个是"集成"。

第一，"网络"的概念。我们在这里提到的网络，是针对计算机的网络，比如校园网、园区网络、企业网，等等。计算机网络是指将地理位置不同的具有独立功能的多台计算机及其外部设备，通过通信线路连接起来，并在网络操作系统、网络管理软件以及网络通信协议的管理和协调下，实现资源共享和信息传递的计算机系统。从概念来看，计算机网络含有一定的系统集成成分，但是不具有更专业的技术和工艺。

第二，"系统"的概念。"系统"是指为实现规定功能以达到某一目标而构成的相互关联的一个集合体或装置(部件)。在计算机网络中，系统是网络中的计算机、交换机、路由器、防火墙、操作系统、网络通信软件系统、网络线路、服务等的一个有机的、协调的集合体。

第三，"集成"的概念。集成就是将一些孤立的事物或元素通过某种方式集中在一起，产生有机的联系，从而构成一个有机整体的过程和操作方法。它是在系统"体系、秩序、规律和方法"的指导下，根据用户的需求优选各种技术和产品，整合用户原有资源，提出系统性组合的解决方案的过程和操作方法。因此，我们可以知道集成是一种过程、方法、手段。

目前，网络系统集成没有一个严格的定义，它的定义是来自于理论和实践结合的产物，是一套方法、过程、策略的体系，是如何完成一个网络工程的方法、过程、操作。本书中提到的网络系统集成，是针对计算机网络的集成，是指以用户的网络应用需求和投资规模为出发点，合理选择各种软件、硬件产品和网络基础设施、网络设备、网络系统软件、网络基础服务系统等，并将其有机地组织成一体，使之能够满足用户的实际需求，形成具有优良性能价格比的计算机网络系统的过程。

因此，可以看出，网络系统集成有以下几个显著特点：

(1) 网络系统集成要以满足用户需求为根本出发点。

(2) 网络系统集成不是只选择最好的产品的简单行为，而是要选择合理、适合用户实际需求和投资规模的产品与技术。

(3) 网络系统集成不是简单的设备供货，它更多体现的是设计、调试与开发，是一个与技术有机融合的过程。

(4) 网络系统集成不仅包含技术，还包含项目管理和商务活动等方面，另外还涉及人文、工艺，是一项综合性的系统化工程。网络技术是网络系统集成工作的核心，项目管理和商务活动是网络系统集成项目成功实施的可靠保障，它们对项目实施起到协调和润滑的作用。

(5) 性能价格比的高低是评价一个网络系统集成项目设计是否合理和能否成功实施的重要参考因素。

总而言之，网络系统集成是一种商业行为，也是一种管理行为，其本质是一种技术行为。

1.2   网络系统集成层面及内容

1. 网络系统集成层面

网络系统集成包含三个层面的集成：一是网络应用集成，二是软硬件产品集成，三是网络技术集成。在整个网络系统集成过程中，我们可以将其系统化，形成一套方法体系。网络系统集成不再是简单地将应用、产品、技术组合或堆砌，而是需要合理的集成方法。

1) 网络应用集成

网络系统集成的最终目的是实现网络资源共享，用户建设网络的目的就是实现应用系统的信息共享，网络应用集成可能会涉及用户的业务系统、Web 系统、DNS 系统、邮件系统，等等。因此，网络应用集成需要网络系统集成服务商深入地了解用户的实际需求，协助用户进行系统可行性分析、需求分析、总体方案设计、信息系统规划、数据库组织管理等，对用户的需求重点、历史情况、现有状况、行业特点及投资预算等都需要有一个完整的了解，并将这些信息有机地体现在网络系统集成方案中。

2) 软硬件产品集成

在网络应用集成的基础上，为保证用户的应用在有限资金预算内得以顺利实现，网络系统集成服务商需给出一个完整的软硬件产品清单，从产品型号、功能、价格到选择理由都需有清楚的方案说明，并且最好有使用该类产品的实际案例。软硬件产品涉及传输介质、交换机、路由器、防火墙、操作系统、网络软件，等等。网络系统集成服务商会有很多的选择，但不管如何配置，必须遵循下限原则和上限原则，下限原则是完全满足用户的需求，上限原则是在有限的资金预算内实现目标。在这个范围内网络系统集成服务商之间就设备及价格的竞争才是有意义的。

3) 网络技术集成

根据应用需求，得到了完整的软硬件产品清单，不等于实现了系统集成。系统集成不是简单地将设备组合或堆砌，而是需要通过网络技术，结合应用需求，将软硬件产品按照技术、实施要求、方法有机融合，才能使其集成达到一定的效果，只有这样用户的网络系统才会良好运转。

2．网络系统集成的内容

在集成过程中，我们还可以从以下几个方面来理解集成的内容。

1) 需求分析

网络建设的目的就是要满足用户的需求，围绕用户的需求进行网络建设。因此，了解用户建设网络的需求，或用户对原有网络升级改造的需求，是系统集成的首要工作。需求分析主要包括对用户网络服务应用类型、物理拓扑结构、网络传输速率要求、流量特征等的分析。

2) 技术方案设计

根据用户需求及需求分析，应立即为用户设计一套或两套技术方案，给用户展示网络建设的大体内容和结果。因此，我们需要确定网络主干和分支采用的网络技术、网络传输介质、网络物理拓扑和逻辑拓扑结构，以及网络资源配置和外网接入方案等。

3) 产品选型

产品选型是结合技术方案和用户要求，进行设备选型，应包括网络设备、服务器和软件系统选型。当用户网络建设包括基础设施建设，即包括综合布线时，产品选型还应含有综合布线的一系列设备、材料的选型。

4) 网络工程经费预算

根据技术方案、产品选型、网络系统集成服务、技术培训、维护等内容，应给用户一个经费预算。

5) 网络系统集成实施方案设计

根据前期的网络系统集成项目开展的结果，与用户签订了项目合同后，应立即对网络系统集成实施的详细方案进行设计，主要包括以下几个方面：

(1) 综合布线实施材料清单、实施内容、实施方法、实施分工、测试内容和验收内容。

(2) 逻辑网络方案的详细设计，包括拓扑图，IP 和 VLAN 的规划，路由设计，外网接入设计，各栋楼宇的交换和路由等网络设备的 IP、VLAN、路由、标识和记录，等等。

(3) 网络设备、服务器、软件系统的安装和调试方案设计，以及实施分工清单。

6) 网络系统调试和测试

综合布线的线缆、模块等应按照布线标准和合同要求编写调试与测试方案，以及测试报告，包括网络设备、服务器和软件系统的安装工艺、配置和调试，以及测试的方案和测试报告。

7) 网络系统集成验收

整理整个过程的实施方案、文档、调试和测试报告，并将其移交给用户，按照合同要求成立验收小组，协助用户完成验收内容，邀请专家评审网络系统等工作。

8) 网络技术后期维护服务

当网络系统集成完成后，应按照合同协议执行 1～3 年的免费服务，对部分服务提供有偿服务。

9) 培训服务

当网络试运行成功，并完成网络工程验收工作后，应向用户提供运行服务的技术内容和管理内容的培训，培训对象一般分为以下五类人员：

(1) 领导层。

(2) 网络管理员。

(3) 程序员。

(4) 各个部门的主要负责人。

(5) 一般人员，主要工作是以纯粹的网络应用为主。

1.3 网络系统集成体系框架

在当前的园区网、校园网、企业网的网络建设中，涉及的集成内容更加繁多，不再是原来那种简单的网络线路、交换机或集线器搭建起来的通信网络。现在的网络对网络线路的布线质量，承载的传输率，交换机设备、路由设备的功能和配置以及安全和管理方面有更高的要求，同时，在工程实施过程中，与项目管理相关的各项内容不再是纯粹的技术问题。因此，网络系统集成目前已经是一门综合学科，涉及系统论、控制论、管理学、计算机网络技术、软件工程技术等，比如要建设一个大型的园区网或政务网，必须深入了解用户的业务需求、管理模式等，才能深刻理解用户网络建设的真正需求。网络系统集成体系框架如图 1.1 所示。

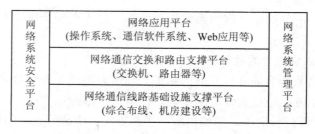

图 1.1 网络系统集成体系框架示意图

根据图 1.1，可看到整个网络系统集成体系包含五个方面，其中中间的三个是主要集成内容，是用户网络建设的最基本要求，而两侧的"网络系统安全平台"和"网络系统管理平台"用以增强网络系统的安全性、稳定性和可控性。

1. 网络通信线路基础设施支撑平台

网络通信线路基础设施支撑平台是用户网络最基本的、最基础的建设，是网络数据传输的必经平台，主要是指机房建设和综合布线。机房建设应按照标准建设，比如机房防尘埃、温度控制、湿度控制等的实施；综合布线涉及工作间布线、工作间到楼宇电信间的水平布线、电信间到中心机房的干线布线、电信间和设备间的管理子系统布线等内容。

2．网络通信交换和路由支撑平台

网络通信交换和路由支撑平台是通信数据交换和路由处理的必经节点，是用户网络数据交换和路由的处理平台，主要包括网络接口卡、收发器、集线器、交换机、路由器、无线设备等通信设备。

3．网络应用平台

网络应用平台直接面向用户，包括服务器、网络应用服务器、操作系统、应用软件系统(比如 OA 系统)、软件开发平台等。

4．网络系统安全平台

网络系统安全平台可以贯穿整个通信系统，用来保证网络设施、设备及数据的安全。物理上是保护线路的安全和机房的安全(比如防止火灾、盗窃等)；逻辑上是保证传输的数据、软件系统的安全，包括加密系统、防火墙、入侵检测系统、防病毒系统、数字签名、身份认证系统等。

5．网络系统管理平台

网络系统管理平台用于对网络通信、网络服务、应用系统进行管理，可以采用网络管理软件系统来完成系统配置管理、性能管理、资产资源管理、人员管理、信息点的管理等，该项管理有助于网络系统更好地、可靠高效地运行。

1.4　网络系统集成原则

对拟建立的计算机网络系统，应根据建设目标，从整体到局部，自上而下进行规划、设计，以"实用、够用、好用"为指导思想，并遵从以下原则。

1．开放性标准化原则

系统集成采用的标准、技术、结构、系统组件、用户接口等必须遵从开放性和标准化的要求，有利于不同产品之间的兼容、通信协议的兼容以及布线的标准化。在网络系统集成方案中，应建立网络系统集成方案中的开放性标准化原则，需要结合用户的实际需求和产品选型、技术选型，不用空话、套话，而向用户表达集成中的产品、技术都是符合应有的标准化原则的，是有利于今后的系统扩容和兼容的。

2．实用性和先进性原则

网络系统的设计目标要符合实用、有效的原则，设计结果应满足用户需求，而又切实有效，确保设计思想先进、网络拓扑结构先进、网络硬件设备先进及技术先进。在网络系统集成中要展示出方案所表述的实用性和先进性，应充分展示方案设计的合理性、实用性以及技术的先进性。比如目前的方案中，10 Mb/s 或 100 Mb/s 到桌面已经不能满足用户的实际需求，应考虑使用 1000 Mb/s 到桌面，选用六类双绞线。

3．可靠性和安全性原则

系统设计的基本出发点应是系统的稳定可靠性和安全性；技术指标按 MTBF(平均无故障时间)和 MTBR(平均无故障率)衡定；重要信息系统应采用容错设计，支持故障检测和恢复；安全措施有效可信，能够在软、硬件多个层次上实现安全控制。在网络系统集成中应展示方案所表述的可靠性和安全性，也就是展示方案是否合理。比如，在用户的服务器选型和核心骨干交换机选型及实施方案这几个方面应体现如何根据用户实际业务需求及现状得出此选型方案，这样才最有说服力。

4．灵活性和可扩展性原则

系统集成配置灵活、提供备用和可选方案，并且能够在规模和性能两个方面进行扩展，从而大幅度提升其性能，以适应应用和技术发展的需要。在网络系统集成中要展示方案所表述的设计的灵活性和可扩展性，应体现方案已经考虑了网络平台在今后的升级和改造，易于对系统进行扩容、升级和性能提升，让用户信服方案的可行性。

总之，一个高性能的网络系统，应能对系统的所有资源进行方便统一的管理和调控，快速响应用户需求，使其各类信息资源有效地为决策人员、管理人员、科研人员及各类用户提供良好的网络信息服务。

1.5　网络系统集成步骤

从当前的网络系统集成的实际工程项目中，我们大致可以将集成项目分成三个主要阶段。

1．网络系统集成方案设计阶段

(1) 用户需求分析：了解用户现有网络状况、用户业务及用户需求问题。

(2) 系统方案设计：根据用户需求，同时现场勘察用户的物理布局后，设计网络方案。

(3) 相关文件准备：根据用户需求和方案，出具所选材料清单、设备清单、软件系统清单及报价表。

(4) 方案论证和修改：根据网络规模和用户情况，必要时请专家论证方案及报价，根据专家意见修改方案。

(5) 签订合同。

2．网络工程实施阶段

(1) 生成可行性实施方案：组织项目人员设计各个环节的详细施工方案，包括综合布线的各项内容、网络 IP 和 VLAN 详细规划、网络路由、网络安全、网络设备安装和调试内容，等等。

(2) 系统施工分工：根据实施方案，安排相关技术人员和管理人员到各自的工作岗位。

(3) 系统测试：包括综合布线测试，通信设备和服务器性能、功能测试，并做好相关的测试表和测试数据记录文档。

(4) 工程排错处理：根据系统测试结果，安排相关人员解决存在的问题。

(5) 系统集成总结：整理工程实施整个过程中的文档资料，作为后期用户培训和项目验收的材料内容。

3．网络工程验收和维护阶段

(1) 系统验收：将方案、实施文档、报告、验收测试文档等递交给评审专家、用户代表、集成商评审。

(2) 项目验收通过后，组织相关技术人员对用户网络系统进行管理和维护，同时培训用户，直到用户能够独立管理和维护后，将网络系统移交给用户。

(3) 项目终结：将所有的文档整理汇总存档，同时跟踪用户，调研和调查用户对网络的运行情况，总结经验，为以后的集成项目提供经验。

1.6　网络系统集成的网络技术

1.6.1　计算机网络 OSI/RM 体系结构

1. 概述

OSI(Open System Interconnection)参考模型即开放式系统互连参考模型(OSI/RM)，是由国际标准化组织(ISO)提出的标准。提出该标准的目的是在各种终端设备之间、计算机之间、网络之间以及用户之间交换信息的过程中，逐步实现标准化，将复杂的网络或计算机系统划分成简单的独立组成部分(每一部分都有开放标准接口)。OSI 参考模型属于分层结构，由七层组成，从最低层到最高层依次为物理层、数据链路层、网络层、传输层、会话层、表示层和应用层，每一层所交换的数据单元如图 1.2 所示。

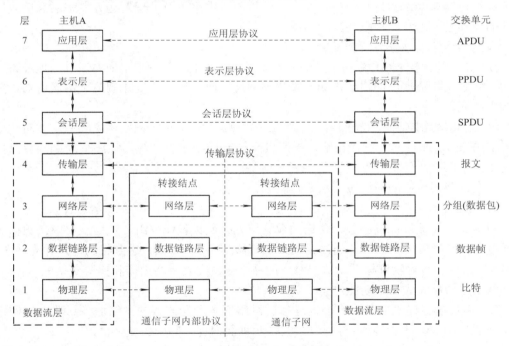

图 1.2　OSI 参考模型及每层交换单元

2. OSI/RM 中的数据流动

在 OSI 参考模型中，不同主机对等(实体)层之间按相应协议进行通信，同一主机不同层之间通过层间接口进行通信(交换数据)。从图 1.2 中我们可以看到，如果主机 A 发送消息给主机 B，主机 A 就会从应用层开始将数据传递到下一层，并对通信数据加上该层控制信息后再传递给下一层，直到传递到物理层，转换成比特信号，由物理层将信号通过网络传递到对方主机 B 的物理层，再逐层上传，并按照相反的顺序依次解开各层的控制信息，从而实现对等层之间的逻辑通信。

3．OSI/RM 的七层功能简介

1) 物理层

物理层是 OSI/RM 的最底层，传输的数据单元为原始比特流，其任务就是利用传输介质为它的上一层提供物理连接，完成物理链路的建立、维护和拆除。该层规定了网络在机械、电气、功能和规程方面的特性，比如规定电缆和接头的类型及相关规格，以及传送信号的电压值、电压变化的频率等，如果传递的是光信号，则表现为光波信号的一些属性。

常见物理层的协议有 IEEE 802.3、IEEE 802.5、令牌环、FDDI(光纤分布式数据接口)、SDH(同步数字体系)等；WAN 协议主要有 EIA/TIA-232、EIA/TIA-449、V.35 等。

常见物理层连接设备为集线器和中继器。

2) 数据链路层

数据链路层为网络层提供服务，解决两个相邻结点之间的链路通信问题，即无差错地传送数据，传送的数据单元为数据帧，数据帧提供了有关目的地址和如何处理数据的信息。该层除了将不可靠的物理链路转换成对网络层来说无差错的数据链路外，还要协调收发双方的数据传输速率，即进行流量控制，以防接收方因来不及处理发送方发来的高速数据而导致的缓冲器溢出及线路阻塞。

数据链路层被划分为两个子层：

(1) 介质访问控制(MAC)子层(IEEE 802.3)：MAC 子层负责指定如何通过物理线路进行传输，并定义与物理层的通信，如定义物理编址、网络拓扑、线路规范、错误通知、流量控制等功能。

(2) 逻辑链路控制(LLC)子层(IEEE 802.2)：LLC 子层负责识别协议类型，并对数据进行封装(解封)以通过网络进行传输，同时具有帧发送、接收功能，帧序列控制和流量控制等功能。

数据链路层对应的网络设备主要有网卡、网桥、二层交换机。

3) 网络层

网络层为传输层提供服务，传送的数据单元为数据包或分组。该层主要解决数据包如何通过各结点转发的问题。即通过路径选择算法(路由)将数据包送到目的地，并支持 LAN 和 WAN 组建的各种物理标准。该层对应的网络设备主要有路由器和三层交换机。

网络层通常完成如下功能：

(1) 为传输层提供服务，有面向连接的网络服务和无连接的网络服务。典型的网络层协议是 ITU-T(国际电信联盟)的 X.25，它是一种面向连接的分组交换协议。

(2) 组包和拆包，包头包含了源结点地址和目标结点的地址，以及相关的控制信息。

(3) 路由选择，又称路径选择，是根据一定的原则和路由选择算法在多个结点的通信子网中选择一条最佳路径。其中路由算法是指确定路由选择的策略。

(4) 流量控制，流量控制的作用是控制阻塞，避免死锁。

4) 传输层

传输层是通信子网和高三层之间的接口层，其任务是根据通信子网的特性，最大化地利用网络资源，在两个端系统的会话层之间提供建立、维护和取消传输连接的功能，负责

端到端的可靠的、透明的数据传输，包括处理差错控制和流量控制等问题。传输层传送的数据单元为段或报文，协议有 TCP(传输控制协议)、UDP(用户数据报协议)、SPX(序列分组交换协议)等。

5) 会话层

会话层也可以称为会晤层，会话层不参与具体的传输，主要功能是管理和协调不同主机上各种进程之间的通信(对话)，即负责建立、管理和终止应用程序之间的会话。比如，数据库服务器和用户登录之间以退出或注销等方式结束会话。

6) 表示层

表示层处理流经结点的数据格式编码和转换问题，比如完成视频、图像的公用压缩编码的格式的转换和完成对应用层数据的公用加密、公用解密。

7) 应用层

应用层是 OSI/RM 的最高层，是用户与应用程序同网络访问协议之间的接口。该层通过应用程序来满足网络用户的应用需求，比如文件传输、收发电子邮件等。

从图 1.2 可以看到，OSI 参考模型下面的四层形成了数据流层，规定终端之间如何建立连接以及交换数据；规定如何通过物理线路传输，使数据经由网络互联设备到达目的终端，并最终到达应用程序。在高层中，同样也有网络互联设备，比如网关(Gateway)，它用于高层协议的转换，也被称为协议转换器，它可以是一台设备，也可以是主机中的协议转换软件。

1.6.2 TCP/IP 体系结构

TCP/IP(Transmission Control Protocol/Internet Protocol)即传输控制协议/网际协议，是一组用于实现网络互联的通信协议集，目前是 Internet 上所使用的基础协议。局域网、城域网几乎都采用了兼容性强的 TCP/IP 体系结构。TCP/IP 体系结构与 OSI/RM 之间的对比如图 1.3 所示。

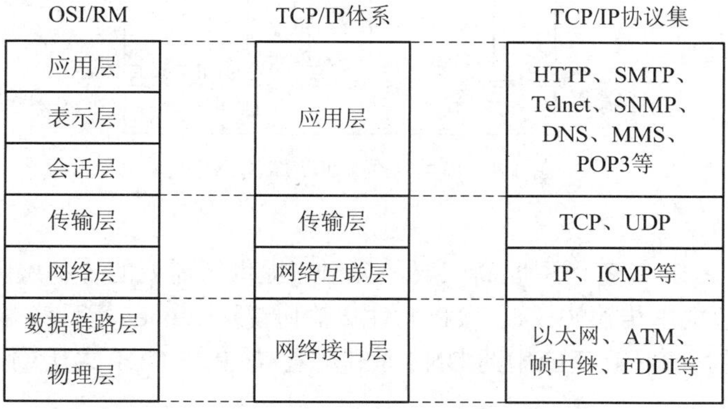

OSI/RM	TCP/IP体系	TCP/IP协议集
应用层	应用层	HTTP、SMTP、Telnet、SNMP、DNS、MMS、POP3等
表示层		
会话层		
传输层	传输层	TCP、UDP
网络层	网络互联层	IP、ICMP等
数据链路层	网络接口层	以太网、ATM、帧中继、FDDI等
物理层		

图 1.3　TCP/IP 与 OSI/RM 的对比

从图 1.3 可以看到 TCP/IP 共有四个层次，各层的具体任务和功能描述如下：

1. 网络接口层

网络接口层与 OSI/RM 中的物理层和数据链路层相对应。网络接口层定义了如何通过物理网络递送主机传递的数据，也定义了各种 LAN 或 WAN 的接口所需的协议和硬件。

网络接口层在发送端将上层的 IP 数据报封装成数据帧后发送到网络上；数据帧通过网络到达接收端时，该结点的网络接口层拆封数据帧，并检查帧中包含的 MAC 地址。如果该地址就是本机的 MAC 地址或广播地址，则将该帧上传到网络层，否则丢弃该帧。

当使用串行线路连接主机与网络，或网络与网络相互连接时，可以通过 WAN 的连接标准 PPP(点到点协议)或帧中继完成互联通信，例如，主机通过 Modem 和电话线接入 Internet，则需要在网络接口层运行 SLIP(串行线路网际协议)或 PPP。

2. 网络互联层

网络互联层与 OSI/RM 的网络层具有相似的功能，其主要功能是解决主机到主机的通信问题，并建立互联网络。根据数据报所携带的目的 IP 地址，通过路由器进行路由选择，选择一条通路将数据传送到目的主机。网络互联层有四个主要协议：网际协议(IP)、地址解析协议(ARP)、反向地址解析协议(RARP)和互联网控制报文协议(ICMP)。还包括路由协议 RIP(路由信息协议)、OSPF(链路状态路由协议)和 EGP(外部网关协议)等。其中，路由协议和 IP 协议(属于被路由协议)是重要的协议。

3. 传输层

传输层对应于 OSI 参考模型的传输层，提供端到端的数据传输服务，负责上层的数据封装，实现可靠和不可靠的数据传递。该层定义了两个主要协议：传输控制协议(TCP)和用户数据报协议(UDP)。TCP 是一种面向连接的可靠的传输协议，实现了三次握手机制；而 UDP 是一种无连接的不可靠传输协议。使用 TCP 和 UDP 两种协议与上层进行数据交换的时候，需要借助服务端口来区别是与应用层的哪种服务进行通信，如图 1.4 所示。

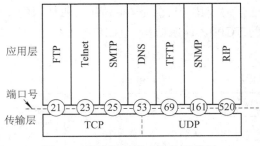

图 1.4　借助服务端口通信示意图

4. 应用层

应用层对应于 OSI 参考模型的高三层，为用户提供所需要的各种服务。比如，目前广泛采用的 HTTP(超文本传输协议)、FTP(文件传输协议)、Telnet(远程终端协议)等是建立在 TCP 之上的应用层协议；广泛应用的 DNS 是建立在 TCP 与 UDP 之上的。总之，不同的协议对应着不同的应用。

1.6.3　IEEE 802 局域网体系结构

1. IEEE 802 参考模型

IEEE 802 局域网体系结构只对应于 OSI/RM 的数据链路层和物理层，它将数据链路层划分为逻辑链路控制(LLC)子层和介质访问控制(MAC)子层，如图 1.5 所示。

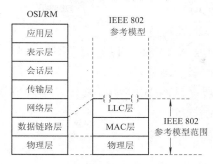

图 1.5　IEEE 802 局域网体系结构

局域网对 LLC 子层是透明的，只有到 MAC 子层才能见到具体局域网，比如令牌总线网、令牌环网等。局域网链路层有两种不同的数据单元：LLC PDU(LLC 子层协议数据单元)和 MAC 帧(介质访问控制子层协议数据单元)。高层的协议数据单元传到 LLC 子层的时候，会加上适当的控制信息，便构成了 LLC PDU；LLC PDU 再向下传到 MAC 子层的时候，也会在首部和尾部加上控制信息，这样便构成了 MAC 子层的协议数据单元 MAC 帧。

2．IEEE 802 标准

美国电气与电子工程师协会 IEEE 在 1980 年 2 月成立了局域网标准化委员会(简称 IEEE 802 委员会，可以参考 https://en.wikipedia.org/wiki/IEEE_802.3)，专门从事局域网的协议制订工作，形成了一系列的标准，称为 IEEE 802 标准。经过多年的努力发展，该委员会已公布了一系列的 IEEE 802 标准，主要内容如下：

- IEEE 802.1(A)：LAN 和 MAN 综述体系结构。
- IEEE 802.1(B)：寻址、网间互联和网络管理。
- IEEE 802.2：逻辑链路控制(LLC)协议。
- IEEE 802.3：CSMA/CD 访问控制方法及物理技术规范。
- IEEE 802.4：令牌总线网访问控制方法及物理层技术规范。
- IEEE 802.5：令牌环网访问控制方法及物理层技术规范。
- IEEE 802.6：城域网访问控制方法及物理层技术规范。
- IEEE 802.7：宽带网络访问控制方法及物理层技术规范。
- IEEE 802.8：光纤网络标准，FDDI 访问控制方法及物理层技术规范。
- IEEE 802.9：综合数据/话音 LAN 标准。
- IEEE 802.10：可互操作的 LAN 的安全机制。
- IEEE 802.11：无线局域网访问控制方法及物理层技术规范。
- IEEE 802.12：100BASE-VG-any-LAN 高速网络访问控制方法及物理层技术规范。
- IEEE 802.3u：100BASE-T 访问方法及物理层技术规范。
- IEEE 802.3ab：基于 UTP(非屏蔽双绞线)的 1000BASE-T 访问控制方法及物理层技术规范。
- IEEE 802.3ac：虚拟局域网 VLAN 以太帧扩展协议。
- IEEE 802.3z：基于光缆和短距离铜介质的 1000BASE-X 访问控制方法及物理层技术

规范。

- IEEE 802.3av：10 Gb/s EPON。
- IEEE 802.3ae：10 Gb/s 以太网技术规范。
- IEEE 802.3bm：100 Gb/s 和 40 Gb/s 以太网光网络规范。
- IEEE 802.14：电缆调制解调器标准。
- IEEE 802.15：个人无线区域网(WPAN)，其代表技术是蓝牙(Bluetooth)。
- IEEE 802.16：宽带无线标准。
- IEEE 802.17：RPR 技术标准。

1.6.4 TCP/IP 协议集

TCP/IP 协议集主要包括 IP、ICMP、ARP、RARP、TCP 和 UDP 协议。

1. 网际互联协议——IP 协议

网际互联协议即 IP 协议，工作在 OSI/RM 的网络层，属于被路由协议。IP 协议的基本功能是提供无连接的数据报传送服务和数据报路由选择服务，但不保证服务的可靠性。

IP 协议提供以下功能：

(1) IP 地址寻址功能：指出发送和接收 IP 数据报的源 IP 地址及目的 IP 地址。

(2) IP 数据报的分段和重组功能：不同网络的数据链路层可传输的数据帧的最大长度(MTU)不一样，比如，10 Mb/s、100 Mb/s、1000 Mb/s 以太网的 MTU 是 1500 字节。因此，源主机的 IP 协议能根据不同的链路情况，对数据报进行分段封装；而目标主机的 IP 协议能根据 IP 数据报中的分段和重组标识，将各个 IP 数据报分段重新组装为原数据报，然后向上层协议传递。

(3) IP 数据报的路由转发功能：根据 IP 数据报中的目的 IP 地址，确定是本网传送还是跨网传送。若目的 IP 地址属于本网，则不用转发；若目的 IP 地址不属于本网，则通过路由器将数据报转发到另一个网络或下一个路由器，直至转发到目的主机所在的网络。

2. 网际控制报文协议——ICMP 协议

由于 IP 协议提供的是一种不可靠的和无连接的数据报服务，因此，为了对 IP 数据报的传送进行差错控制，由 ICMP 协议给出未能完成传送的数据报的出错原因，以便源结点对此做出相应的处理。

3. 地址解析协议——ARP 协议

IP 网络数据包想要在网络中正常传输，需要介质访问控制子层的 MAC 地址来确定发送的目的地，因而需要通过 ARP 协议来动态发现对方主机的 48 位二进制 MAC 地址。在 TCP/IP 网络中，网络接口层主要采用以太网技术。以太网技术在同一个局域网中具有网络广播的能力，通过发送带有 ARP 广播请求的网络数据后，同一物理局域网中所有主机都可以收到这个请求，根据 ARP 协议解析对方主机 IP 对应的 MAC 地址，然后将结果返回给带有 MAC 地址的源主机，最终完成 ARP 解析过程。在源主机和目的主机的 ARP 缓冲中存放对方 MAC 和 IP 的对应表，为后续的通信建立地址表。

4．反向地址解析协议——RARP 协议

RARP 是 ARP 的反向过程，该协议将主机的 MAC 地址映射为对应的 IP 地址，通过这种 RARP 请求方式可以从服务器上获取 IP 地址。在无盘工作站中通过 BOOTP(引导程序协议)方式发送 RARP 广播请求来实现 RARP 解析。

5．传输控制协议——TCP 协议

TCP 建立在 IP 提供的基础服务之上，支持面向连接的、可靠的数据传输服务，即进行通信的双方在传输数据之前，必须首先建立连接(类似虚电路)，其次在传输数据的过程中需要维持连接，传输结束后需要终止连接。TCP 还具有确认与重传机制、差错控制和流量控制等功能，通过 TCP 的三次握手协议来确保报文传送的顺序和传输无差错。TCP 提供的服务与上层应用程序所对应的服务默认端口有 Telnet 服务端口 23、Web 服务端口 80、SMTP(简易邮件传输协议)服务端口 25、POP3(邮局协议版本 3)服务端口 110、FTP 服务端口 21 和 20 等。

6．用户数据报协议——UDP 协议

UDP 协议直接利用 IP 协议来传送报文，没有繁琐的顺序控制、差错控制和流量控制等功能，因而它的服务和 IP 协议一样是无连接的和不可靠的服务，即 UDP 报文也会出现丢失、重复、失序等现象。但是它开销小、效率高，因而适用于速度要求较高而功能简单的类似请求/响应方式的数据通信。通常采用 UDP 的应用层协议有 DNS(端口号 53)、SNMP(端口号 161)、TFTP(端口号 69)、DHCP 服务器(端口号 67)等。

1.6.5　IP 地址及子网划分

1．IP 地址

目前，IP 地址是网络层的逻辑地址，用于标识数据报的源地址和目标地址，在 TCP/IP 网络中主要采用了两种 IP 地址版本：IPv4 和 IPv6。其中 IPv4 为 32 位二进制的 IP 地址，已被广泛使用；而 IPv6 为 128 位二进制的地址，主要是下一代 Internet 网络采用的地址分配方案，目前一些 ISP 商已经提供了 IPv6 接入平台。本章没有说明 IP 地址版本的时候，均指 IPv4。

为了方便表示 IPv4 版本的 IP 地址，将 32 位二进制的 IP 地址按照 8 位一组，分成 4 组，用点分十进制方法进行描述，以满足用户的习惯，如 222.18.132.1。IP 地址由两部分组成：网络 ID(Net-ID)和主机 ID(Host-ID)。网络 ID 具有唯一性，用来识别不同的网络；而主机 ID 用来区分同一网络上的不同主机。相同网络 ID 中的每个主机 ID 必须是唯一的。

2．IP 地址的分类

IP 地址可分为 A、B、C、D、E 五类，可分配使用的是前三类地址，如表 1.1 所示(其中，xxx 表示主机 ID)。

说明：

(1) 主机 ID 位全为 1 的地址表示该网络中的所有主机，即广播地址。

(2) 主机 ID 位全为 0 的地址表示该网络本身，即网络地址。

(3) 以 127 开头的地址作为本地回环测试地址，不包括在 A 类地址中。

表 1.1　IP 分类及地址范围

地址类型	地址范围	说明
A 类	001.xxx.xxx.xxx～126.xxx.xxx.xxx	8 位为网络 ID，24 位为主机 ID
B 类	128.000.xxx.xxx～191.255.xxx.xxx	16 位为网络 ID，16 位为主机 ID
C 类	192.000.000.xxx～223.255.255.xxx	24 位为网络 ID，8 位为主机 ID
D 类	224.000.000.000～239.255.255.255	组播地址
E 类	240.000.000.000～255.255.255.255	保留地址

网络中分配给主机的 IP 地址不包括广播地址和网络地址。因此，每一网络中可用作主机的 IP 地址数 $= 2^n - 2$(其中 n 为主机 ID 的二进制位数)。

在使用 IP 地址的时候，有一些特殊的 IP 地址不能作为主机的 IP 地址，但是这些特殊的地址可以出现在网络数据包中，具体情况如表 1.2 所示。

表 1.2　特殊 IP 地址

网络 ID	主机 ID	作为源地址	作为目的地址	含义
全 0	全 0	允许	不允许	在本网络上的本主机
全 0	任意	允许	不允许	在网络上的某个主机
全 1	全 1	不允许	允许	只在本网络上进行广播
任意	全 1	不允许	允许	对网络 ID 上的所有主机进行广播

在私有网络所使用的 IP 地址是免费的，不占用公网 IP 地址，并且这些 IP 地址可以在不同的私有网络中重复使用。在 A、B、C 三类网络中提供的私有 IP 地址如表 1.3 所示。

表 1.3　私有 IP 地址范围

地址类型	私有 IP 地址范围	网络个数
A 类	10.0.0.0～10.255.255.255	1
B 类	172.16.0.0～172.31.255.255	16
C 类	192.168.0.0～192.168.255.255	256

3. 子网划分

子网就是把一个大网分割开来而生成的较小网络。在 Internet 或 TCP/IP 网络中，通过路由器连接的网段就是子网，同一子网的 IP 地址必须具有相同的网络地址。子网的划分需要借助子网掩码来实现，通过子网掩码，可以区分出一个 IP 地址的网络地址和主机地址，甚至子网号。

子网掩码也是一组 32 位的二进制数，形式上与 IP 地址一样。同一子网中的子网掩码相同，其作用是确定 IP 地址的子网网络地址。子网掩码是从左到右连续为 1 的地址，其中整个为 1 的部分对应的 IP 地址位为网络地址号；子网掩码的剩余为 0 的部分，对应 IP 地址位的主机地址号。

1) 默认子网掩码

A、B、C 三类网络都有一个默认子网掩码(即标准子网掩码)，即固定的子网掩码，它们分别为 255.0.0.0、255.255.0.0、255.255.255.0。

2) 非标准子网掩码(即有子网划分的情况)

为了提高 IP 地址的使用效率并分散主机的管理，通过从主机地址高位开始连续借位(余下的为主机位)的方式，形成新的子网掩码，即屏蔽出子网位，将一个网络划分为多个子网。通过这种划分方法，可建立更多的子网，而每个子网的主机数相应地有所减少。

所以，一个被子网化的 IP 地址包含三部分：网络号、子网号和主机号。比如一个主机的 IP 地址为 222.18.132.76，它的子网掩码为 255.255.255.192，根据 IP 地址分类得到该 IP 地址为 C 类网络，而它的子网掩码不是默认的子网掩码，因此需要对主机号借位。由此我们可计算出该 IP 地址的子网划分情况如下：

$$\&\ \frac{11011110.00010010.10000100.\underline{01}001100}{11111111.11111111.11111111.\underline{11}000000} \quad \text{(对应位进行逻辑与运算)}$$

$$=\ 11011110.00010010.10000110.01000000 = 222.18.132.64$$

从上面的计算可以得到子网号向主机号位借 2 位后的子网划分，主机号剩下 6 位，可以得到的主机号范围为 1～62，子网号为 64，也得到该子网中可作为主机 IP 地址的范围为 222.18.132.65～222.18.132.126。

1.6.6　网络拓扑结构

网络拓扑结构是将网络中的结点(如计算机等)抽象成点，将通信线路抽象成线，通过点和线之间的几何关系来描述网络结构的方式。常见的拓扑结构有总线拓扑、星形拓扑、环形拓扑、树状拓扑和网状拓扑。

计算机网络拓扑结构包括逻辑拓扑结构和物理拓扑结构两种。逻辑拓扑结构是指计算机网络中信息流动的逻辑关系，而物理拓扑结构是指计算机网络各个组成部分之间的物理连接关系。

1．总线拓扑结构

在总线拓扑结构中，所有结点都直接连接到一条公共传输媒体上(总线)，任何一个结点发送的信号都沿着总线进行传播，而且能被所有其他结点接收，如图 1.6 所示。

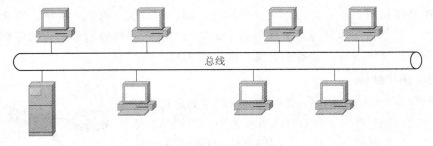

图 1.6　总线拓扑结构

总线拓扑结构应用的优点是结构简单；其缺点是信号随传输距离的增加而衰减，即总线的长度有限，故障诊断困难。

总线拓扑结构的典型标准为 IEEE 802.3，常见的总线型网络有 10BASE-5 和 10BASE-2 两种。

2．星形拓扑结构

在星形拓扑结构中，每个结点通过点到点的通信线路与中心节点连接，结点间的通信都通过中心结点进行，中心结点通常为集线器或者交换机，如图1.7所示。

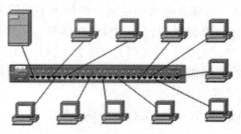

图1.7　星形拓扑结构

星形拓扑结构网络的优点是结构简单、易控制、易扩展、管理方便、易进行故障诊断。但缺点是其中心结点(如集线器)会出现瓶颈，通信线路的利用率也较低。

星形拓扑结构的典型标准为 IEEE 802.3，常见于 10BASE-T 和 100BASE-T 的双绞线网络中。

3．环形拓扑结构

在环形拓扑结构中，所有结点通过点到点通信线路连接成闭合环路，每个结点能够接收同一条链路传来的数据，并以同样的速率串行地将该数据沿环送到另一端的链路上。环形拓扑结构如图1.8所示。

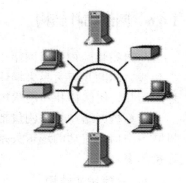

环形拓扑结构网络的优点为没有路径选择问题、控制协议简单、结构简单、传输时间固定，适用于数据传输实时性要求较高的场合。其缺点为可靠性差、故障检测困难、传输效率低等。

环形拓扑结构的典型标准有 IEEE 802.5(Token-Rong)、IEEE 802.8(FDDI)，如应用于 IBM Token-Ring 中。

图1.8　环形拓扑结构

4．树状拓扑结构

树状拓扑结构可以看作是星形拓扑结构的扩展，形状像一棵倒立的树，其优点是具有分层的特点，易于扩展以及进行故障隔离。但缺点是其各个结点对根结点的依赖性太大，如果网络根结点发生故障，会导致全网不能正常工作。

5．网状拓扑结构

网状网络也叫分布式网络，是一种冗余性设计，它可分为全网状和部分网状拓扑。如图1.9所示为部分网状拓扑结构，它能够有效地保证任意结点之间的通信，不会受某一线路故障的影响，具有可靠性、节点共享资源容易、可以改善线路的信息流量分配和负荷均衡的优点，可选择一条最佳路径进行通信。但是网状网络复杂、维护量大、管理难度大且建设成本高，适合于部分广域网主干网络的建设。

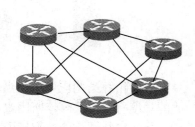

图1.9　部分网状拓扑结构

1.6.7 以太网技术

在目前的网络建设中，几乎都采用 IEEE 802.3 系列的以太网技术组网，以太网根据传输速率包括了传统以太网、快速以太网、千兆以太网、10 Gb/s 以太网。在 IEEE 802 标准中，有关以太网的 IEEE 802.3 系列以太网标准的主要内容如表 1.4 所示。

表 1.4　IEEE 802.3 系列主要的以太网标准

IEEE 802.3 标准	以太网类型	传输速率 /(Mb/s)	常见拓扑结构	最大网段长度 /m	传输介质
802.3	10Base5	10	总线	500	50 Ω粗同轴电缆
802.3a	10Base2	10	总线	185	50 Ω细同轴电缆
802.3b	10Board36	10	总线	3600	75 Ω同轴电缆
802.3c	1Base5	1	星形	250	2 对 3 类 UTP
802.3i	10Base-T	10	星形	100	2 对 3 类 UTP
802.3j	10Base-F	10	星形	2000	多模或单模光纤
802.3u	100Base-TX	100	星形	100	2 对 5 类 UTP
	100Base- T4			100	4 对 3 类 UTP
	100Base-FX			2000	多模或单模光纤
802.3z	1000Base-CX	1000	星形	25	STP
	1000Base-SX	1000	星形	550	多模光纤
	1000Base-LX	1000	星形	5000	单模光纤
				550	多模光纤
802.3ab	1000Base-T	1000	星形	100	4 对超 5 类 UTP
802.3ae	10GBase-SR	10000	星形	300	多模光纤
	10GBase-LR	10000	星形	10 000	单模光纤
	10GBase-ER	10000	星形	40 000	
802.3aq	10GBase-LRM	10000	星形	220	多模光纤
802.3an	10GBase-T	10000	星形	55	6 类双绞线
				100	6a 类或 7 类双绞线

1. 10 Mb/s 以太网技术

10 Mb/s 以太网是早期一个广播式的、符合 IEEE 802.3 标准系列、采用 CSMA/CD 访问控制技术的传统局域网技术，传输率以 10 Mb/s 为标准。从以太网的拓扑结构角度看，网络结构主要以总线网络、星形网络为主。其中连接网络的网络设备以交换机和集线器为主，采用双绞线、同轴电缆和光纤作为传输介质，10 Mb/s 以太网主要有 4 种物理层标准：10Base-5(粗同轴电缆以太网)、10Base-2(细同轴电缆以太网)、10Base-T(非屏蔽双绞线以太网)、10Base-F(光纤以太网)，其中"10"表示传输速率为 10 Mb/s；"Base"表示基带传输；"T"表示传输介质为双绞线；"F"表示传输介质为光纤。

2. 100 Mb/s 快速以太网技术

传统的以太网 10 Mb/s 的传输速率属于早期的组网技术，随着多媒体技术、软件技术、网络应用技术的发展，这种传输速率已经不能满足用户的需求了。因而出现了 100 Mb/s 的快速以太网，IEEE 802.3u 定义了其访问控制技术和物理技术规范。

在快速以太网中，100Base 体系结构仍然处于 OSI/RM 中的数据链路层和物理层，在数据链路层的 MAC 仍然采用 CSMA/CD 访问控制协议；在物理层中，IEEE 802.3u 定义了三种不同的物理技术规范：100Base-TX、100Base-FX、100Base-T4。此外，它们还具有 10 Mb/s、100 Mb/s 自适应的协商功能。

1) 100Base-TX

这种物理技术规范需要两对 UTP 双绞线，支持 5 类 UTP 和 1 类 STP 双绞线，支持全双工。其中，5 类 UTP 采用 RJ-45 连接器，而 1 类 STP 采用 9 芯梯形(DB-9)连接器。100Base-TX 没有定义新的信号编码和收发技术，而是采用 FDDI 网络的物理技术标准，即 4B/5B 编码技术。

2) 100Base-FX

这种物理技术规范采用光纤作为传输介质，使用 2 芯 62.5 μm/125 μm 多模光纤或采用 2 芯单模光纤。它也采用 FDDI 物理层标准，使用相同的 4B/5B 编码方式和以 ST 或 SC 作为连接器。100Base-FX 可以支持全双工方式，结点和网络设备之间的最大距离可达 2000 m。

3) 100Base-T4

这种物理层协议采用 4 对 UTP 双绞线作为传输介质，支持 3 类、4 类、5 类 UTP 双绞线，其中 3 对 UTP 双绞线用于数据传输，每对线的传输速率约为 33.3 Mb/s，总传输速率为 100 Mb/s，1 对 UTP 双绞线用于检测冲突。在传输中使用 8B/6T 编码方式，信号频率为 25 MHz，符合 EIA586 结构化布线标准。UTP 电缆线还是采用 RJ-45 作为连接器，最长水平长度为 100 m。

3. 1000 Mb/s 以太网技术

随着网络应用的发展，主干设备或主干网络需要承载的交换量和传输量不断增加，需要更高的传输速率来满足用户的需求，因而在现有的主干网中采用 1000 Mb/s 的以太网技术。它采用了与 10 Mb/s 以太网相同的帧格式、帧结构、网络协议、全/半双工工作方式、流量控制模式以及布线系统。所以要从现有的以太网升级到千兆以太网，不必改变网络应用程序、网管部件和网络操作系统，从而能够最大限度地保护投资。目前支持千兆以太网的物理技术标准有两个：IEEE 802.3z 和 IEEE 802.3ab。IEEE 802.3z 定义了光纤和短程铜线连接方案的标准，IEEE 802.3ab 定义了超 5 类双绞线上较长距离的连接方案。

1) IEEE 802.3z 标准

这种标准是基于光纤通道的物理技术，采用 8B/10B 编码技术，有三种传输介质：1000Base-SX、1000Base-LX、1000Base-CX。

(1) 1000Base-SX。1000Base-SX 只支持多模光纤，可以采用直径为 62.5 μm/125 μm 或 50 μm/125 μm 的多模光纤，工作波长为 770～860 nm，传输距离为 300～550 m。

(2) 1000Base-LX。

① 采用多模光纤。1000Base-LX 可以采用直径为 62.5 μm/125 μm 或 50 μm/125 μm 的

多模光纤，工作波长范围为 1270～1355 nm，传输距离约为 550 m。

② 采用单模光纤。1000Base-LX 可以支持直径为 9 μm/125 μm 或 10 μm/125 μm 的单模光纤，工作波长范围为 1270～1355 nm，传输距离为 5000 m 左右。

(3) 1000Base-CX。1000Base-CX 采用 150 Ω 屏蔽双绞线(STP)，传输距离为 25 m。

2) IEEE 802.3ab 标准

IEEE 802.3ab 定义了基于 4 对超 5 类 UTP 的 1000Base-T 标准的双绞线，链路操作模式为半双工操作，传输速率约为 1000 Mb/s，传输距离可达 100 m。

IEEE 802.3ab 标准可保护用户在 5 类 UTP 布线系统上的投资。1000Base-T 是 100Base-T 的自然扩展，与 10Base-T、100Base-T 完全兼容，但是需要解决 5 类 UTP 的串扰和信号衰减问题才可以支持 1000 Mb/s 的传输速率，我们也可以直接采用 6 类双绞线。

4. 万兆以太网技术

2000 年初，自 IEEE 802.3 委员会发布了 10 Gb/s 的以太网标准 IEEE 802.3ae 以来，相继在 2004 年发布了 IEEE 802.3ak，在 2006 年发布了 IEEE 802.3an、IEEE 802.3aq，并在 2007 年发布了 IEEE 802.3ap。IEEE 802.3 委员会共制定了 10 多个规范，这 10 多个规范可以分为三类：一是基于光纤的局域网万兆以太网规范，二是基于双绞线(或铜线)的局域网接口万兆以太网规范，三是基于光纤的广域网接口万兆以太网规范。下面只介绍前两种。10 Gb/s 以太网仍然使用 IEEE 802.3 以太网 MAC 协议，其帧格式和大小也符合 IEEE 802.3 标准。但是与以往的以太网标准相比，还是有一些明显不同的地方，比如只支持双工模式、传输介质只能是光纤、不满足 CSMA/CD，以及采用 64B/66B 和 8B/10B 两种编码方式等。它支持局域网和广域网接口，且其有效距离可达 40 km，在 DWDM(密集波分复用)传输技术下，有效距离甚至更远，详情请参考 https://en.wikipedia.org/wiki/10_Gigabit_Ethernet 站点。

1) 基于光纤的局域网万兆以太网规范

就目前来说，用于局域网的基于光纤的万兆以太网规范有 10GBase-SR、10GBase-LR、10GBase-LRM、10GBase-ER、10GBase-ZR 和 10GBase-LX4 共 6 个规范。

(1) 10GBase-SR。10GBase-SR 中的"SR"代表"短距离"。该规范支持编码方式为 64B/66B 的 850 nm 短波多模光纤(MMF)，有效传输距离为 2～400 m，具有最低成本、最低电源消耗和最小的光纤模块等优势，要支持 300 m 或 400 m 距离的有效传输需要采用经过优化的 50 μm 线径 OM3 或 OM4(Optimized Multimode 3 或 4，优化的多模 3 或 4)光纤(没有优化的线径为 50 μm 的光纤称为 OM2 光纤，而线径为 62.5 μm 的光纤称为 OM1 光纤)。

(2) 10GBase-LR。10GBase-LR 中的"LR"代表"长距离"。该规范支持编码方式为 64B/66B 的长波(1310 nm)单模光纤(SMF)，有效传输距离为 2 m～10 km，事实上最高可达到 25 km。

(3) 10GBase-LRM。10GBase-LRM 中的"LRM"代表"长度延伸多点模式"。对应的标准为 2006 年发布的 IEEE 802.3aq。1990 年以前安装的 FDDI 62.5 μm 多模光纤的 FDDI 网络和 100Base-FX 网络中的有效传输距离为 220 m，而在 OM3 光纤中可达 260 m，在连接长度方面，不如以前的 10GBase-LX4 规范，但是它的光纤模块比 10GBase-LX4 规范光纤模块具有更低的成本和更低的电源消耗。

(4) 10GBase-ER。10GBase-ER 中的"ER"代表"超长距离"。该规范支持超长波(1550

nm)单模光纤(SMF)，有效传输距离为 2 m～40 km。

(5) 10GBase-ZR。目前，有几个厂商提出了传输距离可达到 80 km 的超长距离的模块接口所使用的 10GBase-ZR 规范。尽管它支持的也是超长波(1550 nm)单模光纤(SMF)，但 80 km 的物理层不在 IEEE 802.3ae 标准之内，是厂商自己在 OC-192/STM-64 SDH/SONET 规范中的描述，故不会被 IEEE 802.3 工作组接受。

(6) 10GBase-LX4。10GBase-LX4 采用波分复用技术，通过使用 4 路波长统一为 1300 nm，工作在 3.125 Gb/s 的分离光源来实现 10 Gb/s 传输。10GBase-LX4 采用了 8B10B 编码。该规范在多模光纤中的有效传输距离为 2～300 m，在单模光纤下的有效传输距离最高可达 10 km。它主要适用于需要在一个光纤模块中同时支持多模和单模光纤的环境。因为 10GBase-LX4 规范采用了 4 路激光光源，所以在成本、光纤线径和电源成本方面较前面介绍的 10GBase-LRM 规范有不足之处。

2) 基于双绞线的局域网接口万兆以太网规范

10GBase-T 对应的是 2006 年发布的 IEEE 802.3an 标准，可工作在屏蔽或非屏蔽双绞线上，最长传输距离为 100 m。这可以算是万兆以太网一项革命性的进步，因为在此之前，大众一直认为在双绞线上不可能实现这么高的传输速率，原因就是运行在高工作频率(至少为 500 MHz)基础上的损耗太大。但标准制定者依靠 4 项技术构件(损耗消除、模拟到数字转换、线缆增强和编码改进)使 10GBase-T 变为现实。

10GBase-T 的电缆结构也可用于 1000Base-T 规范，以便使用自动协商协议顺利地从 1000Base-T 升级到 10GBase-T 网络。10GBase-T 相比其他 10 Gb/s 规范而言，具有更高的响应延时和消耗。在 2010 年后，有多个厂商推出一种硅元素，可以实现低于 6 W 的电源消耗，响应延时小于百万分之一秒(1 μs)。在编码方面，不采用原来 1000Base-T 的 PAM-5，而是采用了 PAM-8 编码方式，支持 833 Mb/s 和 400 MHz 带宽，对布线系统的带宽要求也相应地修改为 500 MHz，如果仍采用 PAM-5 的 10GBase-T，那么对布线带宽的需求是 625 MHz。

在连接器方面，10GBase-T 使用已广泛应用于以太网的 650 MHz 版本的 RJ-45 连接器。在 6 类线上最长有效传输距离为 55 m，而在 6a 类或 7 类双线上可以达到 100 m。

1.6.8 VLAN 技术

VLAN(Virtual Local Area Network，虚拟局域网)，对应于 OSI/RM 的第二层(数据链路层)，它是在一个物理网络上划分出来的多个逻辑网络，每个逻辑网络就是一个独立广播域(即为一个逻辑工作组)，这样每个逻辑网络就是一个虚拟局域网(VLAN)，VLAN 的划分不受网络端口的实际物理位置的限制，它有着和普通物理网络同样的属性，除了没有物理位置的限制，它和普通局域网一样，第二层的单播帧、广播帧和多播帧在一个 VLAN 内转发、扩散，而不会直接进入其他的 VLAN 之中。

通过 VLAN 的划分，缩小了广播域，使得同一 VLAN 中的计算机可以相互访问，而同一个设备上的不同 VLAN 之间相互隔离，提高了网络的性能、安全性和管理性。如果需要 VLAN 之间的互相访问，只需要通过路由或第三层交换功能来实现。

目前，常见的 VLAN 的划分方法有基于端口的划分、基于 MAC 地址的划分和基于 IP 地址的划分三种。

1. 静态 VLAN 划分

实际应用中常采用基于端口的划分方法，并且基于端口的虚拟局域网可以跨越多个交换机进行 VLAN 传输，简单的方法就是将交换机之间的连接链路设置为 Trunk(端口汇聚)模式，如图 1.10 所示。Trunk 帧格式协议有两种，一种是 ISL(思科私有协议)，是 Cisco(思科)的专有链路协议，只能用于 Cisco 设备之间；另外一种是标准的 IEEE 802.1q，适合于所有设备之间的连接。

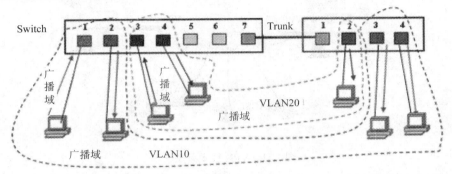

图 1.10　跨交换机的 VLAN 划分

2. 动态 VLAN 划分

静态 VLAN 划分简单，配置方便，但是当交换机数量增多，或者需要变更的 VLAN 端口的数量增多、需要管理的 VLAN 数量也不断增加时，静态 VLAN 配置就显得效率低下，导致网络管理员的工作量增加。由于动态 VLAN 与静态 VLAN 不一样，它基于用户，而不是基于交换机的端口来设置的，因此动态 VLAN 明显优于静态 VLAN，如果采用动态 VLAN，管理员只需要对每一交换机设备设定动态 VLAN 指令就可以了。

动态 VLAN 有三种划分方式：基于 MAC 地址、基于 IP 地址和基于用户账号绑定。

第一种是基于设备源 MAC 地址所连接的端口进行划分。它根据终端用户设备的源 MAC 地址来定义成员资格，也就是说当设备连入一个交换机端口时，该交换机必须查询它的一个数据库以建立 VLAN 的成员资格。因此，网络管理员必须先把用户的 MAC 地址分配到 VLAN 成员资格策略服务器(VLAN Membership Policy Server，VMPS)数据库中的一个 VLAN 上。但是如果计算机换了网卡，就得重新设定，这样会带来一定的不便。

第二种是基于 IP 地址的划分。它不像基于 MAC 地址的 VLAN，即使计算机因为换了网卡或是其他原因导致 MAC 地址改变，只要它的 IP 地址不变，仍然可以加入原先设定的 VLAN 中。

第三种是在 OSI/RM 的第四层以上实现，它是基于用户 VLAN 的解决办法。此办法根据交换机各端口所连的计算机上当前登录入网的用户来决定该端口属于哪个 VLAN。使用此方法，通常需要 RADIUS 服务器和 IEEE 802.1x 来完成。

1.6.9　VPN 技术

VPN (Virtual Private Network，虚拟专用网)技术能够通过在专有网络或公有网络上建立安全的、点对点的连接，并通过加密技术手段构建一种高安全性的虚拟专有网。这种 VPN

数据的传输可通过路由、防火墙实现，如图 1.11 所示。

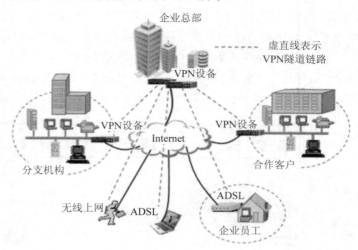

图 1.11　VPN 技术典型应用

1．VPN 的基本功能

(1) 加密数据，用以保证通过公网传输的信息即使被他人截获也不会泄露。

(2) 信息认证和身份认证，用以保证信息的完整性、合法性，并能鉴别用户的身份。

(3) 访问控制，用以为不同的用户分配不同的访问权限。

2．VPN 协议

VPN 技术本身就非常复杂，它涉及通信技术、密码技术和身份认证技术等多个方面，主要包含两种技术：隧道技术和安全技术。

1) 隧道技术

要使数据在隧道中顺利传输，数据封装、传送及解封装是很关键的步骤，通常都需要由隧道协议来支持。目前隧道协议有如下四种：

(1) 点到点隧道协议，即 PPTP。

(2) 第二层隧道协议，即 L2TP。

(3) 网络层隧道协议，也称为网际协议安全性，即 IPSec。

(4) SOCKS v5 协议。

2) 安全技术

VPN 技术用于开放的网络环境中进行通信，通过加密、认证、密钥交换与管理等技术来保证传输数据的安全性。

(1) 加密技术：IPSec 通过 ISAKMP、IKE、Oakley 协商确定几种可选的数据加密算法，如 DES、3DES。

(2) 认证技术：发送方先采用哈希函数将原报文数据进行摘要，然后接收方再一次对报文使用哈希函数，并与发送来的摘要相比较，若结果不等，则说明内容已被篡改。采用这种认证技术可以有效防止数据被篡改。

(3) 密钥交换与管理：主要采用 IKE 和 Oakley 来完成加密密钥的交换和管理。

3．VPN 分类

常见的 VPN 分类方法如下：

1）按照应用范围划分

(1) 远程 VPN 接入：能让用户随时随地以任何方式接入因特网，访问企业内部资源。

(2) Intranet VPN：适用于企业外出工作人员的移动办公，利用本地 Internet 接入服务，通过向企业 VPN 服务器进行 VPN 虚拟拨号，以建立私有的隧道连接，完成安全可靠的数据传输。

(3) Extranet VPN：提供给用户企业与客户企业、企业分部与总部之间的资源连接等服务。

2）按照接入方式划分

(1) 专线 VPN：通过 ISP 服务商的专有线路连接。

(2) 拨号接入 VPN：简称为 VPDN。

3）按照隧道协议划分

(1) 第二层隧道协议：比如 PPTP、L2P 和 L2TP。

(2) 第三层隧道协议：比如 IPSec。

(3) 多层的 MPLS VPN。

(4) 第四层隧道协议：如 SSL VPN，是目前新的一种企业级应用。

4．VPN 的优点

VPN 给企业带来以下四个方面的好处：

(1) 降低成本，企业不用租用长途专有线路，只需要在现有的 Internet 基础上实现虚拟化的安全私有网络来传输企业数据。

(2) 易于扩展，通过对网络路由器或 VPN 设备的简单配置即可实现功能扩展。

(3) 可随意与合作伙伴联网，能够在整个 Internet 上建立 Intranet VPN，如上面的分类说明。

(4) 安全性高，采用加密技术和隧道技术解决了数据被泄漏或篡改等问题。

1.6.10 无线局域网技术

无线局域网(Wireless LAN，WLAN)技术是一种移动技术，能将用户从固定的网络线路中解脱出来，通过无线方式接入网络。当然 WLAN 主要利用无线电波作为传输介质，目前这种传输的波段工作在 2.4 GHz 频段上。在市场中比较流行的无线局域网产品采用的技术主要包括 IEEE 802.11、IEEE 802.11a、IEEE 802.11b、IEEE 802.11g、IEEE 802.11n、IEEE 802.11ac 和 IEEE 802.11ax。

1．IEEE 802.11 标准

IEEE 802.11 在 1998 年被确定为无线局域网的协议标准，IEEE 802.11 标准规定了无线局域网的最小构件就是基本服务集(Basic Services Set，BSS)。一个 BSS 包括了一个基站和若干个移动站，所有的站均运行相同的 MAC 协议，并采用竞争方式共享同一无线媒体介质。

由于 IEEE 802.11 标准在物理层与其他有线传输介质不同，所以在物理层定义了传输的

信号特征和调制方法。IEEE 802.11定义了三种不同的物理介质：红外线(IR)、跳频扩频(FHSS)以及直接序列扩频(DSSS)。

1) 红外线技术

红外线技术主要采用小于 1 μm 波长的红外线作为传输媒体介质，有较强的方向性，受太阳光的干扰。红外线技术适合于在同一屋内进行近距离的通信，通信支持的传输率在 1～2 Mb/s。

2) 跳频扩频技术

在我们建立的局域网中，有 22 组跳频图案，包括 79 个信道可供跳频使用，基本的接入速率为 1 Mb/s。

3) 直接序列扩频

该标准采用 2.4 GHz 的 ISM 频段。当使用二元相对移相键控时，基本接入速率为 1 Mb/s。当使用四元相对移相键控时，接入速率为 2 Mb/s。

2. IEEE 802.11a 标准

IEEE 802.11a 标准规定采用正交频分复用(OFDM)的独特扩频技术，无线局域网工作频段在 5.15～5.825 GHz，从而避开了拥挤的 2.4 GHz 频段，在物理层速率可达 1.5～54 Mb/s，传输层可达 25 Mb/s；可提供 25 Mb/s 的无线 ATM 接口、10 Mb/s 的以太网无线帧结构接口和 TDD/TDMA 的空中接口，支持语音、数据、图像业务，一个扇区可接入多个用户，每个用户可带多个用户终端。

3. IEEE 802.11b 标准

该标准对 IEEE 802.11 标准进行了修改和补充，采用 DSSS 作为物理层技术，并在原来的标准中又增加了两个更高的传输速率 5.5 Mb/s 和 11 Mb/s。

IEEE 802.11b(Wi-Fi)标准使用开放的 2.4 GHz 直接序列扩频，最大数据传输速率为 11 Mb/s，无须直线传播，当射频情况变差时，可将数据传输速率降低为 5.5 Mb/s、2 Mb/s 和 1 Mb/s；当工作在 2 Mb/s 和 1 Mb/s 传输速率时，可向下兼容 IEEE 802.11。IEEE 802.11b 的使用距离在室外为 300 m 内，在办公环境中最长为 100 m。

IEEE 802.11b 运作模式基本分为两种：点对点模式和基本模式。点对点模式是指无线网卡之间的通信方式。基本模式是指无线网络规模扩充或无线和有线网络并存时的通信方式，这是 IEEE 802.11b 最常用的方式。

4. IEEE 802.11g 标准

IEEE 802.11g 标准是对流行的 IEEE 802.11b(即 Wi-Fi 标准)的提速，传输速度从 IEEE 802.11b 的 11 Mb/s 提高到 54 Mb/s。IEEE 802.11g 接入点支持 IEEE 802.11b 和 IEEE 802.11g 客户设备。同样，采用 IEEE 802.11g 网卡的笔记本电脑也能访问现有的 IEEE 802.11b 接入点和新的 IEEE 802.11g 接入点。

5. IEEE 802.11n 标准

IEEE 802.11n 是一个修正方案，它是通过将 MIMO(多输入多输出)与 OFDM(正交频分复用)技术相结合而应用的 MIMO OFDM 技术。该方案提高了无线传输质量，也使传输速率得到了极大提升。IEEE 802.11n 工作在 2.4 GHz 和 5 GHz 频段，5 GHz 频段是可选的。

它的最大工作数据速率从 54 Mb/s 提升到了 600 Mb/s。IEEE 已经批准了该修正方案，并于 2009 年 10 月发布。表 1.5 给出了 IEEE 802.11n 常见的物理速率(指定条件下系统提供的最高物理速率)，并给出几个基本物理速率的详细描述和解释。

表 1.5 IEEE 802.11n 常见物理速率

分类	1 条流	1 条流 short GI	2 条流	2 条流 short GI	3 条流	3 条流 short GI
20 MHz	65.0	72.2	130.0	144.4	195.0	216.7
40 MHz	135.0	150.0	270.0	300.0	405.0	450

(1) 65 Mb/s：为 20 MHz 模式下 1 条流的最大物理发送速率(没有启动 short GI-short Guard Interval)，一些早期的无线网卡和 2012 年左右的许多手机可能都使用 1 条流的 11gn 网卡，此类网卡发送数据时使用 1 条流，所以能够达到的最大物理速率为 65 Mb/s。

(2) 130 Mb/s：主流的 11gn 的物理速率，由于 11gn 不重叠信道只有 3 个，所以通常采用 20 MHz 模式且不应用 short GI 特性，此时基本的无线客户端使用 2 条流进行数据发送，可以达到的最大物理速率为 130 Mb/s。

(3) 300 Mb/s：11an 不重叠信道相对 11gn 比较多，所以在 11an 模式下可以选择采用 40 MHz 模式且可以启动 short GI 功能，这样比较主流的 11n 客户端可以使用 2 条流发送数据，从而实现了 300 Mb/s 的最大物理速率。

6. IEEE 802.11ac 标准

IEEE 802.11ac 是 IEEE 802.11 系列无线局域网(WLAN)标准中的一个版本，于 2013 年发布。它在 IEEE 802.11n 的基础上进一步提升了无线网络的数据传输速率，提高了带宽和效率。与 IEEE802.11n 相比，该标准支持更高的数据传输速率，最高可达 1.3 Gb/s。它还支持在 5 GHz 频段中获得更多的频谱效率，并且具有更强的抗干扰能力。此外，IEEE 802.11ac 还支持多路径复用，允许通过多条路径同时传输数据，从而提高了数据传输效率。该标准广泛应用于笔记本电脑、智能手机、智能家居设备等。

7. IEEE 802.11ax 标准

IEEE 802.11ax 是 IEEE802.11 无线局域网(WLAN)技术更新的标准。它是 IEEE 802.11 系列标准的一部分，主要针对高密度环境(如繁忙的公共场所)中的 WLAN 网络进行了优化，具有更高的带宽效率、更高的容量、更低的延迟、更好的兼容性和更强的安全性。它支持多用户多输入多输出(MU-MIMO)技术，使得多个客户端可以同时从访问点接收数据；支持 2.4 GHz 和 5 GHz 频段的无线局域网协议，最高速率可达 10 Gb/s。

◆ ◆ ◆ 本 章 小 结 ◆ ◆ ◆

本章主要介绍网络系统集成的概念、内容和步骤。同时介绍在网络系统集成中需要的计算网络技术知识，首先从 OSI 参考模型开始讨论，认识了其七层结构及每一层的功能和任务，以及相应的网络设备。接着论述了目前应用最为广泛、网络市场公认的主流协议

TCP/IP 协议体系结构，根据其结构说明了局域网体系结构处于物理层和数据链路层，阐述了 IEEE 802 系列标准，为后面章节的方案设计提供了理论基础。本章还论述了网络拓扑结构、网络技术。在局域网中，快速以太网技术是到用户桌面的常用技术，千兆或万兆以太网承载网络主干流量，提供高速连接和数据传输。同时阐述了在企业网络中，为了建立外出移动办公、与客户合作，确保分支机构安全、可靠地连接企业总部，采用 VPN 技术构建网络是一种理想的选择。目前，无线局域网技术也是局域网发展的一种趋势，可以满足用户短期内临时网络构建的需求。

习题与思考

1. 网络系统集成包括哪些内容？按照什么样的步骤可以完成集成项目？
2. 描述计算机网络的 OSI/RM 和 TCP/IP 的体系结构，以及数据的流动情况。
3. 说明有哪些常见的网络拓扑结构。
4. 阐述动态和静态 VLAN 的应用及各自的优缺点。
5. VPN 是什么样的网络？VPN 的隧道技术有哪些？VPN 是如何实现安全传输的？VPN 服务的应用范围是什么？
6. 如何理解无线局域网技术？根据理解实际调研无线局域网产品及应用情况。

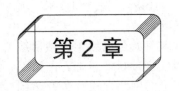

网络工程项目管理

【内容介绍】

本章从项目管理的基本概念入手，围绕网络系统集成项目管理讲解项目管理的 9 大知识领域的内容，主要涉及了项目投标、需求分析、网络系统规划、成本与风险、项目质量控制和项目监理。

2.1　项目管理基础

在网络工程实施过程中，如何有效地确保网络工程在规定时间内的工程质量，是网络建设的必须解决的问题。因此，只有采用项目管理的思想、方法对整个工程过程进行严格的管理和控制，才能保障工程质量。

2.1.1　项目管理的概念

我们可以从"网络系统集成"和"项目管理"两大层面去理解网络系统集成项目管理。首先，可以从两个方面理解"网络系统集成"的概念。一个是"网络"，具有系统的特性，就是按照用户要求和目标所建立的计算机网络应用系统；另外一个是"系统集成"，就是建立某系统的一项过程，通过系统分析、系统设计、系统施工、系统调试、系统验收和系统运行来将网络系统方案具体化的一种技术手段。总之，网络系统集成应该是具有系统化、规范化、可维护性、开放性的一门技术，需要由工具、方法、过程、质量体系来实现用户网络应用系统。

随着用户网络系统需求的不断扩大，网络系统集成项目的不断增多，项目实施中出现的问题也层出不穷，因此，科学的、高效的项目管理势在必行。通过这样的项目管理可为客户建立切实可行的项目管理方法论，完善管理效果，规范文档，缩短工期，降低成本，提升用户满意度。

所以，我们需要认识"项目管理"这一概念。"项目"是一个专业术语，具有科学的含义，通俗地说，就是在一定的资源约束下完成既定目标的一次性任务。"项目"包含了三层含义：一定的资源约束、一定的目标和一次性任务。资源可以包括时间、费用、人力、物质等。从项目管理的含义我们可以知道项目具有目标性、生命周期性、不确定性和风险性等。"项目管理"是一门专业知识,是一种方法论,具有相对统一的内容、规范和技术。项目管理能够使我们运用系统的观点、方法和技术对项目进行有效的管理。

"网络工程项目管理"就是能够对从网络工程项目的投资决策开始到网络工程项目结束的整个过程,进行规划、组织、指导、协调、控制和评价,以实现项目的目标。网络工程项目是在一定的进度和费用约束下(即资源约束下),为实现既定的网络建设任务并达到一定质量要求,进行的一次性任务。所以网络工程项目管理体现了目标、成本、进度三者互相制约的关系。

2.1.2 项目管理的特点

根据项目的通用定义,项目本身就有多种特性,它可以表现为目的性、独特性、临时性、不确定性等特性。从项目管理角度来看,为了科学地、有效地管理项目,让项目的整个过程顺利完成,达到项目管理的目的,在整个过程中都会体现项目管理的多种特性。我们可以根据项目本身的特性和管理的科学性,从普遍性、目的性、独特性、集成性、创新性五个方面来理解。

1. 项目管理的普遍性

项目作为一种一次性和独特性的过程活动,代表了我们生活中的各种活动,其过程、方法体系都具有相似性和普遍性意义。因此,在各种网络工程项目活动中,都存在同样的一次性网络建设任务,这些任务具有结合各自业务应用特点实施网络建设的独特性,在整个网络项目的开展过程中,过程、方法、目标都存在普遍性意义。

2. 项目管理的目的性

项目管理的目的性是指通过开展项目管理活动去满足或超越项目所提出的目标、指标和需求。

3. 项目管理的独特性

项目管理的独特性是指项目管理不同于一般的企业生产运营管理,也不同于常规的政府和独特的管理内容,是一种完全不同的管理活动,是依赖于用户提出的具体项目内容,为指定用户服务的项目,不存在不同用户具有完全一致的项目任务。因此,项目管理具有项目的独特性。

4. 项目管理的集成性

项目管理的集成性是指在项目的管理中必须根据具体项目各要素或各专业之间的配置关系做好集成性的管理,而不能孤立地开展项目的各个专业的独立管理。项目管理的过程、方法是网络系统集成开展所需要的,在项目管理中,需要通过技术手段、方法将项目的各项内容有机融合,所以说项目管理具有集成性。

5. 项目管理的创新性

项目管理的创新性包括两层含义:其一,项目管理是对于创新(项目所包含的创新之处)的管理;其二,任何一个项目的管理都没有一成不变的模式和方法,都需要在管理过程中,通过管理创新去实现对具体项目的有效管理,提高项目管理的能力和质量,有效保障每一项工作的顺利开展和顺利完成。

2.1.3　项目管理的内容

项目管理应用于各类工程项目，不同的工程项目所管理的内容各有差异。总体来看，在计算机网络系统的项目管理中，贯穿了从项目前期用户需求及分析、方案设计，到后期的工程实施、调试、测试与验收的整个过程。在这个过程中项目管理的规范性、科学性和技术性可以起到很好的作用，能够使得项目正常运行。通常项目管理通过项目启动、计划编制、执行、控制和收尾过程保证项目的顺利完成，这 5 大过程被组织成 9 大知识领域：项目整体管理、项目范围管理、项目时间管理、项目成本管理、项目质量管理、项目人力资源管理、项目沟通管理、项目风险管理和项目采购管理，这些过程和知识领域的相互关系如表 2.1 所示。

表 2.1　项目管理过程和知识领域的相互关系

知识领域	过　程　组				
	项目启动	计划编制	执行	控制	收尾
项目整体管理		制订项目计划	执行项目计划	整体变更控制	项目收尾
项目范围管理		活动定义 活动排序 活动历史估算 进度安排		进度控制	
项目时间管理		活动定义 活动排序 活动历史估算 进度安排		进度控制	
项目成本管理		资源计划编制 成本估算 成本预算		成本控制	
项目质量管理		质量计划编制	质量保证	质量控制	
项目人力资源管理		组织计划编制 人员组织	团队组建		
项目沟通管理		沟通计划编制	信息发布	执行状况报告	管理收尾
项目风险管理		风险计划编制 风险识别 定性风险分析 定量风险分析 风险应对计划编制		风险监督和控制	
项目采购管理		采购计划编制 询价计划编制	询价、供货方选择、合同管理		合同收尾

1．项目整体管理

项目整体管理的内容包括：

(1) 制定网络项目章程，制定正式核准项目的项目章程。

(2) 制定网络项目初步范围说明书，制定高层次说明范围的项目初步范围说明书。

(3) 制订网络项目管理计划，将确定、编写、协调与组合所有部分计划中所需要的行动形成文件，使其成为项目管理计划。

(4) 指导与管理网络项目的执行，执行项目管理计划中所确定的工作，实现项目范围说明书中明确的项目要求。

(5) 监控网络项目工作，监视和控制启动、规划、执行和结束项目所必需的各个过程，以便实现项目管理计划中确定的实施目标。

(6) 整体变更控制，审查所有的变更请求，批准变更并控制可交付成果和组织过程资产。

(7) 项目收尾，最终完成所有项目过程组的所有活动，正式结束所有项目或阶段项目。

2. 项目范围管理

任何用户在决定投资建立网络系统时都有网络系统建设目标，并会根据目标和要求签订有关合约。网络项目管理范围主要包括如下内容：

(1) 网络项目范围的确认。

在项目初期，用户和网络公司应明确界定项目的范围，并提出项目范围说明文档，作为进行项目设计、计划、实施及测试与验收的依据，以便能够有效地控制和管理。在确定项目范围的过程中，应注意项目范围变更的可能性、程度和由此产生的影响；在项目实施过程中，项目组成员角色变更后，需要马上与项目管理人进行沟通、协调，便于工作的顺利进行。

(2) 网络项目范围的结构分析。

在确定网络项目范围的基础上，应对网络项目范围的结构进行分析，并对可测量的指标进行定义，从而形成相应的分析文档。

(3) 网络项目范围规划文档。

网络项目范围规划应对项目管理目标、内容、组织、资源、方法和步骤进行预测和决策，作为指导项目管理工作的纲领性文件。因此，在网络项目实施过程中，项目管理人员可以根据项目范围规划描述文档对设计、计划和施工过程进行经常性的检查和跟踪，建立各种文档，记录实际检查结果，了解网络项目实施状况，便于在预定的项目范围内成功地实施项目。

3. 项目时间管理

项目时间管理也可以称为项目进度管理。网络项目进度管理应以实现网络工程项目合同约定的网络系统交付日期为目标，根据项目的进度目标在项目管理实施计划中进行工作结构分解，提出进度控制措施；根据进度计划编制人力、材料、设备等资源需用量计划；将实际进度数据与进度计划进行比较，确定进度偏差；按照项目管理目标责任书的要求，定期提出进度管理报告，并报告上级部门。

总进度计划内容应包括编制说明文档、总进度计划图(表)、分期施工工程的开工日期、完工日期及工期一览表、资源(包括材料、设备、人力等)需要量及供应平衡表。

在项目进度管理中，还有一项重要的内容就是文档管理，文档是用来表示进度中活动、需求、过程描述、定义、规定、报告或鉴定的任何书面或图表信息。这些信息详细描述了网络工程系统的设计和实现的细节，以及系统使用的说明文档等。文档管理具有针对性、精确性、清晰性、完整性和灵活性的特点。高效率的文档管理对于系统的维护、变更、扩充等都有相当大的作用。系统文档的编制在网络工程中占有突出的地位和相当大的工作量，所以，对于文档应该进行规范化和标准化管理，以保证文档的质量。

4．项目成本管理

项目成本管理是从项目能获得多少利益出发，实现成本管理，其内容应包括项目成本预测、成本计划、成本控制、成本核算、成本分析、成本考核和编制成本报告报表与成本资料等各项活动。项目成本管理还需要围绕以下各个环节和基本内容展开：

(1) 做好市场预测，及时掌握网络产品市场行情和变动状态。

(2) 以项目合同总造价为目标，通过加强设计管理，优化设计方案，来控制设计预算。

(3) 做好工程价款的结算，及时收回工程款。

(4) 积累工程造价资料，为今后项目造价管理提供依据。

5．项目质量管理

项目质量管理应按国际和国家标准的要求进行，需要确定网络工程项目质量规划和制订质量控制目标及质量保证计划，具体内容为网络项目质量的定义、质量目标、控制计划和保证计划。

6．项目人力资源管理

项目人力资源管理是对项目人员、组织结构构建的必要管理。

1) 建立网络项目组织

(1) 由企业选聘有经验和有能力的项目经理，落实项目经理责任制。

(2) 根据项目组织原则，组建项目管理机构，明确人员责任、权限和义务。

(3) 制定项目管理规范和相关的管理制度。

2) 构建项目组织结构

项目组织结构应保证用户的充分参与，并充分发挥项目组织中用户资源的积极性，项目组织结构一般可大致划分如下：

(1) 项目领导决策小组：负责项目计划审批、对重大事情进行决策(如项目范围更改、项目风险等)、组建项目工程验收小组和主持工程验收会议工作。

(2) 项目评审和验收小组：当项目竣工后，通常由项目领导决策小组主持，由各相关部门人员、专家等组成，负责对项目的验收、评审和工程评价。

(3) 工程质量监督小组：通常是由用户、网络商和项目监理单位三方参与的质量监督小组，主要负责协调和监督工程管理，把好工程质量关，还需要不定期地召开质量评审和整改措施会议，切实使工程的全过程得到有力的监督。

(4) 项目执行小组：主要负责项目计划管理和控制、对资源合理调配、确定业务需求等。

(5) 项目实施小组：通常由各类工程师组成，主要负责综合布线，网络设备安装与调试，以及主机、数据库、各平台软件的安装与调试等。

(6) 项目文档小组：制订项目文档管理计划及文档的输出、归档等。

(7) 项目咨询支持组：主要针对技术难题提供咨询和实际协助。

7．项目沟通管理

项目沟通是进行项目管理的润滑剂，其目的是使项目组内部成员和项目相关人员能及时、准确地得到自己所需要的信息，并能正确地理解相关信息。因此，项目沟通是项目管理的一个重要组成部分，也是项目顺利执行的关键。所以，项目经理要扮演的沟通与协调的角色就显得尤为重要。项目的沟通主要包括项目组内和与组外之间的沟通。

项目组内的沟通主要完成项目组成员之间的和谐合作和工作协调。项目经理必须保持与项目成员的日常交流，收集每一位员工的意见并组织员工进行交流，形成工作总结报告，让组内每一个成员都能有效地工作，并领会项目的目标和下一步计划，明确自己的任务和责任。这种交流可以通过多种方式(比如 OA 系统、电话、会议等)，定时或不定时地进行。

项目组外的沟通主要完成与用户的交流和沟通，使用户及时了解项目进展情况，保证项目按照计划和用户要求的方向推进，使用户认同项目的进度并建立预期。项目沟通的方式可以多种多样，比如面对面沟通、电话沟通、电子邮件沟通、传真沟通或书面报告等。通过这种沟通交流方式，项目组能够及早地发现问题，并与用户协商如何解决，消除用户对项目施工质量的疑虑，使得项目可以顺利进行。

8. 项目风险管理

项目风险管理主要确定网络项目可能会遇到的各种风险因素，包括网络项目的风险识别、风险分析、风险对策和响应预案、风险监控及控制。

9. 项目采购管理

在网络工程项目管理中，采购主要涉及网络设备、综合布线材料等，采购应该遵循一系列的规范。首先应明确网络工程相关的设备、材料的采购计划，所要求采购的设备、材料应该符合相关的标准；其次是采购控制，应依据项目设计文件，采用公开招标、定向招标、邀请招标等方式进行产品采购，降低采购成本，同时应加强合格供货商的选择与管理，按照采购产品的要求，组织对产品供应商的评价、选择和管理工作，以及对采购的产品按规定进行验证，最终保证项目采购的质量。

2.2　项目投标

2.2.1　网络系统集成的投标

国家《招标投标法》第 26 条规定，投标人应当具备承担招标项目的能力。投标人是响应招标、参加投标竞争的法人或组织。不是所有感兴趣的法人或经济组织都可以参加投标。投标人通常应当具备下列条件：

(1) 适应招标文件要求的人力、物力和财力；

(2) 具有招标文件要求的资质证书、业绩证明和相应的工作经验；

(3) 具备法律、法规规定的其他条件。

投标人通过标书实施投标过程。

1. 标书

标书即投标书、标函，它是投标法人或组织按照招标文件提出的条件和要求而制作的递送招标单位的法律文书。

标书是整个招标、投标过程中的核心文件，招标单位组织的议标、评标、定标等重要招标环节的开展，均是依据投标书而进行的，中标作为招标、投标活动的终结环节，也是以投标书为凭据的。另外，投标单位的演讲词、答辩词也是以投标书为基础进行写作的。由此可见，投标书的重要性是不言而喻的，因此，标书的制作必须符合法律规定，写明拟标工程项目的基本情况、工程标价、质量要求、施工措施等内容，便于招标组织评标、定标，中标后签订项目合同。

投标人应准备一份投标书正本和投标资料表中规定数目的副本，每套投标书须清楚地标明投标书正本或投标书副本。一旦正本和副本不符，以正本为准。

标书的正本和所有的副本均需打印或用不退色墨水书写，并由投标人或经正式授权并对投标人有约束力的代表签字。授权代表须将书面形式的授权证书附在标书后。

对标书的任何行间插字、涂改和增删，必须由标书签字人在旁边签字后才有效。

2. 投标人编制投标文件的时间

根据《招标投标法》第 24 条规定，招标人应当确定投标人编制投标文件所需要的合理时间。

促进参与竞争的一个重要因素是给供应商和承包商充分的时间来编写他们的投标文件。这一时间的长短因项目的不同而不同，取决于各种因素，如需要采购的货物、工程或者服务的复杂性、所预计的分包程度、工程预算的难易程度以及提交投标所需的时间。因此必须由招标人根据有关采购的具体情况确定提交投标书的截止日期。

依法必须进行招标的项目，自招标文件开始发出之日起至投标人提交投标文件截止之日止，最短不得少于 20 日。

3. 项目的现场考查

这是投标前的一项重要准备工作。在现场考察前，对招标文件中所提出的范围、条款、建筑设计图纸和说明认真阅读、仔细研究。

《招标投标法》第 21 条规定，招标人根据招标项目的具体情况，可以组织潜在投标人踏勘项目现场。

投标人在发出招标通告或者投标邀请书以后，可以根据招标项目的实际需要，通知并组织潜在投标人到项目现场进行实地勘查。这样的招标项目通常以工程项目居多。

潜在投标人可根据是否决定投标或者为编制投标文件的需求，到现场调查，进一步了解招标者的意图和现场周围环境情况，以获取有用信息并据此决定是否投标或投标策略以及投标价格。在网络工程中要注意地面、墙面、电源插座、预留空洞的情况，机房周围的干扰源，楼间、楼内缆线的布局走线(架空线缆、管道线缆、埋式线缆等)，以便对施工所需的材料、工具及工程成本做出比较切合实际的评估。

但是，并非所有的招标项目、招标人都有必要组织潜在投标人进行实地勘查，对于采购对象比较明确的，如货物招标，往往就没有必要进行现场勘查。

4. 分析招标文件进行工程造价的预算

1) 招标文件应重点考虑的问题

招标文件应重点考虑的问题包括投标人须知、合同条件、设计图纸和工程量。

2) 编制施工计划

施工计划一般包括施工方案和施工进度，原则是在保证工程质量与工期的前提下降低成本。网络工程施工计划进度应涉及设备安装完工所需要的工期，以及楼内、楼外布线所需要的工期等。

3) 进行工程造价的预算

报价应进行单价、利润和成本分析，并选定定额与确定费率，投标的报价应取在适中的水平，一般应考虑系统的先进性、产品的档次及配置量。工程报价的预算要考虑的因素有

(1) 设备与主材价格，根据器材清单计算；

(2) 工程安装调试费，根据相关预算的费率确定；

(3) 工程的其他费用，包括设计费、培训费等；

(4) 优惠价格；

(5) 工程总价。

5. 投标文件的编制

进行完现场的勘察、投标书的分析与造价的预算后，就可以将这些数据进行整理，附加上一些必需的附件，来进行标书的编制工作了。

投标人应按照招标文件的具体要求编制投标文件，并做出实质性的响应。

在招标文件中，通常包括招标须知，合同的一般条款、合同的特殊条款，价格条款，技术规范以及附件等。投标人在编制投标文件时必须按照招标文件的这些要求编写投标文件。

投标文件应当对招标文件中有关招标项目的价格、项目的计划、技术规范、合同的主要条款做出响应。这就要求投标人必须严格按照招标文件填报，不得对招标文件进行修改，不得遗漏或者回避招标文件中的问题，更不能提出任何附带条件。

投标文件通常可分为商务文件、技术文件和价格文件三类。

1) 商务文件

商务文件是用以证明投标人履行了合法手续及招标人了解投标人商业资信、合法性的文件。一般包括投标保函、投标人的授权书及证明文件、联合体投标人提供的联合协议、投标人所代表的公司的资信证明等，如有分包商，还应出具责信文件供招标人审查。

2) 技术文件

技术文件应包括全部施工组织设计内容，用以评价投标人的技术实力和经验。技术复杂的项目对技术文件的编写内容及格式均有详细要求，投标人应当认真按照规定填写。技术文件主要包含如下内容：

(1) 技术方案应根据招标书提出的建筑物的平面图及功能划分，确定信息点的分布情况；

(2) 布线系统应达到的等级标准；

(3) 推荐产品的型号、规格；

(4) 遵循的标准与规范。

此外，对安装及测试要求等方面的内容要较完整地论述。技术方案应具有一定的深度，可以体现布线系统的配置方案和安装设计方案，也可提出建议性的技术方案。切记要避免过多地对厂家产品进行烦琐的全文照搬。

3) 价格文件

价格文件是投标文件的核心，全部价格文件必须完全按照招标文件的规定格式编制，不允许有任何改动，如有漏填，则视为其已经包含在其他价格报价中。

为了保证投标方能够在中标以后完成所承担的项目，还要求投标文件的内容应包括拟派出的项目负责人与主要技术人员的简历、业绩和拟用于完成招标项目的主要技术设备。这样的规定有利于招标人控制工程发包以后所产生的风险，保证工程质量。项目负责人和主要技术人员在项目施工中，起到关键的作用。主要技术设备是完成任务的重要工具，是保证工程施工工期和质量的前提。

6. 递交标书的注意事项

《招标投标法》第 28 条规定，投标人应当在招标文件要求提交投标文件的截止时间前，将投标文件送达投标地点。招标人收到投标文件后，必须履行完备的签收、登记和备案手续，并妥善保存，任何人不得开启。签收的回执应包括投标文件递交的地点和日期以及密封状况。在招标文件要求提交投标文件的截止时间后送达的投标文件(包括由于邮寄延误的)，招标人应当拒收。

为了保证引起充分竞争，对于投标人少于三家的，应当重新招标。这种情况在国外称之为"流标"。按照国际惯例，至少有三家投标者才能带来有效竞争，因为两家参加投标，缺乏竞争，投标人可能提高采购价格，损害招标人利益。

2.2.2 投标书文件格式简介

1. 投标书封面格式范本

投标书封面格式范本如下：

投标书

项目名称：

投标单位：

投标单位全权代表：

投标单位：　　　　(公章)

年　　　月　　　日

2. 投标书的格式范本

投标书的格式范本如下:

投标书

××项目评标委员会:

　　根据××项目(招标编号)投标邀请,签字代表××× (全名、职务)经正式授权代表投标人×××(投标方名称)提交下述文件正本一份和副本一式××份。

　　1. 开标一览表。

　　2. 投标价格表。

　　3. 按投标须知要求提供的全部技术文件。

　　4. 资格证明文件。

　　5. 投标保证金,金额为人民币_____元。

　　据此函,签字代表宣布同意如下:

　　1. 所有投标报价表中规定的投标总价为人民币_____元。

　　2. 投标人将按招标文件的规定履行合同责任和义务。

　　3. 投标人同意提供与其投标有关的一切数据或资料。

　　4. 如果投标人在投标有效期内撤回投标,其投标保证金将被贵方没收。

　　5. 与本投标有关的一切正式往来信函请寄:

邮编: _____　　　　地址: _____

电话: _____　　　　传真: _____

　　　　　　　　　　　　　　投标负责人: _____

　　　　　　　　　　　　　　投标人名称(公章): _____

　　　　　　　　　　　　　　全权代表签字: _____

　　　　　　　　　　　　　　　　　年　　　月　　　日

---

3. 网络工程技术文件格式

根据工程的需求,技术文件可包括以下几部分内容:

一、总体描述

甲、乙方名称的定义,项目名称。

甲方一般为提供项目单位,乙方为供货厂商及集成商。

乙方概况、资质、主要技术成就等。

(一般对乙方的要求是具有独立法人资格,具备建设部智能化系统集成设计资质或信息产业部门颁发的计算机信息系统集成资质的企业。硬件设备需要生产厂家的产品授权书,并符合采购法的第二十二条规定。)

二、网络解决方案

针对用户需求(网络规模、功能需求、质量需求、安全需求等),给出网络方案设计。方案内容应包括。

1. 系统总体结构

方案中应给出系统拓扑结构图,包括各网段的流量要求、信息点数量分析等。

2. 综合布线系统

如按 EIA/TIA 568 标准实施布线时,可将将要布线的建筑空间划分为 6 个作业区域,分别定义为建筑群子系统、设备间子系统、配线(管理)子系统、垂直干线子系统、水平布线子系统和工作区子系统。该标准还规定了这 6 个子系统的技术要求。

3. 网络技术选型

进行技术选型时应给出各种网络技术介绍以及选择的依据等。

4. 产品选型

产品选型应首先考虑其要能很好地满足系统的体系结构及网络技术选型的要求,根据资金的能力选择品牌或非品牌设备,但必须确保设备长期稳定、可靠地运行,甚至在出厂前经买方人员严格测试和检查。

乙方在建议书中应详细列出所提供的硬件、软件清单和说明。

产品应具有可扩展性、QoS(服务质量)保证机制和完整的网络服务性能。

乙方提供的软件应为最新版本,且不同时期软件版本应能兼容。同时要保证网络安全可靠及扩容和版本升级方便。

主要设备能在不中断通信的情况下,可带电进行板、卡的插拔操作。

5. 网络管理

1) 故障管理

故障管理包括跟踪、辨认错误,接受错误报告并作出反应;维护并检查错误日志,形成故障统计;能执行一定的诊断测试。

2) 配置管理

配置管理包括自动发现网络拓扑结构及网络配置,实时监控设备状态;创建并维护配置数据库;能进行网络节点设备、端口、系统软件的配置;对配置操作过程进行记录统计。

3) 性能管理

性能管理包括收集网络内运行的数据信息,提供网络的性能统计,如网络节点设备的可用率、CPU 利用率、故障率,中继线路流量统计,网络时延统计,网络各类业务量统计等;分析历史统计数据,优化网络性能,消除网络中的瓶颈,实现网络流量的均匀分布。

4) 网管系统

网管系统应具有用户友好性,并提供编程接口,使其能得到方便灵活的扩展;提出目前国际上最新、最先进的管理平台和方法,并针对本工程网管系统提出具体的建议措施和实施方案。

5) 网络安全

网络安全就是要求网络有充分的安全措施,以保障网络服务的可用性和网络信息的完整性。

可提出完善的系统安全政策及其实施方案，其中至少覆盖以下几个方面：

(1) 对路由器、服务器等的配置要求应充分考虑安全因素；

(2) 制定妥善的安全管理政策，例如口令管理、用户账号管理等；

(3) 在系统中安装、设置安全工具，应详细列出所提供的安全工具清单及说明。

三、工程技术规范

工程技术规范的内容可能会很细，主要依据招标文件的要求来编写，如：

(1) 网络的技术指标(包括处理能力、时延、网络可用率、系统容量等)。

(2) 设备的主要技术指标及可靠性要求：提供设备的技术指标，包括处理能力、时延、MTTR(平均修复时间)、MTBF(平均故障间隔时间)和可用率等。

工程技术规范的主要内容如下：

(1) 保证所提供产品的质量，特别是接口的兼容性。

(2) 各种设备的主要模块易于扩容和维护。

(3) 软件要求为模块化结构，保证安全可靠，具有容错能力。应提供能满足确保全网(包括网管及节点)正常运行所需的管理、服务、维护等有关的全部软件以及 Internet 网中的主要应用软件。提供的软件应为最新版本，且不同时期的软件版本应能兼容。同时要保证网络安全可靠及扩容和版本升级方便。

(4) 应详细列出所提供的软件清单和说明。

(5) 应包含各网络节点的安装材料和清单。用于连接各种设备和硬件的室内电缆应包含在设备价格中。

(6) 维护期是否包含维护工具和一些消耗品，比如熔丝、指示灯等。

(7) 可根据设备元件的质量情况提出备份配置的建议。

(8) 对提供的设备应是以至少五年为使用期设计的，要保证不论提供的设备是否还生产，在使用期内买方可得到备件。

(9) 路由器技术协议：广域网协议、路径协议、路由器管理/安全协议等。

(10) 以太网交换机应满足的标准应详细说明，如 IEEE 802.3(以太网标准)、IEEE 802.1Q(虚拟桥接局域网标准)等。

(11) 对网络物理接口的接口速率(10 Mb/s、100 Mb/s、1000 Mb/s)、介质类型(多模光纤、非屏蔽双绞线)、接口类型(双绞线 RJ-45、光纤 ST 或 SC 型)作详细说明。

四、工程报价书

对于政府及学校的不同网络工程，要注意区分统一采购设备与非统一采购设备，如对校园网所需设备，要按非国家教委统一采购设备与国家教委统一采购设备分别罗列。

(1) 报价的主要内容如下：

• 数据交换设备(包括硬件和软件)；

• 网管系统(软件和硬件)；

• 操作维护设备；

• 专用仪器、仪表和专用维护工具；

• 供一定年限使用的备品、备件和消耗材料；

• 可供甲方选择的设备和功能(不计入总价)；

• 全套电缆(包括接地电缆、电力电缆和接插件等)；

- 各种服务费用;
- 培训费用(国内及国外);
- 运输及保险费用;
- 其他费用。

(2) 报价应按设备的详细项目开列单价、数量和总价, 其中电缆、备品、备件、安装材料等应开列清单单价和总价。

(3) 设备详细项目应按机架、模块、电路板开列。

(4) 维护、工具仪器、仪表应按台、件详列单价、数量和总价。

(5) 乙方应给出各装机地点的设备清单。

(6) 乙方应以人民币或美元为单位, 如有必要给出 FOB(离岸价格)和 CIF(到岸价格)价格。

五、设备及机架情况

工程设备配置分为路由器、以太网交换机、服务器。

应介绍各种设备机架(柜)的外形尺寸、重量、面板布置、进出线方式等, 以及各种设备所需电源种类、耗电量、电压及地线要求。

六、场地及环境准备

1. 机房温湿度及环境要求

　　设备要在下列环境下能够保证正常工作:

　　环境温度: 5~35℃;

　　相对湿度: 30%~80%。

2. 电源要求

　　设备应能在下列供电变化范围内正常工作:

　　直流: −40~−57 V;

　　交流: ~220 V(± 10%), 50 Hz(± 5%)。

七、系统集成

应根据以下业务要求提出服务器配置方案:

支持中心应完成网管、计费结算、域名解析、Web 服务、E-mail 服务等功能。

八、验收

本部分应介绍布线施工结束后, 如何对全系统的性能进行测试, 如用 FLUKE DSP2000 线缆测试仪测试等。

工程验收主要分三部分来进行。

(1) 外观验收: 隐蔽工程的验收, 主要针对安装完毕后的电缆系统。

(2) 测试验收: 包括线路断通测试、连接正确性测试。

(3) 文档验收: 检查文档的有效性、完整性和正确性。

九、培训

乙方有义务为他的应用系统客户提供应用系统技术培训服务, 该服务应在客户指定的地点和时间内进行。乙方应在应用系统技术范围内为客户做详尽的技术培训, 并保证客户能完整掌握系统的操作、使用及日常维护。

应清楚写明培训的收费标准或是免费的。

十、技术承诺

如承诺将为客户提供完备的免费系统安装调试服务，即"交钥匙"工程，客户可以将系统的安装调试工作完全交由乙方的专业工程师完成，并由乙方负完全责任。

承诺在系统建立之前的销售前服务：

(1) 专业高级技术工程师按用户需求设计出最佳技术方案和软硬件组合。

(2) 市场工程师保证所有产品确系厂家原装并及时到位。

(3) 技术工程师以专业标准严格测试和检验可能交付的设备。

(4) 专业的售前技术咨询使用户有效了解与掌握相应技术，避免重复投资与无效投资。

(5) 技术支持热线电话随时候命接受您的咨询。

(6) 在系统设备试运行期间，根据需要，卖方有责任派技术人员到现场进行指导维护工作。

(7) 卖方应提供实用齐全的全套随机技术资料，包括维护命令手册、测试手册、设备说明书、硬件工作原理、软件资料。每个地点提供全套技术文件的套数。设备开通后，如发生软件升级及设备升级、扩展等有关情况，卖方应向买方提供必要的技术资料。

十一、维护支持及保修

由乙方制造的硬件设备或由乙方设计的应用软件系统，以及由乙方销售或代理销售的硬软件产品，如果在指定保修期内发生故障，乙方必须为客户提供免费的产品保修服务，并在协议指定期限内解决，重要构件在维修期内可提供替代品保证。超过指定保修期的产品，应明确乙方如何收费，如非营利按维修成本收取费用等。

十二、技术文档

技术文档应包含下述内容：

(1) 计算机网络系统拓扑结构图。

(2) 设备摆放示意图。

(3) 主要设备物理连接示意图。

(4) 网络系统线路示意图。

(5) 系统配置清单。

(6) 主要设备的维护命令手册、测试手册、设备说明书、硬件工作原理。

(7) 软件资料(包括许可证、序列号、载体)，用户手册，操作手册，操作指南。

2.3　网络系统集成需求分析

众所周知，网络系统集成是一项复杂的系统工程，通常包括综合布线、网络规划、设计阶段、工程组织、实施和系统运行维护等阶段。这些阶段的首期工作就是用户需求分析及网络规划和设计，这是完成网络系统集成方案设计的关键。

我们通常会采用自顶向下的方法完成需求分析。经过初次与用户交流，确定用户的网络建设目标，进一步进行用户调查、市场调研和分析工作后，形成必要的用户需求分析报告，确定建设规模、定位组网和综合布线技术水平、预算投资等内容，作为后期网络方案详细设计及以后阶段的相关设计参考的输入文档。因此，至少应明确如下情况：

(1) 用户网络建设目的、目标。

(2) 用户网络传输流量及传输响应时间。

(3) 用户网络安全的需求。

(4) 用户的建筑物地理位置及信息点物理分布情况。

(5) 用户综合布线的需求。

(6) 用户所需的网络应用、业务服务有哪些。

(7) 用户现有网络现状和物理环境。

(8) 用户对网络的功能、性能、运行环境、可扩充性和维护性的要求。

2.3.1　用户网络系统集成目标

网络系统集成包括用户的综合布线、网络建设两部分，其中综合布线是完成网络建设前传输平台的基础设施建设。网络系统集成项目建设的初期工作就是用户需求分析，应该在初次与用户交流后，确定综合布线和网络建设的目标，形成总体建设目标文档，作为下一步项目计划工作的用户需求调查、市场调研参考的输入文档。用户网络系统集成的总体目标通常可以分为近期目标和远期目标两部分，我们应该明确目标是形成一个新的网络系统，还是要对一个现有网络进行改造。

1．近期目标

近期目标应当相对明确，如果是在现有的网络系统基础上进行改造和扩展，就应该考虑影响用户网络现状的相关因素，尽量避免业务中断，应保持用户业务的持续性，从最坏的影响情况出发，明确建设目标范围和目标任务，形成总体网络系统集成的近期目标文档。通常近期目标文档可以包括如下内容：

(1) 网络系统集成的目标范围，包括用户的网络服务总体内容、网络服务对象、网络覆盖的物理范围、现有的综合布线情况等。

(2) 针对目标范围确定目标任务，包括用户调查内容计划表、市场调研内容计划表以及调查和调研人员的分工。

(3) 如果用户需要在现有网络的基础上对网络进行升级改造，我们就要调查现有综合布线和网络状况，也要确定升级改造的目标范围、目标任务和目标周期，同时明确改造可能带来的影响，以及避免这些影响的方法和手段。

2．远期目标

远期目标是网络系统集成方案设计中必不可少的一项，遵循方案设计的可扩展性、可升级维护性原则，远期目标的周期宜在 3～5 年(原来通常为 5～10 年，但是目前网络技术发展太快，如果时间过长，就容易造成资源的浪费和技术的落后)。所以，我们应在近期目标的基础上，做到以下两个方面：一方面是全面结合实际和用户目标，进行功能扩充并扩大应用范围；另一外方面是为后期建设留有扩展功能性接口，比如预先建设网络基础设施(综合布线)。

2.3.2　用户需求调查报告

用户需求调查是在与用户初次交谈后，根据所明确的网络系统集成目标范围、目标任务进一步分析用户需求，并形成必要的"用户需求调查报告文档"，作为方案详细设计必要参考的输入文档。所以，项目设计人员应做好以下几个方面的工作：

1．用户状况调查

在确定用户网络系统集成目标的基础上，我们要确切地了解用户当前和未来五年内的网络规模发展。因此，应详细了解综合布线情况、设备数量、所需设备数目、设备放置的位置和间隔距离，并进行实地考察，确定用户网络地理位置、信息点分布、信息点数量、业务特点、数据流量和流向，以及现有软件和通信线路使用情况等。从这些信息中可以得出新的网络系统所应具备的基本配置需求，也可以得到在现有网络基础上改造的可能性和配置需求。

2．功能和性能需求调查

功能和性能需求调查是需求分析的核心内容。因此，我们应该了解用户希望新的网络系统能够实现的功能、传输速率、所需存储容量(包括网络存储、服务器和工作站)、响应时间、实时性、扩充要求、安全需求，以及行业特定应用需求等。最后形成功能和性能需求调查记录文档，作为需求分析参考的必要输入文档。

3．应用和系统安全需求调查

应用和系统安全需求调查在整个用户调查中也非常重要，其中应用需求调查的准确性决定了所设计的网络系统是否满足用户的应用需求，比如对电子邮件、数据库应用、外设共享、Web 服务、文件服务、音频和视频信息传输、电子商务和 OA 系统等应用的需求。系统安全需求方面的调查，是建立稳定的网络系统和安全网络环境的必需工作。

4．成本/效益评估

成本及效益评估是指根据用户的需求和现状分析来综合评估网络系统集成所需要投入的人力、财力、物力，以及可能产生的经济、社会效益。这项工作是向用户展示系统设计报价和让用户接受设计方案的最有效的参考依据。

5．用户需求调查分析报告书写

将用户现状调查记录、功能和性能需求调查记录文档、安全需求调查记录以及成本/效益评估文档作为输入内容，整理成一份详细的用户需求调查报告文档，并提交给用户和项目经理，以此作为下一步正式的系统设计的基础与前提。

2.3.3　市场调研报告

市场调研工作的重点是分析主要竞争对手所用的产品、布线材料或类似的网络系统集成方案，并与自己的方案和选用布线材料、网络产品进行对比分析后，得出市场调研报告，提交给项目负责人，以便确定下一步工作内容和工作方法。

所以，通过市场调研工作，可以清晰地分析相似的综合布线情况、网络的性能和运行情况，也可以帮助项目负责人更加清楚地构想所建网络系统集成的大体架构。在总结同类网络系统集成方案和网络系统优势与劣势的同时，项目设计人员可以设计出更加优秀的网络系统集成方案。

但是，在网络项目管理的过程中，由于时间、经费及公司能力所限，市场调研覆盖的范围有一定的局限性。因此，在调研市场同类网络系统集成方案的时候，应尽可能调研到所有比较有名的网络服务商的网络系统集成方案，同时需要考虑同类网络系统集成方案所运行的环境与用户的差异点、类似点。

所以，市场调研应包括下列内容：

(1) 市场中同类或相似综合布线材料、网络产品的性能及运用状况。

(2) 调研同类或相似网络系统集成的应用范围和对象。

(3) 调研同类或相似网络系统集成的功能设计。

(4) 简单评价所调研的网络系统集成情况。

以上调研的目的是明确产品和方案设计的竞争现状，同时也引导了用户需求。

对市场同类产品的调研结束后，应该撰写"市场调研报告"作为用户需求分析详细报告文档参考的输入文档。市场调研报告主要包括以下要点：

(1) 调研概要说明，包括调研内容及时间计划、相似或同类网络系统集成项目名称、调研的单位及参与调研的人员。

(2) 调研内容说明，包括调研的同类或相似的网络系统集成项目名称、网络服务商、网络应用的相关说明、项目建设背景、主要适用对象、功能描述和评价等。

(3) 可借鉴的被调研的网络系统集成的功能设计，包括应用和功能描述、性能需求、可借鉴的理由等。

(4) 不可借鉴的被调研的网络系统集成的功能设计，包括应用和功能描述、性能需求、不可借鉴的理由等。

(5) 分析同类或相似网络系统集成方案和主要竞争对手产品的弱点和缺陷，以及自己公司所用方案和产品在网络系统集成中的优势。

(6) 调研资料汇编，将调研得到的资料进行分类汇总，并形成必要的文档，作为后续工作参考的输入文档。

2.3.4　详细的需求分析报告

在网络系统集成的合同或者标书的约束下，完成用户需求调查和市场调研的具体工作后，依据"用户需求调查报告文档"和"市场调研报告文档"，项目经理或系统方案设计员应该对整个需求调查和调研活动作总结报告，将用户的需求进一步细化，形成一份详细的、完整的网络工程需求分析报告文档，作为下一步网络系统方案具体规划、设计、实施、运行和验收的依据，关系流程如图 2.1 所示。

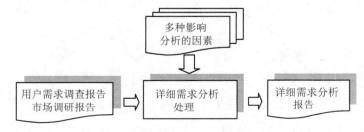

图 2.1　详细需求分析处理关系流程

最终的分析报告一般情况可以包括以下内容：

(1) 网络调研和用户需求资料，其中至少应包括地理位置和用户信息点分布情况。

(2) 网络现状描述，包括综合布线情况、网络拓扑结构、网络设备、运行的环境、网络服务类型等。

(3) 网络需求分析的可行性及研究结论。可行性包括技术可行性、投资与效益可行性和社会条件可行性等。

(4) 网络系统集成的总体目标范围和目标任务。

(5) 网络系统功能、性能的定义和详细描述，其中包括影响网络性能的各种因素。

(6) 网络系统运行环境和维护方式要求的描述，比如机房、设备间的配线、电缆走向和敷设方法以及电气保护等内容；维护方式包括维护责任、规范和要求。

(7) 网络系统应该提供的应用服务内容和服务对象，以及网络存储容量的计算。

(8) 网络系统支持的通信负载容量及描述。

(9) 网络系统的安全设计范围、设计要求和设计原则。

(10) 网络系统需要的材料、设备类型。

(11) 成本/效益分析。

(12) 风险预测。

2.4　网络系统规划管理

2.4.1　网络拓扑结构规划

1. 网络拓扑结构规划的基础

当完成用户需求分析报告后，我们将进入网络规划阶段，网络规划需要综合考虑多方面的因素，其中影响规划的主要因素有经费、网络规模、灵活性要求、可靠性要求。

网络拓扑结构的规划设计和网络规模息息相关，一个规模较小的星形拓扑结构局域网可以没有主干网，如图 2.2 所示；而规模较大的网络系统设计通常使用树状拓扑结构，如图 2.3 所示；或者使用混合型拓扑结构，如图 2.4 所示。

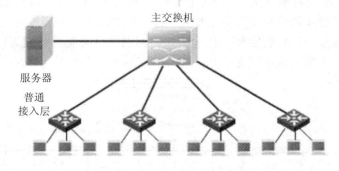

图 2.2　星形拓扑结构(较小规模网)

从图 2.2 中我们还可以看到，网络的拓扑结构对整个网络系统的运行效率、技术性能的发挥、可靠性与经费预算等方面都有着重要的影响。所以，确立网络拓扑结构是整个网络系统方案规划设计的基础。当然，拓扑结构的选择和地理位置、运行的环境、信息点的分布、传输介质、传输距离、介质访问控制方法，甚至网络设备选型(性能指标)等因素也紧密相关。

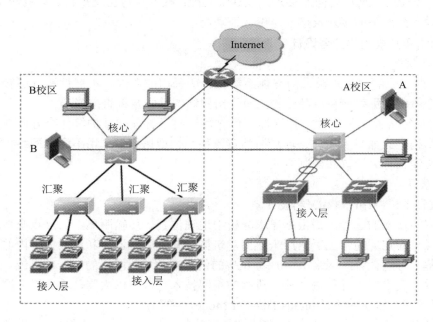

图 2.3　树状拓扑结构设计

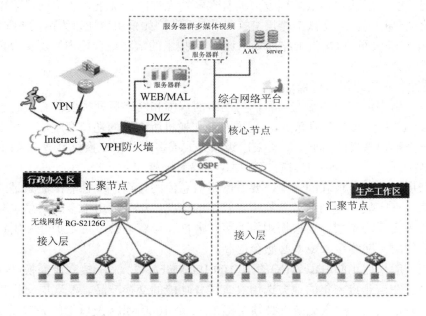

图 2.4　混合型拓扑结构设计(分层和冗余设计)

　　较大规模的网络系统设计采用分层设计规划，可以有效地将全局通信问题分解考虑，有助于资源分配和带宽规划。分层设计通常包括三个层次：核心层、汇聚层(也称分布层)和接入层(也称访问层)。

　　核心层由核心交换机组成，主要完成高速传送数据、交换数据和安全控制功能；汇聚层由交换机、路由器设备访问层的汇接点等组成，完成路由数据、分割广播域/多点传送域、介质转换、安全性、远程访问的接入点及认证功能；接入层可由交换机、集线器设备组成，完成端接设备到网络的接入及接入身份认证功能。

2. 网络拓扑规划的分层设计

1) 设计原则

(1) 根据企业的网络规模、网络体系结构、所采用的协议、扩展性和升级管理等各种因素来综合考虑，尽量避免拓扑结构的设计给网络的性能带来直接影响。

(2) 应从经济性、灵活性、扩展性、可靠性、易于管理和维护等几个方面选择合适的网络拓扑结构，比如星形拓扑、环形拓扑及各种混合型拓扑。采用不同的网络控制策略，完成数据传输、有关协议和控制方法。

2) 分层设计

(1) 进行主干网络(或核心层)设计。

主干网络技术的选择，需根据需求分析中地理位置、传输距离、信息点个数和信息流量负载的轻重而定。通常主干网用来连接建筑群、共享服务器群和连接楼宇内的多个汇聚层交换设备，可能会容纳网络上 40%~60%的信息流，承载网络的主干信息流。连接建筑群的主干网一般采用光纤传输介质，典型的组网技术有万兆以太网、千兆以太网、快速以太网和异步传输模式(Asynchronous Transfer Mode，ATM)等。

主干网的核心是三层核心交换机(或四层交换机，或者高端路由器)。如果考虑主干网的较高的可靠性，解决单点故障问题，而且在经费允许的情况下，主干网可采用双核冗余和链路聚合的结构与接入层或汇聚层交换机相连接。例如采用快速以太网的 FEC(快速以太网通道)、千兆以太网的 GEC(千兆以太网通道)等技术的链路聚合技术，可实现负载均衡和链路可靠性设计。

(2) 进行汇聚层或接入层设计。

在企业网络中汇聚层的存在与否，与网络的规模和网络后期扩展性有关。当建筑物内信息点较多(比如有 200 个信息点)，超出一台交换机所容纳的端口密度，不得不增加交换机数量来扩充端口密度的时候，如果采用级联方式或多个并行交换机堆叠方式(支持堆叠功能)来扩充端口密度，网络中就只有接入层，而没有汇聚层。

我们采用堆叠还是级联的方式，要看网络信息流的特点，堆叠能保证充足的宽带，适合楼宇内信息点密集、全局信息负载相对较轻的情况；级联适用于全网信息点分布较均匀的场合。是否需要汇聚层，要根据规模的可扩展性、可管理性、可维护性和用户要求来决定，采用汇聚层，网络投入成本必然会提高。

接入层一般采用 1000Base-T(X)的 10/100/1000 Mb/s 以太网，接入层交换产品的型号很多，需要注意在信息点密集的地方选用具有堆叠功能的交换产品。汇聚层交换机可选择的产品很多，但是一定要注意交换机必须支持 1~2 个 1000 Mb/s 及以上的光口模块，如果主干网为 1000 Mb/s 或 10 Gb/s 以太网，则汇聚层交换机还必须支持 SFP/SFP+的单或多模块。

(3) 进行远程接入访问(VPN)的规划设计。

在企业网络工程建设中，由于有些员工信息点分布的距离很远，或者员工经常出差，需要使用企业资源，因此要对零散的远程用户以 VPN 的形式接入企业网络。我们需要考虑企业网络边界处网络设备的功能问题，即需要支持 VPN 接入功能和身份验证、访问控制策略等功能。

2.4.2　IP 和 VLAN 规划

IP 和 VLAN 设计是完成网络建设方案或网络实施方案必不可少的环节。实现建设方案的 IP 和 VLAN 规划，需要根据用户的需求、信息点分布、用户业务分类、网络设备部分等情况设计合理的 VLAN，并保证每一 VLAN 都有一个 IP 子网网络，此时对 IP 和 VLAN 的设计不用过细，只需要通过 IP 和 VLAN 的设计，向用户展示网络方案是合理的即可；而网络实施方案的 IP 和 VLAN 规划需要非常的详细，需要涵盖每一网络设备的 IP 及 VLAN 的配置，包括设备命名，以及网络信息点所在子网网段及该子网归属用户类的命名，并说明 IP 和 VLAN 所在的区域位置。目前，我们仍然采用 IPv4 版本作为网络建设中的 IP 分配。

1．用户网络建设方案的 IP 和 VLAN 规划管理

在实现网络建设方案的时候，我们需要通过给用户展示方案，以表达网络方案的合理性和可行性。给用户展示网络的表现形态，让用户对方案提出合理的意见，有助于后期实施方案的详细设计。

1）VLAN 和 IP 设计规则

我们需要根据用户的信息分布情况，对 IP 和 VLAN 进行归类设计，给出网络建设方案的 IP 和 VLAN 设计方案方法，让用户认可 IP 和 VLAN 的设计。比如针对某校园网的网络方案设计，可以根据学生宿舍、教学楼、实验楼、科研楼、行政楼、体育中心、食堂等几个大类进行首次归类，然后再对学生宿舍进行按照楼层、院系分别对每间寝室进行归类，并归属到同一 VLAN，根据接入 PC 主机量进行分配 IP。实验楼可以按照院系进行 VLAN 和 IP 的划分，科研楼结合楼层和院系进行 VLAN 和 IP 的划分。对于行政楼，可按照楼层和行政部门进行 VLAN 和 IP 的划分，并采用连续的 IP 子网，便于路由能够汇聚 IP，减少路由表项。我们可以按照表 2.2 设计 VLAN 和 IP。

表 2.2　IP 和 VLAN 规划设计参考表

楼号	楼层	房间号	VLAN	IP 及掩码	网　关	备　注
1 号学舍	1	101～120	110	10.1.0.0/24	10.1.0.254/24	通信 12 级
		121～140	111	10.1.1.0/24	10.1.1.254/24	通信 13 级
	2	201～220	210	10.1.2.0/24	10.1.2.254/24	通信 14 级
		221～240	211	10.1.3.0/24	10.1.3.254/24	通信 15 级
	3	301～320	310	10.1.4.0/24	10.1.4.254/24	网络 12 级
		321～340	311	10.1.5.0/24	10.1.5.254/24	网络 13 级
		……	……	……	……	网络 14 级

2）IP 分配策略规则

针对用户的信息点分布、PC 主机接入量及分布情况，可以采用手工分配和 DHCP 动态分配 IP 地址信息，必要的时候结合接入认证进行动态分配 IP。通过规定每个信息点所在子网的 IP 和 VLAN，配置三层交换机的 VLAN 虚接口 IP，作为该 VLAN 的网关，该 VLAN 的所有接入 PC 主机均按照该 VLAN 所在子网手工配置 IP 地址。为了管理方便，对学生宿舍采用认证+DHCP 方式分配，此时，采用专门的认证服务器+DCHP 服务完成分配；对行政楼、科研楼、教学楼直接进行 IP 动态分配，此时，还可以采用两种方式完成 DHCP 分配，一种是在汇聚层的三层交换机上配置各个 VLAN 的 DHCP IP 地址池,另一种是由校园网的 DHCP 服务统一分配,只需要做好各个交换设备和路由设备的 DHCP relay(DHCP 中继代理)就可以了。

2. 用户网络实施方案的 IP 和 VLAN 规划管理

在网络建设方案通过用户认可,并与用户签订了网络系统集成的合同后,应该开始详细设计网络实施方案中的 IP 和 VLAN 划分,通过详细的分配表展示 IP 和 VLAN 规划。可以从如下几个方面考虑 IP 和 VLAN 的划分细则。

1) 网络设备命名规则及管理地址

为了使网络中所有的可管理的网络交换设备、路由设备得到统一管理,需要为每一设备分配管理 IP 地址,可以参考表 2.3,设备名采用楼名简写+楼号+楼层+设备类型名和序号,比如 XS-1-1-SW1 表示学生宿舍 1 号楼 1 楼第一台交换机。

表 2.3 设备管理 IP 及命名参考表

楼号及楼层	设备名	管理 IP 地址及掩码	备 注
学生 1#1 楼	XS-1-1-SW11	10.254.254.10/24	主交换机 48 口 + 2 口 1G 光口/电口
	XS-1-1-SW12	10.254.254.11/24	从交换机 48 口 + 1 口 1G 电口
	XS-1-1-SW21	10.254.254.12/24	主交换机 48 口 + 2 口 1G 光口/电口
	XS-1-1-SW22	10.254.254.13/24	从交换机 48 口 + 2 口 1G 电口
	XS-1-1-SW21	10.254.254.14/24	主交换机 48 口 + 2 口 1G 光口/电口
	XS-1-1-SW22	10.254.254.15/24	从交换机 48 口 + 2 口 1G 电口
科教楼 1#2 楼	KJL-1-2-SW11	10.254.254.101/24	主交换机
	KJL-1-2-SW12	10.254.254.102/24	从交换机
	KJL-1-2-SW21	10.254.254.103/24	主交换机
	KJL-1-2-SW21	10.254.254.104/24	从交换机
行政楼 1#2 楼	……	……	……

2) 各个楼层、部门的 IP 分配表

借助网络拓扑方案设计图,结合前面建设方案的 IP 和 VLAN 设计思路,根据信息点分配和 PC 主机接入量,详细规划楼层、部门的 IP 地址信息和分配表,该表作为实施方案表,可以参考表 2.2 进行进一步的详细描述,并备注所归属的交换机设备,如表 2.4 所示。

表 2.4 IP 分配表及交换机连接端口

楼号	楼层	房间号	VLAN	IP 及掩码	网关	连接端口	交换机	备注
1 号学舍	1	101～120	110	10.1.0.0/24	10.1.0.254/24	F0/1～	XS-1-1-SW11	通信 12 级
		121～140	111	10.1.1.0/24	10.1.1.254/24	F0/40		通信 13 级
	2	201～220	210	10.1.2.0/24	10.1.2.254/24	F0/1～	XS-1-1-SW12	通信 14 级
		221～240	211	10.1.3.0/24	10.1.3.254/24	F0/40		通信 15 级
	3	301～320	310	10.1.4.0/24	10.1.4.254/24	F0/1～	XS-1-1-SW21	网络 12 级
		321～340	311	10.1.5.0/24	10.1.5.254/24	F0/40		网络 13 级
	……	……	……	……	……			网络 14 级

2.4.3　网络路由规划

网络系统规划中的路由设计是重点考虑的内容。根据网络拓扑结构，设计比较合适的路由协议，能够实现优化的网络路径选择，同时合适的路由协议具有路径均衡功能，在网络结构发生变化时数据能够通过其他路径迂回，保证网络的畅通，这是路由规划的目标。路由规划中需要考虑：默认路由、静态路由、动态路由。

1. 默认路由

默认路由是一种特殊的静态路由，除了不能匹配的路由表项外，剩下的就由默认路由完成匹配，即可以匹配其他所有的 IP 地址，常见于 PC 主机、网关、出口设备中的设置。默认路由作为一种网络边界(或末节网络区域)的路由表配置。

2. 静态路由

当在 PC 主机、路由器或三层交换机上，要到达某目标网络或主机，需要经过不同的下一个路由节点的时候，就可以由人工添加静态路由，形成固定路由路径，指定选路方式，静态路由通常作为备份路由。当然，静态路由有一个最大的缺点，就是如果所指定的下一个路由节点失效，就会导致该条路径永远不可到达。

3. 动态路由

动态路由避免了人工静态路由的缺点，可以自动根据网络拓扑结构的变化而在短时间内收敛为一个新的网络拓扑结构，形成新的路由表项，所有参与动态路由的路由器或三层交换机都会及时更新本地路由表。在现有的网络设备中，局域网都可以选择 RIPv1、RIPv2、OSPF 动态路由协议。使用 OSPF 动态路由协议，还可以实现网络区域化设计，该协议按照区域进行路由管理，能够提高网络路由的能力和效率。

采用动态路由协议 RIPv2 和 OSPF 的时候，还可以实现路由边界的路由汇总，将内部的多个网络进行手工或自动汇总，形成一条网络路由表项，并告知对方路由器。对方路由器不用关心多个网络，而只关心一个网络就可以了，当然这种路由汇总的前提是需要在 IP 规划的时候采用连续的子网网络，这样汇总才更有效。

2.4.4　网络应用服务规划

网络系统最终的表现形式就是实现资源共享，网络资源系统的硬件和软件环境就是服务器硬件、操作系统和应用系统，通常我们从综合角度来看，就是服务器。从网络所提供的应用服务类型，服务器可分为文件服务器、数据库服务器、Web 服务器、电子邮件服务器和其他应用服务器等。其他应用服务器是根据用户的需求，可设置各种不同的应用服务器，例如 VoIP(基于 IP 的语音传输)服务器、OA 服务器、VOD 服务器、CAD 服务器，等等。

因此，我们规划服务器的时候，通常应考虑以下内容：

(1) 用户的应用服务类型，比如 OA、ERP、VoIP 系统。

(2) 用户的应用数据容量，以及数据量的增长情况，根据具体情况考虑是否采用专门的网络存储设备。

(3) 用户访问服务器的频率以及访问的数据流量，根据这些信息可以得出服务器的相关性能指标和接入的带宽设定。

(4) 运行的操作系统环境,比如 Windows 2008/2010 Server 或者 Linux(CentOS)系统。

(5) 数据库系统的选择,根据应用系统类型和应用软件平台,可能选择 MS SQLserver、MySQL、Oracle 或其他数据库系统。

在部署服务器时,通常应部署在核心交换机所连接的服务器群区域。

2.4.5 网络安全整体规划

首先,我们应该明确网络安全是一个动态过程,需要在网络系统运行的过程中,不断地检测安全漏洞,并实施一定的安全加固。依据国家的《计算机信息系统安全保护等级划分准则》GB17859—1999 和相关的安全标准,我们可以从安全分层保护、安全策略和安全教育三方面考虑等级保护,以及采取以"积极防御"为首的方针进行规划。

1. 网络安全分层保护及安全方案

全方位的、整体的网络安全防范体系需要分层实现,不同层次反映了不同的安全问题,通常我们将安全防范体系的层次划分为物理层安全、网络层安全、系统层安全、应用层安全和管理层安全。

1) 物理层安全

物理层安全指计算机网络设施本身及其所在环境的安全,保证物理安全就是防止由于自然或者人为因素造成的对网络的物理破坏,使得网络不能正常运行,如设备被盗、火灾、断电等。

宜采用安全方法:加强物理安全条件以防范人为因素破坏,比如机房门禁系统。

2) 网络层安全

网络层安全涉及了网络设备、数据、边界等内容,这些内容受到了各种网络安全威胁,主要包括:DOS(硬盘操作系统)、DDOS(分布式阻断服务)、IP 欺骗、MAC 欺骗、ARP 欺骗、Sniffer(网络嗅探器)、设备自身缺陷、ICMP 重定向等。

宜采用安全方法:访问控制(ACL)、防火墙、IDS(入侵检测系统)、网络加密机,等等。

3) 系统层安全

常见的操作系统有 Windows、Linux、Unix、国产操作系统(统信 UOS、麒麟等)等,在系统层的安全隐患主要有:操作系统漏洞、缓冲区溢出、弱口令以及非可信的访问等。

宜采用安全方法:补丁升级、选用系统加固产品。

4) 应用层安全

应用层服务主要有邮件服务、文件服务、数据库、Web 服务器等,其安全隐患主要包括:网页篡改、程序及脚本解释器的溢出、SQL 注入、非法参数传递、未加密的传输、缓冲区溢出、应用级 DOS、产品自身缺陷、数据容错及备份、信息泄密、病毒、木马等。

宜采用的安全方法:防网页篡改、传输加密、漏洞扫描、防病毒等。

5) 管理层安全

管理层是最为关键的一层,是协助以上安全措施的有力保障,主要包括人员、制度。通过网络管理系统、培训、人员考核、岗位职责、安全外包等方式来解决管理层的安全问题。

2. 网络安全考虑的原则

面对网络的种种威胁,为最大限度地保护网络中的信息安全,我们所采取的安全管理和安全技术，均应考虑以下原则：

- 需求、风险、代价平衡分析。
- 综合性和整体性。
- 安全措施公开。
- 管理权限分离。
- 易操作性。

2.5　成本及风险管理

2.5.1　项目成本管理

项目成本管理是项目工程收益的一种管理，需要贯彻执行成本核算制，发挥企业的技术和管理优势，编制项目成本计划，开展项目成本控制、核算、分析、预测和考核。项目成本计划应以网络项目工程承包范围、发包方的项目建设纲要、功能描述书等文件为依据进行编制和确定。项目成本管理还应围绕以下环节和基本内容展开：

(1) 做好市场预测，及时掌握综合布线材料(比如光缆、机房装饰材料、各类模块)、网络产品(比如交换机、服务器等)的市场行情和变动状态。

(2) 合理编制项目投标报价文件，正确进行投标决策，通过合同评审、谈判和订立，确定网络项目合同价。

(3) 以项目合同总造价为目标，通过加强网络方案设计管理，优化设计网络方案，控制设计预算。

(4) 处理好网络工程变更和施工索赔管理，跟踪处理由此引起的项目造价变化和动态调整。

(5) 处理好工程价款的结算，及时收回工程款。

(6) 收集工程造价资料，为今后项目造价管理提供依据。

2.5.2　项目风险管理

项目风险是指网络项目实施过程中对项目目标产生影响的不确定因素。项目风险管理的目的是减小风险对项目实施过程的影响，保证网络项目目标的实现。它主要包括风险识别、风险评估、风险响应和风险控制等工作过程。项目风险管理的具体内容如下：

(1) 项目风险识别是指确定项目实施过程中各种可能的风险。项目风险识别作为管理对象，不能有遗漏和疏忽，应在项目开始、进展评价及进行其他重大决策时进行。项目风险识别的方法有核查表法、列举法、项目结构分解识别法与风险因素识别法、因果分析图法、流程图法、问卷调查法、决策树法等。

(2) 项目风险评估包括三方面的内容：风险发生的概率，即风险发生的可能性评估；风险事件对项目的影响评价，如风险发生的后果严重程度和影响范围评估；风险事件发生时间评估。

(3) 项目风险响应计划就是对项目风险事件制定应对策略和响应措施(或方案)，以消除、减小、转移或接受风险。常用的项目风险响应策略有风险规避、风险转移、风险减轻、风险自留和风险利用，以及这些策略的组合。

(4) 防止风险发生，控制风险的影响，降低损失，保证工程的顺利实施。

2.6 网络系统集成项目质量管理

依据质量管理体系(比如中国的 GB/T 19000 族标准和 ISO 9000 族标准)，我们可以确定网络系统集成项目质量计划和质量方针、目标，然后进行项目质量定义、质量目标确定、质量控制、质量保证、质量检查与改进。因此，应由网络系统集成项目的方案设计，材料和设备的采购。综合布线工程施工和网络安装调试、测试与验收的策划结果形成项目实施计划，各项实施计划应满足项目合同约定的质量控制目标与控制要求，符合相关的质量规定和标准，满足项目管理企业的质量方针与质量管理体系的要求。通常我们应该从以下几个方面来考虑质量管理的规范：

(1) 项目质量管理应遵循下列程序：

- 确定项目质量目标。
- 编制项目质量计划。
- 实施项目质量计划。
- 项目质量计划的验证。

(2) 质量控制主要包括如下内容：

- 项目设计质量控制，如设计策划、设计输入、设计评审、设计验证等。
- 项目采购质量控制，如采购计划、采购验证等。
- 项目施工质量控制，如工序、测量和施工工具、施工材料等。
- 项目试运行质量控制，如试运行策划、实施等。

(3) 项目质量计划的主要内容有：

- 与项目质量控制有关的标准、规范、规程和编制依据。
- 网络项目概况。
- 质量目标。
- 质量管理的组织机构及机构职责。
- 进行质量控制及组织协调的系统描述。
- 必要的质量控制手段、质量保证与协调程序。

(4) 质量检查与改进的主要内容有考核、验证、纠正、返工、更换设备、客户抱怨处理、人员培训或更换。

2.7 网络系统集成项目监理

网络工程监理是工程项目质量的保证，在项目中作为有效协调的角色，对项目的成功实施有着不可或缺的重要作用。监理机构能够通过对企业或组织的信息化需求、系统规划、方案设计、工程承建合同及工程建设目标的理解与分析，全面掌握网络信息系统建设的特点，形成文件化、规范化的监理实施规划及项目管理过程，这些是监理工作的关键。

2.7.1　网络系统集成监理依据

1．综合布线系统监理依据

(1) 国家和行业标准：

- 国标 GB 50174—2008 电子信息系统机房设计规范；
- 国标 GB 2887 计算站场地技术条件；
- 国标 GB 51348—2019 民用建筑电气设计标准；
- 国标 GB/T 9254—2008 信息技术设备的无线电干扰极限值和测量方法；
- 国标 GB 50311—2007 综合布线系统工程设计规范；
- 国标 GB 50312—2007 综合布线系统工程验收规范；
- 国标 GB 50314—2015 智能建筑设计标准。

(2) 国家、地方法规和双方文件：

- 合同法；
- 工程监理委托合同书；
- 业主和承包方的合同书。

2．网络系统及集成监理依据

(1) 国家和行业标准：

- ISO/IEC 11801 信息技术用户房屋综合布线；
- EIA/TIA 568 用户建筑通用布线标准；
- EIA/TIA 569 商业建筑物通信布线线槽和空间标准；
- EIA/TIA-606 商业建筑物通信基础结构管理标准；
- EIA/TIA 607 商业大楼布线接地保护连接需求；
- EIA/TIA 570 住宅及小型商业区综合布线标准；
- EIA/TIA TSB-67 非屏蔽双绞线布线系统传输性能现场测试规范；
- EIA/TIA TSB-72 集中式光纤布线准则；
- IEEE 802.3 系列标准规范；
- 中华人民共和国标准 GB/T 9254—2008 信息技术设备的无线电干扰极限值和测量方法。

(2) 国家、地方法规和双方文件：

- 中华人民共和国计算机信息网络国际联网管理暂行规定；
- 中华人民共和国合同法；
- 工程监理委托合同书；
- 业主和承包方的合同书；
- 与项目有关的技术方案文件。

2.7.2　网络系统集成监理组织结构

　　监理单位委派总监理工程师、监理工程师、监理人员，并且向用户方通报，明确各工作人员的职责，分工合理。各自岗位责任简述如下：

1. 总监理工程师

总监理工程师的具体岗位责任如下：

- 对所签订的监理合同负全面责任；
- 负责协调各方面关系，组织监理工作，确定项目监理机构人员的分工；
- 定期检查监理工作的进展情况，并且针对监理过程中的工作问题提出指导性意见，向建设单位和监理单位进行工作报告；
- 检查和监督监理人员的工作，根据工程项目的进展情况可进行人员的调配，对不称职的人员进行调换；
- 主持编写工程项目监理规划及审批监理实施方案；
- 主持编写并签发监理月报、监理工作阶段报告、专题报告和项目监理工作总结，主持编写工程质量评估报告；
- 主持监理工作会议，签发项目监理机构的重要文件和指令；
- 组织整理工程项目的监理资料；
- 主持监理工作会议，签发项目监理机构的重要文件和指令；
- 审查施工方提供的需求分析、系统分析、网络设计等重要文档，并提出改进意见；
- 解决甲乙双方重大争议纠纷，协调双方关系，针对施工中的重大失误签署返工，等等。

2. 监理工程师

监理工程师接受总监理工程师的领导，负责协调各方面的日常事务，具体负责监理工作，审核施工方需要按照合同提交的网络工程、软件文档；检查施工方工程进度与计划是否吻合；主持甲乙双方的争议解决，针对施工中的问题进行检查和督导，起到解决问题、正常工作的目的；负责监理资料的收集、汇总及整理；参与编写监理日志、监理月报。

3. 监理人员

监理人员负责具体的监理工作，接受监理工程师的领导，负责具体硬件设备验收、具体布线、网络施工督导，并且编辑每个监理日的工作日志，向监理工程师汇报。

2.7.3 网络系统集成监理的主要内容

1. 把好工程质量关

对网络系统集成的每一环节的质量把关，都要按照项目管理的质量目标、质量计划、质量控制等各个环节的要求进行监理，主要要求有工程方案是否合理；所选设备规格、软件功能、布线结构等是否符合用户目标要求；基础建设是否完整，布线质量、设备性能是否满足要求；有关资料、证书是否齐全；信息系统硬件平台环境是否合理；软件平台是否统一合理；应用系统能否实现预期功能，等等。

2. 帮助用户控制工程进度

帮助用户掌握工程进度，按期分段对工程进行验收，在保证工程质量的前提下，督促工程方根据合同要求按时完成。

3. 帮助用户做好各项测试工作

严格遵循相关标准，进行综合布线、网络设备的安装与运行等各方面的测试工作。在监理过程中，及时发现网络系统在集成过程中存在的技术问题，减少工程返工量，密切协调用户与网络工程方的关系，与双方充分合作，共同如期完成网络工程项目。

总之，工程监理的工作贯穿网络系统集成项目的投资决策、设计、施工、验收和维护等各个环节，对项目的投资、工期、质量、合同等多个目标进行严格的事前、事中、事后控制，最终目的就是对整个项目进行科学地、有效地监管，降低工程风险。

总的来说，工程监理最重要的内容是"四控、三管、一协调"，即

- 四控：进度控制、质量控制、成本控制(投资控制)、变更控制。
- 三管：合同管理、安全与知识产权管理、文档(信息)管理。
- 一协调：组织协调。

2.7.4 网络系统集成监理实施步骤

网络系统集成监理的实施步骤可以划分为合同签订阶段、综合布线建设阶段、网络系统集成阶段、验收阶段和后期维护阶段共五个阶段。

1. 合同签订阶段

此阶段主要是了解网络工程方案的需求分析、综合布线系统方案和网络设计方案的相关内容、目标和要求，以确定验收标准，协调项目合同达到招标、投标的要求。

2. 综合布线建设阶段

该阶段需审核综合布线系统设计、施工单位与人员的资质是否符合合同要求；验收网络综合布线系统材料；考核综合布线系统进度；监督网络系统性能测试，根据测试结果确定是否进行纠正，以便满足标准要求。最后，根据合同进行网络综合布线系统和文档的验收。

3. 网络系统集成阶段

该阶段需审核网络系统集成的设计、实施单位与人员的资质是否符合合同要求；验收网络设备及系统软件是否符合合同要求；监督实施进度；督促网络系统性能和应用测试，督促系统集成商对存在的问题按合同要求认真、及时解决。

4. 验收阶段

该阶段需协助用户对合同履行情况、网络系统达到的效果、各种技术文档等进行验收工作，项目验收后，督促用户按照合同要求的日期付款。

5. 后期维护阶段

这一阶段就是要帮助用户方完成可能出现的质量问题的协调工作，比如进行网络运行故障、质量问题的协商解决。

◆ ◆ ◆ 本 章 小 结 ◆ ◆ ◆

本章主要讲解项目管理的内容，有项目管理范围、项目管理规划、项目管理组织、项目进度管理、项目成本管理、项目合同管理、项目沟通、项目质量管理等几个方面。在网络系统集成项目管理中涉及项目组织、需求分析、网络规划、质量控制和项目监理。本章

重点讲述项目需求分析和网络规划。项目需求分析主要是要从用户目标、用户需求调查和市场调研活动得到详细的用户需求分析报告，为后续阶段网络规划设计等提供强有力的输入文档。网络规划主要从网络拓扑结构规划、IP 和 VLAN、路由设计、服务器和网络安全这五个方面讲解网络规划的内容。

习题与思考

1. 如何理解项目管理的概念？请举例说明。

2. 项目管理包含哪些内容？对每项内容简要叙述。

3. 项目需求分析包含哪些内容？如何理解用户需求调查和市场调研活动？

4. 网络规划设计的内容主要有哪些？简要叙述每部分内容，重点描述网络安全规划。

5. 如何理解工程监理的内容？网络监理单位能够起到什么样的作用？请分别举例说明。

综合布线系统及案例

【内容介绍】

综合布线系统在计算机网络建设中属于基础设施建设，可以简单地被看成网络工程方案的物理网络方案建设。本章主要从综合布线系统的基础开始，介绍综合布线设计标准和综合布线所需要的传输介质，重点介绍综合布线设计的基础和七个子系统的具体设计，同时还介绍综合布线系统的施工和测试及验收，最后讲解一个简单的案例。

3.1 综合布线概述

众所周知，当今社会信息化进程不断加速，建筑环境是智能化建筑赖以存在的基础，它必须具有智能化建筑的一些功能特性，而且它的功能特性需要不断改进和完善，才能够适应智能化建筑发展的要求。

在智能化建筑环境内体现智能功能特性的部分由 SIC(智能化建筑的系统集成中心)、PDS(综合布线系统)和 3A(办公自动化——OA、通信自动化——CA、楼宇自动化——BA)系统等部分组成，其中，PDS 是一种集成化通用传输系统，利用各类传输介质(如光缆)来传递智能化建筑物内的信息；它是智能化建筑物连接 3A 系统各类信息必备的基础设施；它采用积木式结构、模块化设计的方法，实施统一标准，完全能满足智能化建筑的各类要求。

因此，我们可以知道综合布线系统是在计算机通信技术发展的基础上进一步适应智能化建筑物内信息化发展的需求，也是 OA 系统及其他业务进一步发展的结果；它是建筑技术与信息技术相结合的产物，也是计算机网络工程的基础工程。没有了综合布线系统，就没有智能化建筑物内及建筑物之间的信息交流，因而实现这个平台是极其重要的。

3.1.1 综合布线系统概念

所谓综合布线系统(Premises Distribution System，PDS)，是指按标准的、统一的，并采用模块化设计和物理分层星形拓扑结构来布置各种建筑物内(或建筑群间)各种系统的通信线路，包括网络系统、电话系统、监控系统、电源系统和照明系统等，最终完成语音、数据、图像、多媒体业务等信息的传递。

综合布线系统的国际标准有《商用建筑电信布线标准》(EIA/TIA-568A)、ISO/IEC 11801

标准等，我国标准有《综合布线系统工程设计规范》(GB 50311—2016)、《综合布线系统工程验收规范》(GB 50312—2016)等，GB 50311—2016 规定了综合布线系统的基本结构，如图 3.1 所示。

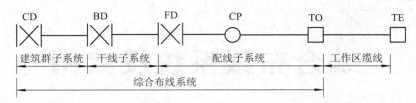

图 3.1　GB 50311—2016 规定的综合布线系统基本结构

图中 CD、BD、FD、CP、TO、TE 表示含义如下：

- CD(Campus Distributor)：建筑群配线设备。
- BD(Building Distributor)：建筑物配线设备。
- FD(Floor Distributor)：楼层配线设备。
- CP(Consolidation Point)：集合点。
- TO(Telecommunications Outlet)：信息插座模块。
- TE(Terminal Equipment)：终端设备。

标准 GB 50311—2016 明确提出了综合布线系统宜按照 7 个部分进行设计，本书按照该标准进行讲解，各个子系统概述如下：

1．工作区子系统

一个独立的需要设置终端设备(TE)的区域宜划分为一个工作区。工作区应由配线子系统的信息插座模块(TO)延伸到终端设备处的连接缆线及适配器组成。连接适配器标准通常有 RJ-45(计算机网络)和 RJ-11(电话)等。

2．配线子系统(水平子系统)

配线子系统应由工作区的信息插座模块，信息插座模块至电信间配线设备(FD)的配线电缆和光缆，电信间的配线设备及设备缆线和跳线等组成。

3．干线子系统

干线子系统应由设备间至电信间的干线电缆和光缆，安装在设备间的建筑物配线设备(BD)及设备缆线和跳线组成。它主要由各楼层配线架与主配线架间的大对数多芯铜缆或光缆组成，或二者混用，所以它是信息传输的干线枢纽，承担了整个建筑物内的大流量信息传输。

4．建筑群子系统

建筑群子系统应由连接多个建筑物之间的主干电缆和光缆、建筑群配线设备(CD)及设备缆线和跳线组成。

5．设备间子系统

设备间是在每幢建筑物的适当地点进行网络管理和信息交换的场地。设备间子系统由主配线架和各公共设备，以及电气保护装置组成。它的主要功能是将各种公共设备(如计算机、程控交换机、各种控制系统、网络互连设备、位于中心机房的服务器等)与主配线架连接起来，连接线可以是铜线缆或光缆。其中提到的"设备间"，通常指中心机房或者网络中心，是整个信息传输的核心区。

6．进线间子系统

进线间是建筑物外部通信和信息管线的入口部位，并可作为入口设施和建筑群配线设备的安装场地。

7．管理子系统

管理应对工作区、电信间、设备间、进线间的配线设备、缆线、信息插座模块等设施按一定的模式进行标识和记录。通过管理子系统可以灵活地变更(通过跳线)网络设备、干线和水平子系统之间的线缆对应关系，极大地方便了线路的重新布局和网络终端的调整。

3.1.2　综合布线系统相关标准简介

1．国际标准(ISO/IEC)

布线系统用到的国际标准为 ISO/IEC 11801 信息技术-布线标准。

2．北美标准(ANSI)

- EIA/TIA-568　商用建筑物电信布线标准；
- EIA/TIA-569　商用建筑通信通道(通信路由)和空间标准；
- EIA/TIA-606　商业建筑物电信基础结构管理标准；
- EIA/TIA-607　商业大楼布线接地保护连接需求；
- EIA/TIA-570　住宅及小型商业区综合布线标准；
- EIA/TIA TSB-67　非屏蔽双绞线布线系统传输性能现场测试标准；
- EIA/TIA TSB-72　集中式光纤布线准则。

等等。

3．国家标准

- GB 50311—2016　综合布线系统工程设计规范；
- GB 50312—2016　综合布线系统工程验收规范。

4．智能弱电系统相关标准

- DBJ08-47—1995　智能建筑设计标准(上海地方标准)；
- GB 50314—2015　智能建筑设计标准(推荐性国标)；
- GB/T 50103—2010　总图制图标准；
- GB/T 50104—2010　建筑制图标准；
- GB/T 50105—2010　建筑结构制图标准；
- GB/T 50328—2014　建设工程文件归档整理规范；
- JGJ/T 16—2008　民用建筑电气设计规范。

等等。

3.1.3　综合布线系统的设计等级

为了使智能化建筑或智能化建筑群间的工程设计具体化，根据综合布线系统的实际需求，我们将综合布线系统分为基本型、增强型和综合型三个设计等级。

1. 基本型

基本型布线系统主要适用于综合布线系统配置标准较低的工程，采用铜芯双绞线布线。其配置如下：

(1) 每个工作区有一个信息插座。

(2) 每个工作区的配线电缆为 1 条 4 对非屏蔽双绞线(UTP)，连接到楼层配线架。

(3) 完全采用夹接式交接硬件。

(4) 楼层配线架至设备间主配线架的干线电缆至少有 2 对双绞线。

基本型综合布线系统大都能支持话音/数据，其特点如下：

(1) 是一种富有价格竞争力的综合布线方案，能够支持语音、话音/数据或高速数据。

(2) 便于技术人员管理。

(3) 采用气体放电管式过压保护和能够自恢复的过流保护。

(4) 能支持多种计算机系统数据的传输。

2. 增强型

增强型布线系统适用于综合布线系统中中等配置标准的场合，采用铜芯双绞线缆组网。其配置如下：

(1) 每个工作区有至少有 2 个信息插座。

(2) 每个工作区中每个信息插座的配线电缆为独立的 1 条 4 对非屏蔽双绞线(UTP)电缆。

(3) 采用夹接式(110A 系列)或接插式(110P 系列)交接硬件。

(4) 楼层配线架至设备间主配线架的干线电缆至少 4 对双绞线。

增强型综合布线系统不仅具有增强功能，而且还可提供扩展的余地。它支持语音和数据应用，并可按需要利用端子板进行管理。其特点如下：

(1) 每个工作区有至少 2 个信息插座，具有机动灵活和功能齐全的特点。

(2) 任何一个信息插座都可提供语音和高速传输数据的应用。

(3) 可统一的色标，按需要利用端子板进行管理。

(4) 是一种经济有效的综合布线方案。

(5) 采用气体放电管式过压保护和能够自恢复的过流保护。

3. 综合型

综合型布线系统适用于综合布线系统中配置标准较高的场合，采用光缆和铜芯双绞电缆混合组网。其配置如下：

(1) 以基本型和综合型的基础配置增设光缆布线系统。

(2) 楼层配线架到主配线架的干线配置：每 48 个信息插座宜配 2 芯光纤，适用于计算机网络；电话或部分计算机网络，选用双绞电缆，按信息插座所需线对的 25%配置垂直干线电缆，或按用户要求进行配置，并考虑适当的备用量。

(3) 当楼层信息点较少时，在规定的线缆长度范围内，可多楼层合用配线架(同时也合用集线器或交换机)。

(4) 如有用户需要光纤到桌面(FTTD)，光缆可经或不经 FD(楼层配线设备)直接从 BD(建筑物配线设备)引至桌面。

(5) 原则上，楼层之间无干线电缆，但在每层的 FD 可适当预留一些接插件，需要时可临时布放合适的缆线。

综合型布线系统的主要特点是引入光缆，可适用于规模较大的建筑物或建筑群，其余特点与基本型或增强型相同。

以上内容的夹接式交接硬件系统指夹按、绕接固定连接的交接设备，如 110A 型；接插式交接硬件系指用插头、插座连接的交接设备，如 110P 型。

4．综合布线系统各种设计等级的异同

基本型、增强型和综合型综合布线系统都能支持话音/数据等业务，能随智能化建筑工程的需要升级布线系统，它们之间的主要差异体现以下两个方面：

(1) 支持语音和数据业务所采用的方式有所不同。

(2) 在移动或重新布局时，线路实施管理的灵活性不同。

3.1.4 综合布线系统的设计原则

设计原则主要是根据用户实际、综合布线标准、技术性要求等来综合考虑。

1．开放性、标准型原则

能使系统的软、硬件与国内、国外兼容，能够实现跨平台操作。系统的开放性越强，布线系统就越能够满足用户对系统的设计要求，更能体现出科学、实用的原则。为满足系统所选用的技术和设备的协调运行能力，以及系统投资的长期效应和系统功能扩展的需要，综合布线系统至少应符合以下标准：

- IEEE 802 体系标准；
- 工业标准 EIA/TIA-568 及国际标准 ISO/IEC 11801；
- 中国工程建设标准化协会标准《综合布线系统工程设计规范》；
- 建筑电气设计规范；
- 工业、企业通信设计规范；
- 中国工程建设标准化协会标准《综合布线系统工程验收规范》。

2．先进性、可靠性原则

系统设计要考虑系统的先进性，也要注重系统的稳定性、可靠性。当系统出现故障或发生瘫痪后，能确保数据的准确性、完整性和一致性或具备迅速恢复的能力。

3．可行性、实用性原则

综合布线系统设计所选用的系统和产品应是最为经济、最为可行的技术与方法，并以现有成熟的技术和产品为对象进行设计，从而使得系统适应现状和发展趋势，更好地满足设计方案。

4．可扩展性、可维护性原则

为了适应系统功能变化的要求，系统设计应充分考虑扩展性和后期维护的可能性以方便管理，因此，必须按照前面的标准进行综合布线。

5．灵活性、模块化原则

布线系统能够满足灵活应用的要求，在系统发生改变的时候，能够灵活地重新布局。

布线系统中，除去铺设在建筑内的线路，其余所有的接插件都应满足模块化和标准件的要求，以方便管理和使用。

6. 可管理性原则

综合布线系统采模块化和集成式布线后，在系统设备间、中心机房等地点采用了配线架、跳线等方式，便于集中管理和灵活控制。

3.1.5 综合布线系统的设计范围及步骤

结合 GB 50311—2016 标准，综合布线系统是一个结构化、模块式的星形布线，具有开放式、标准性等特点，主要包括工作区子系统、水平子系统、管理子系统、(垂直)干线子系统、设备间子系统、建筑群子系统和进线间子系统，如图 3.2 所示。

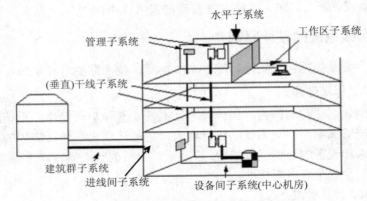

图 3.2　综合布线系统的七个子系统结构示意图

综合布线系统的主要设计步骤如下：

(1) 分析用户需求，生成问题清单。

(2) 获取建筑物平面图和实际情况，实地勘察建筑物现场。

(3) 综合布线与整体工程配合。

(4) 设计标准，描述其综合布线系统设计的标准和依据。

(5) 设计综合布线系统结构，生成物理拓扑技术文档。

(6) 设计布线路由，生成逻辑结构图，体现信息插座、电缆路由索引表等技术文档。

(7) 设计布线施工图纸，生成信息点插座标号、布线电缆标号等技术文档。

(8) 编制产品选型及用料清单。

3.2 综合布线系统常用传输介质

3.2.1 双绞线

1. 双绞线的概念

双绞线(Twisted Pairwire, TP)是综合布线系统中最常用的一种传输介质。双绞线采用一对互相绝缘的金属导线，按一定密度互相缠绕在一起，以此来抵御一部分外界电磁波干扰，或者降低信号干扰的程度，每一根导线在传输中辐射的电波会被另一根线上发出的电波抵消。

双绞线一般由两根 22～26 号、具有绝缘保护层的铜导线、按照一定密度相互缠绕而成。在实际布线应用中，双绞线是由多对双绞线一起被包在一个绝缘电缆套管里的。典型的一条双绞线电缆含有四对双绞线，但也有更多对双绞线放在一个电缆套管里的。在双绞线电缆内，不同线对具有不同的扭绞长度，一般地说，扭绞长度在 3.8～14 cm 内，按逆时针方向扭绞。线对的扭绞长度至少应该在 1.27 cm 以上，一般扭线越密其抗干扰能力就越强，但是，与其他传输介质相比，双绞线在传输距离、信道宽度和数据传输速度等方面均受到一定限制，但价格较为低廉。因此，双绞线是目前电话、计算机网络中作为通信设备到终端用户的常用传输介质。

2. 双绞线的几种类型号

常见的双绞线有三类线、五类线和超五类线、六类线、6A 类线、七类线，六类及以上线线径粗，连接适配器头需要六类头，各类型号如下：

(1) 一类线：主要用于传输语音(一类标准主要用于 20 世纪 80 年代初之前的电话线缆)，不同于数据传输。

(2) 二类线：传输频率为 1 MHz，用于语音传输和最高传输速率为 4 Mb/s 的数据传输，常见于使用 4 Mb/s 规范令牌传递协议的、旧的令牌网。

(3) 三类线：目前在 ANSI(美国国家标准协会)和 EIA/TIA-568 标准中指定的电缆，该电缆的传输频率为 16 MHz，用于语音传输及最高传输速率为 10 Mb/s 的数据传输，主要用于 IEEE 802.3 的 10Base-T 以太网或者 IEEE 802.5 的 4 Mb/s 令牌环网中。

(4) 四类线：该类电缆的传输频率为 20 MHz，用于语音传输和最高传输速率为 16 Mb/s 的数据传输，主要用于基于 16 Mb/s 的令牌网和 10Base-T/100Base-T 的以太网，与前面三种类型相比，它具有更高的防止串扰和衰减的性能指标。

(5) 五类线：该类电缆增加了绕线密度，外套一种高质量的绝缘材料，传输频率带宽为 100 MHz，用于语音传输和最高传输速率为 10 Mb/s 的数据传输，主要用于 100Base-T 和 10Base-T 网络。这是最常用的以太网电缆。

(6) 超五类线：超五类线具有衰减小、串扰少的特点，并且具有更高的衰减与串扰的比值(ACR)和信噪比(Structural Return Loss)、更小的时延误差，性能得到很大提高。超五类线主要用于 100 兆位以太网和千兆位以太网。

(7) 六类线及 6A 类线：2002 年 6 月美国通信工业协会正式通过第六类布线标准，并以 ANSI/TIA/EIA-568-B.2-1 作为该标准，该类电缆的传输频率为 1～250 MHz，六类布线系统在 200 MHz 时，综合衰减串扰比(PS-ACR)应该有较大的余量，它提供的带宽是超五类的带宽；其传输性能远远高于超五类标准，最适用于传输速率高于 1 Gb/s 的应用。虽然超五类也支持 1 Gb/s 的传输速率，但是，六类与超五类的一个重要的不同点在于：六类改善了串扰以及回波损耗方面的性能，更具有优良的回波损耗性能，更适应新一代全双工的高速网络的应用。六类标准中取消了基本链路模型，布线标准采用星形的拓扑结构，要求的布线距离为永久链路的长度不能超过 90 m，信道长度不能超过 100 m。如图 3.3 所示为超五类和六类双绞线。图中"AMP"字样表示安普公司，"AWG"字样表示美国线缆规格尺寸。

图 3.3 中超五类 4 对 UTP 双绞线电缆是由一条 4 对单股 24AWG 铜芯绞线为单位构成的，铜导体外具有高密度聚乙烯(HDPE)材质的彩色塑料绝缘层，电缆外被阻燃性 PVC 材质或者低烟、无毒材质覆盖。通过 UL、CSA PCC FT4/ETL、ISO/IEC-11081 以及 EN 50173 的标准审验。电气特性、传输规格符合 16 Mb/s Token Ring、10Base-T、100Base-T、155 Mb/s 及 622 Mb/s ATM、Gigabit-Ethernet 及 1.2 Gb/s ATM 等网络传输标准的要求。而 AMP 六类 23AWG、100 Ω 的 UTP 双绞线在系统性能测试中频率可达 600 MHz，获 UL 认证，所有性能均超过千兆以太网的性能要求。

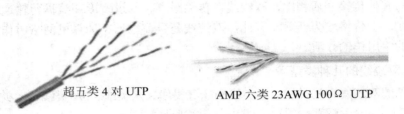

超五类 4 对 UTP   AMP 六类 23AWG 100 Ω UTP

图 3.3 超五类和六类双绞线

超六类或 6A(CAT6A)：此类产品传输带宽介于六类和七类之间，为 500 MHz，目前和七类产品一样，国家还没有出台正式的检测标准，只是行业中有此类产品，各厂家宣布一个测试值。

(8) 七类线：一种 8 芯屏蔽线，每对屏蔽线都有一个屏蔽层，8 芯屏蔽线外层还有一个屏蔽层，接口与现在的 RJ-45 不兼容。六类和七类布线系统有很多显著的差别，最明显的就是带宽，六类信道提供了至少 200 MHz 的综合衰减对串扰比及整体 250 MHz 的带宽，七类系统可以提供至少 500 MHz 的综合衰减对串扰比和 600 MHz 的整体带宽。

3. 双绞线的常见分类

目前，双绞线可分为屏蔽双绞线(Shielded Twisted Pair，STP)和非屏蔽双绞线(Unshilded Twisted Pair，UTP)两大类。

(1) 屏蔽双绞线电缆的外层由铝铂包裹，以减小辐射，但并不能完全消除辐射；屏蔽双绞线价格相对较高；安装时要比非屏蔽双绞线电缆困难，常见于涉密布线系统中，防止信息泄漏。

(2) 非屏蔽双绞线电缆由多对双绞线、一层绝缘和抗阻燃的塑料外皮构成，通常为 4 对非屏蔽双绞线电缆。而非屏蔽双绞线电缆具有以下优点：

- 无屏蔽外套，线径小，节省空间；
- 重量轻，易弯曲，易安装；
- 平衡传输，避免了外界干扰；
- 将串扰减至最小或消除；
- 具有阻燃性；
- 可支持高速数据传输的应用；
- 使用保持独立，具有开放性，非常适用于结构化综合布线系统。

在 STP 和 UTP 分类中又分 100 Ω 电缆、双体电缆、大对数电缆、150 Ω 屏蔽电缆等，具体分类如下所述：

(1) 100 Ω 屏蔽电缆(STP)又可分为两类：

- 五类 4 对 26AWG 屏蔽电缆、五类 4 对 24AWG 100 Ω；
- 超五类 24AWG 单芯(Solid)双绞线。

(2) 100 Ω 非屏蔽电缆(UTP)又可分为如下几类：

- 六类：4 对 24AWG 非屏蔽电缆、4 对 23AWG 非屏蔽电缆、25 对 22AWG 非屏蔽电缆；
- 5E 类(或称为超五类)：4 对 24AWG 非屏蔽电缆；
- 五类：4 对 24AWG、4 对 24AWG 非屏蔽软线、25 对 24AWG 非屏蔽软线；
- 四类：4 对 24AWG 非屏蔽软线、25 对 24AWG 非屏蔽软线；
- 三类：4 对 24AWG 非屏蔽线、25 对 24AWG 非屏蔽线。

(3) 双体电缆又分为如下几类：

- 24AWG 非屏蔽 4/4 对；
- 24AWG 非屏蔽/屏蔽 4/4 对；
- 24/22AWG 非屏蔽/屏蔽 4/2 对；
- 24AWG 非屏蔽 2/2 对。

(4) 150 Ω 屏蔽电缆有 IBM 的 1A 型、6A 型、9A 型，需要 IBM 的适配器支持。

4．双绞线性能测试的指标

在 STP 和 UTP 两类双绞线的综合布线中，我们应该规定布线系统中的双绞线性能指标，在综合布线完后，需要按照用户所规定的指标进行测试。这些指标包括衰减、串扰、特性阻抗、分布电容、直流电阻等。

1) 衰减

衰减(Attenuation)是对沿链路的信号损失的度量，单位为 dB，表示传送端信号到接收端信号的强度比率。随着线缆的长度增加，信号衰减也随之增加，反之则减小。

2) 串扰

串扰分近端串扰(NEXT)和远端串扰(FEXT)，测试仪主要测量近端串扰(NEXT)。近端串扰(NEXT)损耗是测量一条 UTP 链路中从一对线到另外一对线的信号耦合。NEXT 并不表示在近端点所产生的串扰值，它只是表示在近端点所测量到的串扰值。随着电缆长度增加，串扰值会随之减小，同时发送端的信号也会衰减，对其他线对的串扰值也相对变小。实验证明，只有在 40 m 内测量得到的 NEXT 是较真实的；如果另一端是远于 40 m 的信息插座，那么它会产生一定程度的串扰，测试仪可能无法测量到这个串扰值。所以，最好在两个端点都进行 NEXT 测量。现在的测试仪都配有相应设备，使得在链路一端就能测量出两端的 NEXT 值。

3) 直流电阻

TSB-67 无此参数。直流环路电阻会消耗一部分信号，并将其转变成热量。它是指一对导线电阻的和，ISO/IEC 11801 规定双绞线的直流电阻不得大于 19.2 Ω，而且每线对间的差异不能太大(小于 0.1 Ω)，否则表示接触不良，必须检查连接点。

4) 特性阻抗

与直流环路电阻不同，特性阻抗包括电阻及频率为 1～100 MHz(高速率情况下应有更高的频率)的电感阻抗及电容阻抗,它与一对电线之间的距离及绝缘体的电气性能有关。各种电缆有不同的特性阻抗,而规定常用的双绞线电缆有 $100\,\Omega$、$120\,\Omega$ 及 $150\,\Omega$ 三种,其中 $100\,\Omega$ 的双绞线电缆为最常见。

5) 衰减串扰比(ACR)

在某些频率范围,串扰与衰减量的比例关系是反映电缆性能的另一个重要参数。ACR 有时也用信噪比(Signal-Noice ratio,SNR)表示,可由 NEXT 量值与最差的衰减量 A 的差值计算,即 ACR(dB)=NEXT(dB)$-A$(dB)。ACR 值越大,表示抗干扰的能力越强。一般系统要求 ACR 至少大于 10 dB。

6) 电缆特性

通信信道的品质是由它的电缆特性描述的。SNR 是在考虑到干扰信号的情况下,对数据信号强度的一个度量。如果 SNR 过低,在接收器接收到信号后,不能分辨数据信号和噪音信号,最终引起数据错误。因此,为了将数据错误限制在一定范围内,必须定义一个最小的可接收的 SNR。

5. 双绞线产品及识别

在双绞线产品家族中,常见品牌非常多,我们只列出一些品牌,有安普(AMP)、普天(PUTIAN)、友讯网络(D-Link)、西蒙(SIEMON)和 IBM 等。其中 AMP、D-Link 的产品比较常见,而且是老牌厂商。我们就以 AMP 的产品作简单介绍。

AMP 超五类 24-AWG-100 Ω 4 对非屏双绞线电缆,支持 100 Mb/s 的传输速率,系统性能测试至 200 MHz 带宽,获 UL 认证,NEXT 值超出超五类标准 2 dB。

AMP 六类 23-AWG-100 Ω 非屏蔽电缆,支持 1000 Mb/s 的传输速率,系统性能测试至 600 MHz,获 UL 认证,所有性能均超过千兆位以太网的性能要求。

识别五类或超五类 UTP 时应注意以下几点:

(1) 查看电缆皮外面的说明信息。在双绞线电缆的外面包皮上应该印有像"COPARTNER""24AWG""UL""CAT 5E""TIA/EIA-568-B.2""2015-05-09"的字样,COPAPTNER 表示该双绞线是台湾康佰纳(COPARTNER)公司的超五类双绞线,24AWG 表示是 24 型号线的美国线缆标准,CAT 5 表示五类,TIA/EIA-568-B.2 表示符合 TIA/EIA 568-B 的标准,"2015-05-09"表示生产日期。

(2) 线缆是否是易弯曲的一种软线。UTP 双绞线应柔软、弯曲自然,以方便布线。

(3) 电缆中的铜芯是否具有较好的韧性。为了使双绞线在移动中不至于折断,除外皮保护层外,内部的铜芯还要具有一定的韧性。

(4) 是否具有阻燃性。为了避免因受高温或起火而引起的线缆损坏,双绞线最外面的一层包皮不只应具有很好的抗拉特性,还应具有阻燃性。可以用火烧一下外胶皮,如果胶皮只会受热松软,不会起火,就是正品;否则就可能是假货。

6. 双绞线的连接器和线序

目前,以太网中常见双绞线的连接器为 RJ-45 插头(见图 3.4)和 RJ-45 插座(或插孔,见图 3.5),在 10 Mb/s 的以太网中,其连接导线一般只需要两对线,一对线用于发送,另一对线用于接收;而在 100 Mb/s 或 1000 Mb/s 的以太网中,4 对线都要使用。

EIA/TIA-568 的布线标准规定了 RJ-45 8 根针脚的编号,其中 4 根针脚(1、2、3 和 6 针脚)的 1(+)和 2(−)用于发送，3(+)和 6(−)用于接收。RJ-45 插头针脚序号如图 3.4 所示，插孔针脚序号如图 3.5 所示。

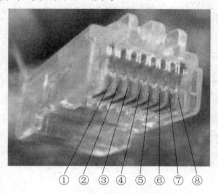

图 3.4　RJ-45 连接器插头

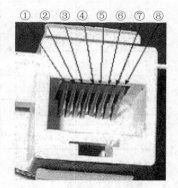

图 3.5　RJ-45 连接器插座

EIA/TIA-568 的布线标准中规定的两种双绞线的线序标准如下：

568A：绿白——①，绿——②，橙白——③，蓝——④，蓝白——⑤，橙——⑥，棕白——⑦，棕——⑧；

568B：橙白——①，橙——②，绿白——③，蓝——④，蓝白——⑤，绿——⑥，棕白——⑦，棕——⑧。

双绞线制作及应用说明如下：

- 交叉线，通常应用于计算机与计算机、集线器与集线器和交换机与交换机之间。
- 直连线，通常应用于集线器或交换机的级联、计算机与集线器或交换机之间。

3.2.2　同轴电缆

同轴电缆(COAXIAL CABLE)也是局域网中最常见的传输介质之一，主要流行于 20 世纪 80 年代，目前已经基本采用双绞线电缆和光缆取代了同轴电缆。同轴电缆的一对导体由一层圆筒式的外导体套和在电缆中心处的一根细心导体组成，两个导体之间用绝缘材料互相隔离，且外层导体和中心轴芯线的圆心在同一个轴上，所以叫作同轴电缆。同轴电缆的绝缘层和外皮保护层具有高抗噪声干扰的能力，它的信号衰减比双绞线要低，传输距离更远，但是比光纤差；同轴电缆比双绞线要昂贵些，并且通常支持低吞吐量。

同轴电缆根据其直径大小可以分为粗同轴电缆(粗缆)与细同轴电缆(细缆)。粗缆适用于比较大型的网络，它的标准距离长，可靠性高，由于安装时不需要切断电缆，因此可以根据需要灵活调整计算机的入网位置，但是，粗缆网络必须安装收发器电缆，安装难度大，所以总体造价高。相反，细缆安装则比较简单，造价低，但由于在安装过程中要切断电缆，两头须装上基本网络连接头(BNC，或称为终结器)，然后将其接在两端 50 Ω 的 T 型连接器上，网络每段干线长度不超过 185 m，每段干线用户最多接入 30 个用户，当接头多时容易产生不良的隐患，所以很容易产生故障。

同轴电缆的规格多样，表 3.1 列出了不同类型的同轴电缆规格说明。计算机网络一般选用 RG-8 以太网粗缆和 RG-58 以太网细缆，RG-59 用于电视系统，RG-62 用于 ARCnet 网络和 IBM3270 网络。

表 3.1 同轴电缆的类型

规　格	类　型	阻抗/Ω	描　述
RG-58/U	Thinwire	50	固体实心铜线
RG-58C/U	Thinwire	50	军用版本
RG-59	CATV	75	宽带电缆，用于 TV 电缆
RG-8	Thickwire	50	固体实心线，直径大约为 0.4 英尺
RG-11	Thickwire	50	标准实心线，直径大约为 0.4 英尺
RG-62	Baseband	90	用于 ARCnet 和 IBM3270 终端

3.2.3 光纤和光缆

1. 光纤和光缆的定义

光纤即光导纤维，是一种细小、柔韧并能传输光信号的介质。光缆由多根光纤组成。与铜质介质相比，光纤不会向外界辐射信号，具有高的安全性；在传输过程中，信号衰减极其低，具有高可靠性、传输距离更远等特性。概括地说光纤通信有这些优点：传输频带宽，通信容量大；损耗低；不受电磁干扰；线直径细，重量轻；资源丰富。

在综合布线系统中，光缆不但应用于主干网，比如快速以太网、千兆位以太网和 10 Gb/s 以太网，而且还支持 CATV/CCTV，以及光纤到桌面(FTTD)。

光纤通信系统是以光波为载体，以光导纤维为传输介质的通信。光纤系统中起主导作用的还是光源、光纤、光端机。光源可选用激光二极管 LD 和发光二极管 LED；光端机负责产生光源，并实现电信号编码与光信号编码的相互转换，光纤通信基本构成如图 3.6 所示。

图 3.6 光纤通信基本结构

2. 光纤分类

光纤分类方法很多，种类也很多，从以下几个方面说明常见光纤分类：

(1) 按照制造光纤所用的材料分类，有石英系光纤、多组分玻璃光纤、塑料包层石英芯光纤、全塑料光纤和氟化物光纤。

其中塑料包层石英芯光纤是用高度透明的聚苯乙烯或聚甲基丙烯酸甲酯(有机玻璃)制成的，它的特点是制造成本低、相对来说芯径较大、与光源的耦合效率高和使用方便。但是由于损耗较大，带宽较小，这种光纤只适用于短距离、低速率通信。目前通信中普遍使用的是石英系光纤。

(2) 按光在光纤中的传输模式分类，有单模光纤和多模光纤。

多模光纤的纤芯直径分别为 50 μm、62.5 μm 和 100 μm，其包层外直径分别为 125 μm、

125 μm 和 140 μm；单模光纤的纤芯直径分别为 8.3 μm、8.7 μm、9 μm 和 10 μm，其包层外直径均为 125 μm。光纤的工作波长有短波长 850 nm、长波长 1300 nm 和 1550 nm。

- 多模光纤(Multi Mode Fiber)：中心玻璃芯较粗(50 μm、62.5 μm 或 100 μm)，可传多种模式的光。但其模间色散较大，这就限制了传输数字信号的频率，而且随距离的增加会更加严重。因此，多模光纤传输的距离就比较近，一般只有几公里。

- 单模光纤(Single Mode Fiber)：中心玻璃芯很细(芯径一般为 9 μm 或 10 μm)，只能传一种模式的光。因此，其模间色散很小，适用于远程通信。

(3) 按最佳传输频率窗口分为常规型单模光纤、色散位移型单模光纤和色散平坦型单模光纤。

- 常规型单模光纤：光纤生产厂家将光纤传输频率固定在最佳的单一波长的光上，如 1300 nm。

- 色散位移型单模光纤：光纤生产厂家将光纤传输频率固定在最佳的两个波长的光上，如 1300 nm 和 1550 nm。

- 色散平坦型单模光纤：这种光纤在 1300～1550 nm 整个波段上的色散都很平坦，接近于零。但是这种光纤的损耗难以降低，体现不出色散降低带来的优点，所以目前尚未进入实用化阶段。

(4) 按折射率分布情况分为阶跃型光纤和渐变型光纤。

- 阶跃型光纤：光纤的纤芯折射率高于包层折射率，使得输入的光能在纤芯包层交界面上不断产生全反射而前进。这种光纤纤芯的折射率是均匀的，包层的折射率稍低一些。阶跃型光纤的中心芯到玻璃包层的折射率是突变的，只有一个台阶，所以称为阶跃型折射率多模光纤，简称阶跃型光纤，也称突变光纤。单模光纤由于模间色散很小，所以都采用突变型。

- 渐变型光纤：为了解决阶跃型光纤存在的弊端，人们又研制、开发了渐变型折射率多模光纤，简称渐变型光纤。渐变型光纤的中心芯到玻璃包层的折射率逐渐变小，可使高次模的光按正弦形式传播，这能减少模间色散，提高光纤带宽，增加传输距离，但成本较高，现在的多模光纤多为渐变型光纤。

(5) 按光纤的工作波长分为短波长光纤、长波长光纤和超长波长光纤。

短波长光纤是指波长为 800～900 nm 的光纤，长波长光纤是指波长为 1000～1700 nm 的光纤，而超长波长光纤则是指波长为 2000 nm 以上的光纤。

3．光纤连接器及连接方式

光纤的连接方式主要有熔接、压接和连接器连接三种方式。熔接方式是把两条光纤熔合在一起，形成一条完成光纤，并且具有较小的连接衰减；压接方式是把两条光纤用物理的方式对接在一起，并用套管固定，比熔接式更方便，但信号衰减大；最常见的连接方式是连接器连接，主要用于设备间子系统、管理子系统，在跳线架跳线、连接主机或网络设备端口时采用。

光纤连接器可按传输媒介的不同划分为单模连接器和多模连接器；还可按连接头的结构形式分为 FC、SC、ST、LC、MU、D4、DIN4、MPO、MT-RJ 等各种形式(如图 3.7 所示)的连接器。在实际应用中，我们一般按照光纤连接器的连接头结构来加以区分。

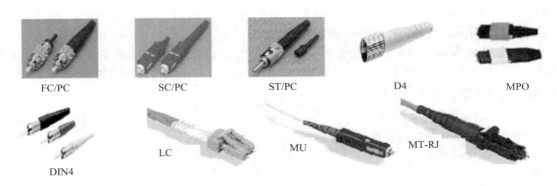

图 3.7 各类连接头

以下是一些目前比较常见的光纤连接器分类解释：

(1) FC 型光纤连接器，其外部加强方式是采用金属套，紧固方式为螺丝扣。

(2) SC 型光纤连接器，其外壳呈矩形，所采用的插针和耦合套筒的结构尺寸与 FC 型完全相同。其中插针的端面多采用 PC 或 APC 型研磨方式；紧固方式为插拔销闩式，不需旋转。此类连接器价格低廉，插拔操作方便。

(3) ST 光纤连接器，其外壳呈圆形，所采用的插针和耦合套筒的结构尺寸与 FC 型完全相同，其中插针的端面多采用 PC 或 APC 型研磨方式；紧固方式为螺丝扣。此类连接器适用于各种光纤网络，操作简便，且具有良好的互换性。

(4) DIN4 型光纤连接器，这种连接器采用的插针和耦合套筒的结构尺寸与 FC 型相同，端面处理采用 PC 型研磨方式。与 FC 型光纤连接器相比，其结构要复杂一些，内部金属结构中有控制压力的弹簧，可以避免因插接压力过大而损伤端面。

(5) MT-RJ 型光纤连接器，带有与 RJ-45 型 LAN 电连接器相同的闩锁机构，通过安装于小型套管两侧的导向销对准光纤，便于与光收发信机相连，连接器端面光纤为双芯(间隔0.75 mm)排列设计，是主要用于数据传输的下一代高密度光纤连接器。

(6) LC 型光纤连接器，采用操作方便的模块化插孔(RJ)闩锁机理制成。其所采用的插针和套筒的尺寸是普通 SC、FC 等所用尺寸的一半，为 1.25 mm，这样可以提高光纤配线架中光纤连接器的密度。目前，LC 型光纤连接器主要应用于单模 SFF 方面。

(7) MU 型光纤连接器，其采用 1.25 mm 直径的套管和自保持机构，其优势在于能实现高密度安装。随着光纤网络技术的发展，大带宽、大容量的光缆迅速出现和 DWDM 技术被广泛应用，对 MU 型光纤连接器的需求增长更快。

4．光缆及光缆型号编制

1) 光缆分类

光缆分为室内型光缆和室外型光缆。室内型光缆适用于建筑物内的网络连接；而室外型光缆适用于建筑群之间的网络连接。

(1) 室内型光缆。室内型光缆的抗拉强度较小，保护层较差，但重量较轻，且价格较便宜，通常有 4 芯、6 芯、8 芯和 12 芯等类型的光缆。如图 3.8 所示。

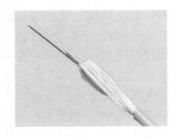

图 3.8 室内多芯多模光缆(GJFJV)

(2) 室外型光缆。与室内型光缆相比，室外型光缆的抗拉强度较大，保护层较厚重，并且通常为铠装层(即金属皮包裹)，如图 3.9 所示，室外型光缆主要适用于建筑物之间的布线。

图 3.9　室外金属光缆

2) 光缆型号编制方法

一根光缆由多根光导纤维(即光纤)构成，外面带有保护层。光缆的产品种类很多，型号也多。光缆型号由光缆的型式代号和规格代号(数字)组成，采用我国通信行业标准编制方法。型式部分由 7 个部分构成，如表 3.2 所示。型式每一部分构成及其代号说明如表 3.3～表 3.8 所示。

表 3.2　型式部分构成简略表

I	II	III	IV	V	VI	VII
分类	加强构件	光缆结构特征	护套	外护层	光纤芯数	光纤类别

表 3.3　I 型式部分的"分类"表说明

代号	描　述	代号	描　述
GY	通信用室(野)外光缆	GH	通信用海底光缆
GJ	通信用室(局)内光缆	GT	通信用特殊光缆
GS	通信用设备内光缆	GM	通信用移动式光缆

表 3.4　II 型式部分的"加强构件"表说明

代号	描　述	代号	描　述
无	金属加强构件	G	金属重型加强构件
F	非金属加强构件	X	中心管式结构

表 3.5　III 型式部分的"光缆结构特征"表说明

代号	描　述	代号	描　述
S	光纤松套被覆结构	X	缆中心管(被覆)结构
J	光纤紧套被覆结构	T	填充式结构
D	光纤带结构	B	扁平结构
无	层绞式结构	Z	阻燃
G	骨架槽结构	C	自承式结构

表 3.6　Ⅳ型式部分的"护套"表说明

代号	描 述	代号	描 述
Y	聚乙烯	S	钢带-聚乙烯黏结护层
V	聚氯乙烯	W	夹带钢丝的钢带-聚乙烯黏结护层
F	氟塑料	L	铝
U	聚氨酯	G	钢
E	聚酯弹性体	Q	铅
A	铝带-聚乙烯黏结护层		

表 3.7　Ⅴ型式部分的"外护层"表说明

	代号	描 述		代号	描 述
铠装层	0	无铠装	外被层或外套	1	纤维外护套
	2	双钢带		2	聚氯乙烯护套
	3	细圆钢丝		3	聚乙烯护套
	4	粗圆钢丝		4	聚乙烯护套加敷尼龙护套
	5	皱纹钢带		5	聚乙烯管
	6	双层圆钢丝			

表 3.8　Ⅵ和Ⅶ型式部分的"光纤芯数和光纤类别"表说明

	代号	描 述		代号	描 述
光纤芯数	数字	直接由阿拉伯数字写出，如 4	光纤类别	A1	50/125 μm 二氧化硅系渐变型多模光纤，G.651
				Alb	62.5/125 μm 二氧化硅系渐变型多模光纤，G.651
				B1.1	或叫 B1，二氧化硅普通单模光纤，G.652
				B4	非零色散位移单模式光纤，G.655

　　下面举例说明型号编制方法，如型号为 GYFTY04 24B1，代号构成依次为松套层绞填充式、非金属中心加强件、聚乙烯护套加覆防白蚁的尼龙层的通信用室外光缆，包含 24 根 B1 类二氧化硅普通单模光纤。

3.3　综合布线系统的设计

3.3.1　工作区子系统的设计

1. 工作区子系统设计的概述

　　工作区子系统由终端网络设备、信息插座(TO)、跳线组成。它包括信息插座、信息模块、网卡和连接所需的跳线，并在终端设备和输入/输出(I/O)之间搭接，相当于电话配线系统中连接话机终端的部分。典型的终端连接系统如 3.10 图所示。终端设备(TE)可以是电话、微机和数据终端，也可以是仪器仪表、传感器的探测器。

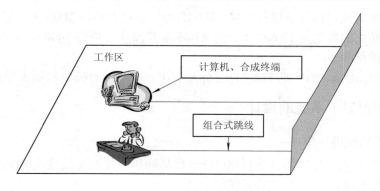

图 3.10　工作区布线子系统

　　一个独立的工作区，通常是一部电话和一台计算机终端设备。工作区设计的等级可为基本型、增强型、综合型。目前普遍采用增强型设计等级，为语音点与数据点互换奠定了基础。

　　工作区可支持电话机、数据终端、微型计算机、电视机、监视及控制等终端设备的设置和安装。

2．工作区设计要点

工作区设计要考虑以下几点：

(1) 工作区内的线槽要布局合理、美观。

(2) 安装在地面上的接线盒和信息插座应防水抗压；安装在墙面或柱子上的信息插座底盒、多用户信息插座盒及集合点配线箱体的底部离地面的高度宜为 300 mm；在光纤信息插座模块，所安装的底盒大小应充分考虑给水平线缆终结处的光缆盘留有空间，并满足光缆对弯曲半径的要求。

(3) 信息插座与计算机等设备的距离保持在 5 m 内。

(4) 购买的网卡类型接口要与线缆类型接口保持一致。

(5) 购买工作区所需的信息模块、信息座、面板的数量。

(6) 工作区的电源要求为每一个工作区至少应配置 1 个 220 V 交流电源插座；工作区的电源插座应选用带保护接地的单相电源插座，保护接地与零线应严格分开。

(7) 所需材料等的数量的一般计算公式如下：

RJ-45 水晶头的需求量计算：

$$m = n \times 4 + n \times 4 \times 5\%$$

其中：m 表示 RJ-45 水晶头的总需求量；n 表示信息点的总量；$n \times 4 \times 5\%$ 表示留有的富余量。

信息模块(信息插座)的需求量计算：

$$r = n + n \times 3\%$$

其中：r 表示信息模块的总需求量；n 表示信息点的总量；$n \times 3\%$ 表示富余量。

(8) 信息点数量的确定。信息点数量可在用户需求分析中估算，《综合布线系统工程设计规范》中提到工作区子系统的服务面积可以按照 $5 \sim 10 \text{ m}^2$ 估算。这样可以假定一个 10 m^2 的房间中至少有一个数据接口、一个语音接口(这是最基本的配置)。如果一栋大楼建筑面积为 2 万平方米，而实用面积可以按照 75% 来估算，面积为 1.5 万平方米，再按照 10 m^2

两个 RJ-45 的数据接口信息点进行估算，RJ-45 的信息点大约为 3000 个。通过上面的公式计算 RJ-45 水晶头的数量为 12 600 个；而 RJ-45 信息模块数量为 3090 个，实际的工程设计中还需要再一次估算。

(9) 按照 TIA/EIA-568B 或 TIA/EIA-568A 中统一的标准对插座和插头做连接线。

3.3.2 水平(配线)子系统的设计

1. 水平子系统设计要点

水平子系统应由工作区的信息插座(TO)、信息插座至楼层配线设备(FD)(或者称为配线架)的配线电缆或光缆、楼层配线设备(FD)和跳线等组成，如图 3.11 所示。

水平子系统设计涉及水平子系统传输介质和部件集成，主要有七点内容：

(1) 确定线路走向及物理拓扑；

(2) 确定线缆、槽、管的数量和类型；

(3) 确定线缆的类型和长度；

(4) 订购线缆和线槽；

(5) 考虑如果打吊杆走线槽，需要用多少根吊杆；

(6) 考虑如果不用吊杆走线槽，需要用多少根托架；

(7) 语音点、数据点互换时，应考虑语音点的水平干线线缆与数据点线缆的类型。

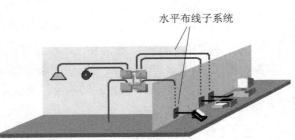

图 3.11 水平布线子系统

确定线路走向一般要由用户、设计人员、施工人员到现场根据建筑物的物理位置和施工难易度确立。

2. 线缆数量的估算

信息插座的数量和类型、线缆的类型和长度一般在总体设计时便已确立，但考虑到产品质量和施工人员的误操作等因素，在订购时要留有余量。

订购电缆时，必须考虑：

(1) 确定介质布线方法和电缆走向；

(2) 确认到管理间的接线距离；

(3) 留有端接容差。

电缆的计算公式有如下几种：

公式 1：

$$订货总量(总长度 m) = 所需总长 + 所需总长 \times 10\% + n \times 6$$

其中：所需总长指 n 条布线电缆所需要的理论长度；所需总长 $\times 10\%$ 为备用部分；$n \times 6$ 为端接容差。

公式 2：

$$整幢楼的用线量 = \sum N \cdot C$$

其中：N 指楼层数；C 指每层楼用线量，$C = [0.55 \times (L + S) + 6] \times n$($L$ 指本楼层离水平间最

远的信息点距离；S 指本楼层离水平间最近的信息点距离；n 指本楼层的信息插座总数；0.55 指备用系数；6 指端接容差)。

公式 3：

$$总长度 = \frac{A + B}{2} \times n \times 3.3 \times 1.2$$

其中：A 表示最短信息点长度；B 表示最长信息点长度；n 表示楼内需要安装的信息点数；乘 3.3 表示将米(m)单位换成英尺(ft)单位；1.2 表示余量参数(即富余量)。

公式 4：

$$用线箱数 = 总长度 \div 1000 + 1$$

由于双绞线一般以箱为单位订购，每箱双绞线长度为 305 m，所以，上式除以 1000 表示将米(m)换算成英尺(ft)。

设计人员可用这几种算法之一来确定所需线缆长度。

3．水平布线的几点说明

在水平布线通道内，关于电信电缆与分支电源电缆的说明有以下几点：

(1) 屏蔽的电源导体(电缆)与电信电缆并线时不需要分隔；

(2) 可以用电源管道障碍(金属或非金属)来分隔电信电缆与电源电缆；

(3) 对非屏蔽的电源电缆，与电信电缆并线的最小距离为 10 cm；

(4) 在工作站的信息口或间隔点，电信电缆与电源电缆的距离最小应为 6 cm；

(5) 水平间设计的最后一点是确定水平间与干线接合配线管理设备；

(6) 打吊杆走线槽时，一般吊杆之间的间距为 1 m 左右。吊杆的总量应为水平干线的长度(m) × 2(根)；

(7) 使用托架走线槽时，一般每 1～1.5 m 安装一个托架，托架的需求量应根据水平干线的实际长度去计算；

(8) 托架应根据线槽走向的实际情况来选定。一般有两种情况：若水平线槽不贴墙，则需要定购托架；若水平线贴墙走，则可购买角钢的自做托架；

(9) 水平线缆长度极限值参照 GB 50311—2016 标准，如表 3.9 所示。

表 3.9　各段缆线长度限值　　　　　　　　　　　　　　　　　　　　　　　m

信道链路总长度	永久链路(水平)电缆总长度	工作区电缆	电信间跳线和设备电缆
100	90	5	5
99	85	9	5
98	80	13	5
97	25	17	5
97	70	22	5

4．水平子系统布线线缆种类

在水平布线子系统中常用的线缆有如下四种：

(1) 100 Ω 非屏蔽双绞线(UTP)电缆(欧洲大部分采用 120 Ω 或 150 Ω 的线缆)；

(2) 100 Ω 屏蔽双绞线(STP)电缆；

(3) 50 Ω 同轴电缆；

(4) 62.5/125 μm 多模光缆。

5. 水平布线子系统的布线方案

水平布线是将线缆从管理间子系统的配线间接到每一楼层的工作区的信息输入/输出(I/O)插座上。设计者要根据建筑物的结构特点，从路由(线)最短、造价最低、施工方便、布线规范等几个方面考虑。但由于建筑物中的管线比较多，往往会遇到一些矛盾，所以，设计水平子系统时必须折中考虑，优选最佳的水平布线方案。一般可采用 3 种类型：

1) 直接埋管布线方式

直接埋管布线方式由一系列密封在现浇混凝土里的金属布线管道或金属馈线走线槽组成。这些金属管道或金属线槽从水平间向信息插座的位置辐射。根据通信和电源布线的要求、地板厚度和占用的地板空间等条件，直接埋管布线方式可能采用厚壁镀锌管或薄型电线管。这种方式在老式的设计中非常普遍。

现代楼宇不仅有较多的电话语音点和计算机数据点，而且语音点与数据点可能还要求互换，以增加综合布线系统使用的灵活性。对于目前工程中采用较多的 SC 镀锌钢管和阻燃高强度的 PVC 管，建议容量小于 50%，余留 50%左右的空隙。

2) 先走线槽再走支管方式

线槽由金属或阻燃高强度 PVC 材料制成，有单件扣合方式和合式两种类型。

线槽通常悬挂在天花板上方的区域，用在大型建筑物或布线系统比较复杂且需要有额外支持物的场合。用横梁式线槽将电缆引向所要布线的区域。由弱电井出来的缆线先走吊顶内的线槽，到各个房间后，经分支线从横梁式电缆管道分叉后将电缆穿过一段支管引向墙柱或墙壁，贴墙而下到本层的信息出口(或贴墙而上，在上一层楼板钻一个孔，将电缆引到上一层的信息出口)，最后端接在用户的插座上。

3) 地面线槽方式

地面线槽方式就是从弱电井出来的线走地面线槽到地面出线盒，或由分线盒出来的支管到墙上的信息点出口。由于地面出线盒、分线盒或柱体直接走地面垫层，因此这种方式适用于大开间或需要打隔断的场合。

3.3.3 管理子系统的设计

管理子系统是针对设备间、交接间(电信间)和工作区的配线设备、缆线等设施，按照一定的模式进行标识和记录。内容包括：管理方式、标识、色标、连接等。这些内容的实施将会为网络维护和管理带来很大的方便，有利于提高管理水平和工作效率。管理子系统由配线间(包括中间交接间、二级交接间)的配线硬件、输入输出(I/O)设备等组成。每个配线间及设备间都有管理子系统，如图 3.12 所示。管

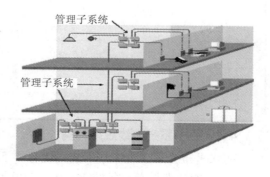

图 3.12　管理(间)子系统

理子系统提供了与其他子系统连接的手段，使整个综合布线系统及其连接的设备、器件等构成一个有机的整体。调整管理子系统的交接使得有可能需要重新安排线路路由，因而传输线路能够延伸到建筑物内部的各个工作区。用户工作区和其他的输入输出是水平子系统布线的终点，是把语音、数据、图像、监控等设备或器件连接到综合布线系统的通用进出口点。所以说我们只调整管理子系统的交接，就可以管理整个用户终端，从而实现了综合布线系统的灵活性。

1. 管理子系统涉及的设备和部件

作为管理间一般应有以下设备：

(1) 机柜。

(2) 集线器、交换机。

(3) 信息点和语音点集线面板，即配线架，比如壁挂式 110 型配线架，有 50 对、100 对；机架式 110 型有 100 对、200 对配线架；CAT5E-T568-A/B 的 12 口、24 口、32 口、48 口机架式配线架；12 口、24 口、48 口壁挂式光纤配线箱；以及光纤配线架。如图 3.13 所示为模块式光纤配线架。

图 3.13　模块式光纤配线架实物图

(4) 跳线：有长度分为 1 m、1.5 m、2 m、3 m、5 m 的端接类型 RJ-45 到 RJ-45 的跳线；有端接类型 RJ-45 到 110 型(4 对线)的跳线；有 SC、ST 连接器和适配器的跳线等。

(5) 集线器、交换机的整压电源线。

作为管理间子系统，应根据管理的信息点的多少安排使用房间的大小。如果信息点多，就应该考虑使用一个房间来放置；如果信息点少，则可选用墙上挂式机柜来处理该子系统。

对于交接间的数目，应从所服务的楼层范围来考虑。如果配线电缆长度都在 90 m 范围以内时，那么宜设置一个交接间(电信间)；当超出这一范围时，可设两个或多个交接间(电信间)，并相应地在交接间内或紧邻处设置干线通道。

交接间(电信间)的设备安装和电源要求应符合建筑布线标准；交接间应有良好的通风，安装有源设备时，室温宜保持在 10～35℃，相对湿度宜保持在 20%～80%。

2. 管理子系统交接的几种形式

在不同类型的建筑物中，管理子系统常采用单点管理单交接、单点管理双交接和双点管理双交接三种方式基本形式：

(1) 单点管理单交接,这种方式使用的场合较少,如图 3.14 所示。

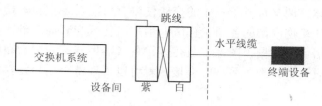

图 3.14　单点管理单交接

(2) 单点管理双交接。管理子系统宜采用单点管理双交接。单点管理位于设备间里面的交换设备或互联设备附近,通过线路工作区或配线间里面的第二个接线交接区。如果没有配线间,第二个交接可放在用户的墙壁上,如图 3.15 所示。用于构造交接场的硬件所处的地点、结构和类型决定综合布线系统的管理方式。交接场的结构取决于工作区、综合布线规模和选用的硬件。

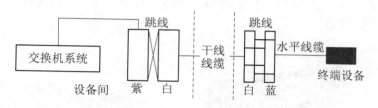

图 3.15　单点管理双交接

(3) 双点管理双交接。当建筑物低矮又宽阔,且管理规模较大、较复杂(如机场、大型商场)时,多采用二级交接间,设置双点管理双交接。双点管理在设备间为一级管理交接(跳线)。在二级交接间或用户房间的墙壁上还有第二个可管理的交接。双交接要经过二级交接设备。第二个交接可能是一个连接块,它对一个接线块和多个终端块(其配线场与站场各自独立)的配线及站场进行组合。如图 3.16 所示。

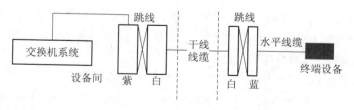

图 3.16　双点管理双交接

综上所述,在实现管理子系统的时候需要注意跳线的色标;在配线架上应具有用于标记管理的插槽或标牌;管理子系统中干线配线管理宜采用双点管理双交接;管理子系统中楼层配线管理应采用单点管理。

交接设备的跳接线连接方式应符合下列规定:

(1) 对配线架上相对稳定且一般不经常进行修改、移位或重组的线路,宜采用卡接式接线方法。

(2) 对配线架上经常需要调整或重新组合的线路,宜使用快接式插接线方法。

3. 管理子系统设计

在设计管理子系统时，一般采用以下步骤：

(1) 确定配线架的端接线路模块化系数。

(2) 确定系统跳线架(配线架)的类型。

(3) 按照计算跳线架(配线架)数量的公式来计算跳线架(配线架)数量：

$$跳线架的数目 = I/O 总数 \div 每个跳线架可端接的线路数$$

(4) 确定采用哪一厂家的 110 型(或其他类型)配线架、跳线等产品。

(5) 连接管理间的信息点，连接的主要工作是跳线，应尽可能简单。

4. 标识管理

在综合布线系统中，经常发生网络应用的变化、设备的移动、连线的改变，时间久了就会导致线路混乱，不利于工作人员的维护和管理，一旦没有明确的标识或标识混乱，会导致网络管理效率变低，有时候还会因为错接线路而导致严重的网络故障，使解决故障变得非常难。

根据 TIA/EIA-606 标准《商业建筑物电信基础结构管理标准》的规定：传输机房、设备间、介质终端、双绞线、光纤、接地线等都应有明确的编号标准和方法。用户可以通过每条线缆的唯一编码，在配线架和面板插座上识别线缆。

1) 综合布线的标记系统

综合布线系统通常利用标签来对设备间、电信间和工作区的配线设备、线缆等进行标识和记录管理。标签可以分为 3 种类型：

(1) 粘贴型：背面为不干胶的标签纸，可以直接贴到各种设备(器材)的表面。

(2) 插入型：通常插入在设备的标签槽内，属于硬纸片，可以由安装人员在需要时取下来写上标识码或符号，再插回即可。

(3) 特殊型：用于特殊场合的标签，像条形码、标签牌等，可以通过标签打印机制作。

综合布线系统使用了 3 种标识标记方法：线缆标记、场标记和插入标记。

(1) 线缆标记。线缆标记主要用于交接硬件安装之前标识电缆的起始点和设备(器材)的终止点。线缆标记由背面为不干胶的白色材料制成，可以直接贴到各种设备(器材)的表面上，其尺寸和形状根据需要而定，可以是"旗子型标签"。在交接场安装和做标记之前利用这些线缆标记来辨别线缆的源发地和目的地。

(2) 场标记。场标记用于设备间和远程通信(卫星)接线间的中继线、辅助场以及建筑物的分布场。场标记也是由背面为不干胶的材料制成的，可贴在设备间、配线间、二级交换间、中继线以及辅助场和建筑物分布线场的平整表面上。

(3) 插入标记。插入标记用于设备间和二级接线间的管理场，它是用颜色来标识端接线缆的起始点的。插入标记是硬纸片，可以插入 1.27 cm × 20.32 cm 的透明塑料夹里，这些塑料夹位于接线块上的两个水平齿条之间。每个标记都用色标来指明线缆的发源地，这些线缆端接于设备间和配线间的管理场。

插入标记所用的底色及其含义如下：

- 蓝色：与工作区的信息插座(TO)实现连接。

- 白色：实现干线和建筑群电缆的连接。端接于白色标记场的电缆布置在设备间与干线/二级交接间之间或建筑群内各建筑物之间。

- **灰色**：配线间与一级交接间之间的连接电缆或各二级交接间之间的连接电缆。
- **绿色**：来自电信部门的输入中继线。
- **紫色**：来自 PBX 或数据交换机之类的功用系统设备的连线。
- **黄色**：来自控制台或调制解调器之类的辅助设备的连线。
- **橙色**：多路由输出。

2) 综合布线的标记管理

综合布线系统涉及的所有组成部分都有明确的标记，包括名字、颜色、数字或序号及相关特性，这些标记都应方便地互相区分。

(1) 线缆的标记要求。在 EIA/TIA 6068.2.2.3 标准中对标签材质的规定是：线缆标签要有一个耐用的底层，材质要柔软且易于缠绕。建议选用乙烯基材质的标签，因为乙烯材质均匀，柔软易弯曲且便于缠绕。一般推荐使用的线缆标签由两部分组成，上半部分是白色的打印涂层，下半部分是透明的保护膜，使用时可以用透明保护膜覆盖打印的区域，起到保护作用。透明的保护膜应该有足够的长度以包裹电缆一圈或一圈半。另外，套管和热缩套管也是线缆标签的很好的选择，通常用于配线架上的线缆或跳线。

对于重要线缆，每隔一段距离都要进行标记。另外，在维修口、接合处、牵引盒处的电缆位置也要进行标记。

(2) 通道线缆的标记要求。各种管道、线槽应采用良好的明确的中文标记系统，标记的信息包括建筑物名称、建筑物位置、区号、起始点和功能等。

(3) 空间的标记要求。在各交换间管理点，应根据应用环境用明确的中文标记插入条来标出各个端接场。配线架布线标记方法应按照以下规定设计：

- FD 出线，标明楼层信息点序列号和房间号。
- FD 入线，标明来自 BD 的配线架号或集线器号、缆号和芯/对数。
- BD 出线，标明去往 FD 的配线架号或集线器号、缆号。
- BD 入线，标明来自 CD 的配线架号、缆号和芯/对数(或引线引入的缆号)。
- CD 出线，标明去往 BD 的配线架号、缆号和芯/对数。
- CD 入线，标明由外线引入的缆线号和线序对数。

(**注意**：FD 为楼层配线设备；BD 为建筑物配线设备；CD 为建筑群配线设备，具体可见 GB 50311—2016 标准中的术语解释。)

当使用光纤时，应明确标明每芯的衰减系数。

使用集线器时，应标明来自 BD 的配线架号、缆号和芯/对数，同时标明去往 FD 的配线架号和缆号。

端子板的端子或配线架的端口都要编号，此编号一般由配线箱代码、端子板的块号以及块内端子的编号组成。

面板和配线要满足外露的要求。由于各厂家的配线架规格不同，所留标记的宽度也不同，所以选择标签时，宽度和高度都要多加注意。配线架和面板标记除了要求清晰、简洁、易懂外，还要美观。

(4) 端接硬件的标记要求。在信息插座的每个接口位置上，应用中文明确标明"语音""数据""光纤"等接口类型以及楼层信息点序列号。

信息插座的一个插孔对应一个信息点编号。信息点编号一般由楼层号、区号、设备类型代码和层内信息点序号组成。此编号将在插座标签、配线架标签和一些管理文档中使用。

(5) 接地的标记要求。空间的标记和接地的标记要求清晰、醒目。

(6) 标记方案的实施。标记是管理综合布线系统的一个重要组成部分。完整的标记系统应提供以下信息：建筑物名称、位置、区号、起始点和功能。

应给出楼层信息点序列号与最终房间信息点号的对照表。楼层信息点序列号是指在未确定房间号之前，为了在设计中标定信息点的位置，以楼层为单位给各个信息点分配一个唯一的序号。对于开放式办公环境，所有预留的信息点都应参加编写。

与设备间的设计一样，标记方案也因具体应用系统的不同而有所不同。通常情况下，由最终用户的系统管理人员或通信管理人员提供方案，不管如何，所有的标记方案都应规定各种参数和识别规范，以便对交连场的各种线路和设备端接点有一个清楚的说明。

保存详细的记录是非常重要的，标记方案必须作为技术文档的一个重要部分予以存档，这样方能在日后对线路进行有效的管理。系统人员应该与负责各管理点的技术人员或其他人员紧密合作，随时随地做好各种记录。

3.3.4　干线子系统的设计

干线子系统的任务是通过建筑物内部的传输电缆，把各个楼层交接间(管理间，有时候也叫配线间)的信号传送到设备间(见图 3.17)，直到传送到最终接口，再通往外部网络，其基本结构形成一个星形。它必须满足当前的需要，又要适应今后的发展。

干线子系统所需要的电缆总对数和光纤芯数，其容量可按标准规范要求确定。对数据应用应采用光缆或超五类双绞线电缆，其长度不应超过 90 m，对电话可采用三类双绞线电缆。

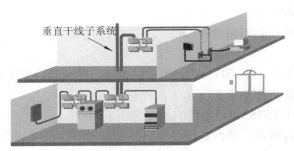

垂直干线子系统

图 3.17　干线子系统

如果设备间与计算机机房和交换机机房处于不同的地点，而且需要将话音电缆连接到交换机机房，数据电缆连接到计算机机房，则宜在设计中选取不同的干线电缆或干线电缆的不同部分来分别满足语音和数据的需要。当需要光缆系统时，也可以给予满足。

1．设计要点

设计时要考虑以下几点：

(1) 确定每层楼的干线要求。

(2) 确定整座楼的干线要求。

(3) 确定从楼层到设备间的干线电缆路由。

(4) 确定干线接线间的接合方法。

(5) 选定干线线缆的长度。

(6) 确定铺设附加横向线缆时的支撑结构。

(7) 线缆不宜布放在电梯、供水、供气、供暖、强电等竖井中(这一点十分重要)。

(8) 干线宜采用星形拓扑结构,即多个FD(楼层配线间)到一个BD(建筑物配线设备间)。

(9) 干线线路的类型选择:

· 100 Ω、150 Ω 双绞线电缆。

· 8.3/125 μm 单模光缆。

· 62.5/125 μm 多模光缆。

在铺设电缆时,对不同的介质电缆要区别对待。

(1) 光缆:

· 光纤电缆在室内布线时要走线槽。

· 光纤电缆在地下管道中穿过时要用 PVC 管。

· 光纤电缆需要拐弯时,其曲率半径不能小于 30 cm。

· 光纤电缆的室外裸露部分要加铁管保护,铁管要固定牢固。

· 光纤电缆不要拉得太紧或太松,要有一定的膨胀收缩余量。

· 光纤电缆被埋入地下时,要加铁管保护。

· 注意多模和单模光缆的传输距离标准要求。

(2) 双绞线:

· 铺设双绞线的时候,线要平直地沿着线槽铺设,不要扭曲。

· 双绞线的两端点要标号(这一点十分重要)。

· 双绞线的室外部分要加套管,严禁搭接在树干上。

· 双绞线不要拐硬角弯。

· 注意双绞线线缆最长不超过 90 m。

(3) 同轴电缆:

· 细缆弯曲半径不应小于 20 cm,粗缆在拐弯时,其弯角曲率半径不应小于 30 cm。

· 细缆上各站点距离不小于 50 cm。

· 细缆的长度应小于 185 m,粗缆的长度应小于 500 m。

· 粗缆敷设时不宜扭曲,要沿线槽保持自然平直。

2. 设计需要的硬件

在干线子系统中,一般采用各种类型的线缆作为连接的传输介质,因此,双绞线电缆是最常见的硬件,必要的时候也采用光缆。选择参考如下:

(1) 通用型电缆,是阻抗为 100 Ω 的实心铜芯导线,外包有 PVC 绝缘,为阻燃型、低烟大对数电缆。线对常有 25 对、50 对、100 对等。这些电缆符合 EIA/TIA-568 商业建筑物布线标准和商业建筑物通信电缆系统设计指南,符合 IEEE 802.3 系列标准。

(2) 加强型电缆,是阻抗为 100 Ω 的铜芯导线,有聚乙烯绝缘层,外加 PVC 包层,缆芯绕着一层塑料带,并包一层波纹铝屏蔽物,该屏蔽物和外层 PVC 塑料黏合在一起形成屏蔽。加强型电缆也符合 EIA/TIA-568 标准,支持 IEEE 802.3 系列标准。

(3) 光缆，根据 ISO/IEC 11801 提出的推荐，在建筑物内采用 62.5/125 μm 多模光纤缆，同时应该符合《综合布线系统工程设计规范》中综合布线的光缆的波长窗口的各项参数和布线链路的最大衰减限值。

3. 设计方法

确定从楼层间(FD)到设备间(BD)的干线路由，应选择干线段最短、最安全和最经济的路由。干线子系统通道有电缆孔、电缆竖井两种方式可供选择，宜采用电缆竖井方式；水平通道可选择预埋暗管、水平管道方式或电缆桥架方式。

(1) 电缆孔方式。干线通道中所用的电缆孔是很短的管道，通常由直径为 10 cm 的钢性金属管做成。它们被嵌在混凝土地板中，比地板表面高出 2.5～10 cm。电缆往往捆在钢绳上，而钢绳又固定在墙上已采用铆钉固定好了的金属条上。当配线间上下都对齐时，一般采用电缆孔方式。

(2) 电缆竖井方式。电缆竖井方式常用于干线通道。电缆竖井是指在每层楼板上开出一些方孔，使电缆可以穿过这些电缆并从某层楼伸到相邻的楼层。电缆竖井的大小依所用电缆的数量而定。与电缆孔的方式一样，电缆也是捆在或箍在支撑用的钢绳上，钢绳靠墙上的金属条或地板三脚架固定住。离电缆竖井很近的墙上立式金属架可以支撑很多电缆。电缆竖井的选择性非常灵活，可以让粗细不同的各种电缆以任何组合方式通过。电缆竖井方式虽然比电缆孔方式灵活，但在原有建筑物中开电缆竖井安装电缆的造价较高，它的另一个缺点是使用的电缆竖井很难防火；如果在安装过程中没有采取措施来防止楼板支撑件被损害，则楼板的结构完整性将受到破坏。

在多层楼房中，经常需要使用干线电缆的横向通道才能从设备间连接到干线通道，以及在各个楼层上从二级交接间连接到任何一个配线间。在水平干线、干线子系统布线时，应考虑数据线、语音线以及其他弱电系统共槽问题。

3.3.5 设备间子系统的设计

1. 设备间子系统设计概述

设备间是在大楼的适当地点设置电信设备和计算机网络设备，以及建筑物配线设备，进行网络管理的场所，即常说的中心机房或网络中心，如图 3.18 所示。

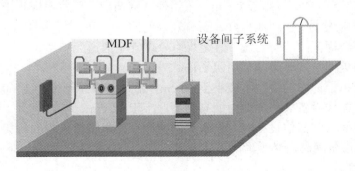

图 3.18 设备间子系统

设备间的主要设备有各种交换机、配线架(跳线架)、机柜、电源、服务器、存储设备等；与外部通信网连接时，应遵循相应的接口标准，并预留安装相应接入设备的位置；设备间的位置及大小应根据设备的数量、规模、最佳的网络中心等因素，综合考虑确定。针对它的使用面积，我们必须通盘考虑。目前，对设备间的使用面积有两种计算方法：

方法一：

$$面积\ S = K \sum_{i=1}^{n} S_i$$

其中：S 表示设备间使用的总面积(m^2)；K 表示系数，一般 K 选择 5、6、7 三种(根据设备大小来选择)；$\sum$ 表示求和；S_i 表示设备数；n 表示设备间内所有设备总数。

方法二：

$$面积\ S = K \cdot A$$

其中：S 表示设备间使用的总面积(m^2)；K 表示系数，与方法一相同；A 表示设备间所有设备的总数。

2. 设计中需要注意的事项

设备间子系统是一个公用设备存放的场所，也是设备日常管理的地方。在设计设备间时应注意：

(1) 设备间宜处于干线子系统的中间位置，并考虑主干缆线的传输距离与数量。

(2) 设备间宜尽可能靠近建筑物线缆竖井位置，有利于主干缆线的引入。

(3) 设备间宜靠近服务电梯位置，便于装运笨重设备。

(4) 能够防护意外水害(如暴雨成灾、自来水管爆裂等)。

(5) 设备间的位置宜便于设备接地。

(6) 设备间应尽量远离高低压变配电柜、电机、X 射线、无线电发射等有干扰源存在的场地。

(7) 设备间室内温度应为 10～35℃，相对湿度应为 20%～80%，并应有良好的通风。

(8) 设备间内应有足够的设备安装空间，其使用面积不应小于 10 m^2，该面积不包括程控交换机、计算机网络设备等设施所需的面积。

(9) 设备间梁下净高不应小于 2.5 m，采用外开双扇门，门宽不应小于 1.5 m。

(10) 设备间内无尘土，通风良好，要有较好的照明亮度。

(11) 安装符合规范的消防系统，宜至少有一个安全通道。

(12) 使用防火门，墙壁必须使用阻燃漆。

(13) 机架或机柜前面的净空不应小于 80 cm，后面的净空不应小于 60 cm。

(14) 壁挂式配线设备底部离地面的高度不宜小于 30 cm。

(15) 在设备间安装其他设备时，设备周围的净空要求按该设备的相关规范执行。

因此，设计设备间时，必须考虑下述要素：

(1) 最低高度。

(2) 房间面积大小。

(3) 照明设施。

(4) 地板负重。

(5) 电气插座。

(6) 配电中心。

(7) 管道位置。

(8) 楼内、室内湿度、温度控制范围。

(9) 门的大小、方向与位置。

(10) 配线架端接空间大小。

(11) 设备、电源接地要求。

(12) 备用电源。

(13) 安全保护设施。

(14) 消防设施。

3．设备间子系统的环境考虑

设备间子系统中的电器设备需要正常运行，必须考虑环境条件，以《计算站场地技术条件》为标准。

1) 温度、湿度和尘埃

网络设备间对温度和湿度是有要求的，一般将温度和湿度分为 A、B、C 三种等级，设备间可按某一级执行，也可按某级综合执行。具体指标如表 3.10 所示。

表 3.10 设备间温度和湿度指标

项目	A 级		B 级	C 级
	夏季	冬季		
温度/℃	22±4	18±4	12～30	8～35
相对湿度/%	40～60	35～37	30～80	20～80
温度变化率 /(℃/h)	<5 不能产生凝露		>0.5 不能产生凝露	<15 不能产生凝露

设备间应防止有害气体(如 SO_2、H_2S、NH_3、NO_2 等)侵入，并应有良好的防尘措施，尘埃含量限值宜符合表 3.11 尘埃限值。

表 3.11 尘埃含量限值

灰尘颗粒的最大直径/μm	0.5	1	3	5
灰尘颗粒的最大浓度/(粒子数/m^3)	1.4×10^7	7×10^5	2.4×10^5	1.3×10^5

注：灰尘粒子应是不导电的，非铁磁性和非腐蚀性的。

设备间的温度、湿度和尘埃对微电子设备的正常运行及使用寿命都有很大的影响，过高的室温会使元件失效率急剧提高，使用寿命下降；过低的室温又会使磁介质等发脆，容易断裂。相对湿度过低，容易产生静电，对微电子设备造成静电干扰；相对湿度过高会使微电子设备内部焊点和插座的接触电阻增大。尘埃或纤维性颗粒积聚以及微生物的作用还会使导线被腐蚀断掉。所以在设计设备间时，除了按《计算站场地技术要求》执行外，通常必须根据具体情况选择、设计适合于设备间的空调系统。

2) 照明

设备间内在距地面 0.8 m 处，照度不应低于 200 Lux。还应设事故照明，在距地面 0.8 m 处，照度不应低于 5 Lux，其中 Lux 是用来测量投射在物体上的光的数量的米制单位。

3) 噪声

设备间的噪声应小于 70 dB，否则将影响工作人员的身心健康和工作效率，还可能造成人为的噪声事故。

4) 电磁场干扰

设备间内无线电干扰场强，在频率为 0.15～1000 MHz 范围内不大于 120 dB。设备间内磁场干扰场强不大于 800 A/m(相当于 10 Ω)。

5) 供电系统

设备间供电电源应满足下列要求：

· 频率：50 Hz；

· 电压：380 V/220 V；

· 相数：三相五线制或三相四线制/单相三线制。

依据设备的性能允许以上参数范围内的变动，如表 3.12 所示。

从电源室(房)到设备间使用的电缆，除应符合 GBJ232—82《电气装置安装工程施工及验收规范》中配线工程规定外，载流量应减少 50%。设备间内设备用的配电柜应设置在设备间内，并应采取防触电措施。

设备间内的各种电力电缆应为耐燃铜芯屏蔽的电缆。各电力电缆(如空调设备、电源设备所用的电缆等)、供电电缆不得与双绞线走向平行。交叉时，应尽量以接近于垂直的角度交叉，并采取防延燃措施。各设备应选用铜芯电缆，严禁铜、铝混用。

表 3.12　设备性能允许电源变动范围

项　目	A 级	B 级	C 级
电压变动/%	−5～+5	−10～+7	−15～+10
频率变化/Hz	−0.2～+0.2	−0.5～+0.5	−1～+1
波形失真率/%	<±5	<±5	<±10

6) 安全

设备间的安全可分为三个基本类别：

· 对设备间的安全有严格的要求，有完善的设备间安全措施。

· 对设备间的安全有较严格的要求，有较完善的设备间安全措施。

· 对设备间有基本的要求，有基本的设备间安全措施。

根据设备间的要求，设备间安全可按某一类执行，也可按某些类综合执行。

7) 建筑物防火

符合 GB 50016—2014《建筑设计防火规范》要求。

8) 地面

为了方便表面铺设电缆线和电源线，设备间的地面最好采用抗静电活动地板，其系统电阻应在 1～10 Ω 之间。具体要求应符合 GB 6650《计算机机房用活动地板技术条件》

标准。

9) 墙面

墙面应选择不易产生尘埃，也不易吸附尘埃的材料，并且还需要在平滑的墙壁涂阻燃漆，或在平滑的墙壁覆盖耐火的胶合板。

10) 顶棚

为便于吸噪声和布置照明灯具，设备顶棚一般在建筑物梁下加一层吊顶。吊顶材料应满足防火、防静电、防潮、防尘等要求。

11) 隔断

根据设备间放置的设备及工作需要，可用玻璃将设备间隔成若干个房间。隔断可以选用防火的铝合金或轻钢作龙骨架，安装 10 mm 厚的玻璃。或从地板面至 1.2 m 处安装难燃双塑板，在离地板 1.2 m 以上的部分安装 10 mm 厚的玻璃。

12) 火灾报警及灭火设施

A、B 类设备间应设置火灾报警装置。在机房内、基本工作房间、活动地板下、吊顶地板下、吊顶上方、主要空调管道中及易燃物附近部位应设置烟雾传感器和温感探测器。

· A 类设备间内设置卤代烷 1211、1301 自动灭火系统，并备有手提式卤代烷 1211、1301 灭火器。

· B 类设备间在条件允许的情况下，应设置卤代烷 1211、1301 自动消防系统，并备有卤代烷 1211、1301 灭火器。

· C 类设备间应备置手提式卤代烷 1211 或 1301 灭火器。

A、B、C 类设备间除纸介质等易燃物质外，禁止使用水、干粉等易产生二次破坏的灭火剂。

3.3.6　建筑群子系统的设计

1. 概述

建筑群子系统将一座建筑物中的电缆(或光缆)延伸到另外一些建筑物中的通信设备和装置上，包括铜缆、光缆和防止电缆的浪涌电压进入建筑物的电气保护设备，如图 3.19 所示。

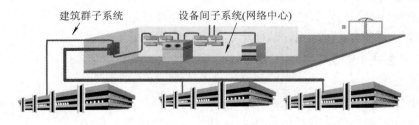

图 3.19　建筑群子系统

2. 布线设计步骤及其要点

常见的建筑群子系统布线设计步骤如下：

1) 确定铺设现场的要点

(1) 确定整个工地的面积。

(2) 确定工地的地界。

(3) 确定需要实施布线的建筑物的数量。

2) 确定线缆系统的一般参数

(1) 确认起点位置。

(2) 确认端接点位置。

(3) 确认涉及的建筑物和每座建筑物的层数。

(4) 确定每个端接点所需的双绞线对数或光纤芯数量。

(5) 确定有多个端接点，每座建筑物所需的双绞线总对数或光纤芯数量。

3) 确定建筑物的线缆入口

(1) 对于现有建筑物，要确定各个入口管道的位置；每座建筑物有多少入口管道可供使用；入口管道数目是否满足系统的需要。

(2) 如果入口管道不够用，则要确定在移走或重新布置某些电缆时，是否能腾出某些入口管道；在不够用的情况下应另装多少入口管道。

(3) 如果建筑物尚未建起来，则要根据选定的电缆路由完善电缆系统设计，并标出入口管道的位置；选定入口管道的规格、长度和材料；在建筑物施工过程中安装好入口管道，建筑物入口管道的位置应便于连接公用设备；根据需要在墙上穿过一根或多根管道。

4) 确定明显障碍物的位置

(1) 确定土壤类型：砂质土、黏土、砾土。

(2) 确定线缆的布线方案，光缆和电缆布线方式不同。

(3) 确定地下公用设施的位置。

(4) 查清拟定的线缆路由中沿线的各个障碍物或地理条件，如铺路区、桥梁等。

(5) 确定对管道的要求。

5) 确定主线缆路由和备用线缆路由

(1) 对于每一种待定的路由，确定可能的线缆结构。

(2) 所有建筑物共用一根电缆。

(3) 对所有建筑物进行分组，每组单独分配一根线缆。

(4) 每座建筑物单用一根线缆。

(5) 查清在线缆路由中哪些地方需要获准后才能通过。

(6) 比较每个路由的优缺点，从而选定最佳路由方案。

6) 选择所需线缆类型和规格

(1) 线缆长度。

(2) 画出最终的结构图。

(3) 画出选定路由位置和挖沟详图，包括公用道路图或任何需要经审批才能动用的地区的草图。

(4) 确定入口管道的规格。

(5) 选择每种设计方案所需的专用电缆。

(6) 电缆中线号、双绞线对数和长度应符合有关要求。

(7) 应保证线缆可进入入口管道。

(8) 如果需用钢管，应注意其规格、长度和类型。

7) 确定每种方案所需的劳务成本

(1) 确定布线时间：包括迁移或改变道路、草坪、树木等所花的时间；如果使用管道区，应包括铺设管道和穿电缆的时间；电缆接合时间；其他时间，如除去旧电缆、避开障碍物所需的时间。

(2) 计算总时间。

(3) 每种设计方案的劳务成本为总时间乘以当地的工时费。

8) 确定每种方案所需的材料成本

(1) 确定线缆成本：确定每英尺的成本；参考有关布线材料表；针对每根线缆查清每100 m(英尺)的成本；将每米(英尺)的成本乘以米(英尺)数得到线缆成本；

(2) 确定所有支持结构的成本：查清并列出所有的支持结构；根据价格表查明每项用品的单价；将单价乘以所需的数量得到成本。

(3) 确定所有支撑硬件的成本。

9) 选择最经济、最实用的设计方案

(1) 把每种选择方案的劳务费用成本加在一起，得到每种方案的总成本。

(2) 比较各种方案的总成本，选择成本较低者。

(3) 确定比较经济的方案是否有重大缺点，以致抵消了经济上的优点。如果发生这种情况，应取消此方案，考虑经济性较好的设计方案。

3．布线方法

根据调研很多网络系统集成和专业综合布线公司，其建筑群子系统通常有 4 种布线方法。

1) 架空线缆布线

架空安装方法通常只用于现成电线杆，而且电缆的走法不是主要考虑内容的场合，从电线杆至建筑物的架空进线距离以不超过 30 m(100 ft)为宜。建筑物的电缆入口可以是穿墙的电缆孔或管道。入口管道的最小口径为 50 mm(2 in)。建议另设一根同样口径的备用管道，如果架空线的净空有问题，可以使用天线杆型的入口。该天线的支架一般不应高于屋顶1200 mm(4 ft)。如果超过这个高度，就应使用拉绳固定。此外，天线杆型入口杆高出屋顶的净空间应有 2400 mm(8 ft)，该高度正好使工人可摸到电缆。通信线缆与电力电缆之间的距离必须符合我国室外架空线缆的有关标准。架空线缆通常穿入建筑物外墙上的 U 形钢保护套，然后向下(或向上)延伸，从线缆孔进入建筑物内部，线缆入口的孔径一般为 50 mm，建筑物到最近处的电线杆的间距通常应小于 30 m。

2) 直埋线缆布线

直埋布线法优于架空布线法，不能把任何一个直埋施工结构的设计或方法看作是最好的方法或唯一方法。在选择某个设计或将几种设计进行组合时，重要的是采取灵活的、可维护、易施工的设计方法。这种方法既要适用，又要经济。直埋布线的选取和布局实际上是针对每项作业对象专门设计的，并且必须对各种方案进行工程研究后再作出决定。

在选择最灵活、最经济的直埋布线线路时，主要的物理因素如下：

· 土质和地下状况。

· 天然障碍物，如树林、石头以及不利的地形。

- 其他公用设施(如下水道、水、气、电)的位置。
- 现有或未来的障碍,如游泳池、修路。

随着技术的发展,话音电缆和电力电缆埋在一起的情况将日趋普遍,这样的共用结构要求有关部门从筹划阶段直到施工完毕,以至未来的维护工作中密切合作。虽然这种协作会增加一些成本,但是,这种共用结构使今后的布线工程的协作更加方便。

室外布线必须遵守所有的法令和公共法则。有关直埋电缆所需的各种许可证书应妥善保存,以便在施工过程中可立即取用。

需要申请许可证书的事项如下:

- 挖开街道路面。
- 关闭通行道路。
- 把材料堆放在街道上。
- 使用炸药。
- 在街道和铁路下面推进钢管。
- 电缆穿越河流。

3) 管道系统线缆布线

管道系统的设计方法就是把直埋电缆设计原则与管道设计步骤结合在一起。当设计建筑群管道系统时,还要考虑接合井。在建筑群管道系统中,接合井的平均间距约 180 m (600 ft),或者在主结合点处设置接合井。接合井可以是预制的,也可以是现场浇筑的。应在结构方案中标明使用哪一种接合井、结合井为哪种类型服务。

4) 隧道内线缆布线

在建筑物之间通常有地下通道,大多是供暖供水的,利用这些通道来铺设电缆不仅成本低,而且可利用原有的安全设施。如考虑到暖气泄漏等问题,电缆安装时应与供气、供水、供暖的管道保持一定的距离,安装在尽可能高的地方,可根据民用建筑设施的有关条例进行施工。

以上 4 种布线方法的对比如表 3.13 所示。

表 3.13　4 种布线方法的优缺点

方法	优 点	缺 点
管道系统	提供最佳的机构保护;任何时候都可铺设电缆;电缆的铺设、扩充和加固都很容易;保持建筑物的外貌	挖沟、开管道和入孔的成本很高
直埋	提供某种程度的机构保护;保持建筑物的外貌	挖沟成本高;难以安排电缆的铺设位置;难以更换和加固
架空	如果本来就有电线杆,则成本最低	没有提供任何机械保护;灵活性差;安全性差;影响建筑物的美观性
隧道内	保持建筑物的外貌,如果本来就有隧道,则成本最低、且安全	热量或泄漏的热水可能会损坏电缆;可能被水淹没

3.3.7　进线间子系统的设计

建筑群主干电缆和光缆、公用网和专用网电缆、光缆及天线馈线等室外缆线进入建筑物时,需设立进线间。它可以作为入口设施和建筑群配线设备的安装场地。一幢建筑物宜设置 1 个进线间，一般位于地下层，外线宜从两个不同的路由引入进线间，有利于与外部管道沟通。参照 GB 50311—2016 标准，进线间的设计要求如下：

(1) 进线间应设置管道入口。

(2) 进线间应满足缆线的铺设路由、成端位置及数量、光缆的盘长空间和缆线的弯曲半径、充气维护设备、配线设备安装所需要的场地空间和面积。

(3) 进线间的大小应按进线间的进局管道最终容量及入口设施的最终容量设计。同时应考虑满足多家电信业务经营者安装入口设施等设备的面积。

(4) 进线间宜靠近外墙和在地下设置，以便于缆线引入。进线间设计应符合下列规定：

- 进线间应防止渗水，宜设有抽排水装置。
- 进线间应与布线系统垂直竖井沟通。
- 进线间应采用相应防火级别的防火门，门向外开，宽度不小于 1000 mm。
- 进线间应设置防有害气体措施和通风装置，排风量按每小时不小于 5 次容积计算。

(5) 与进线间无关的管道不宜通过。

(6) 进线间入口管道口所有布放缆线和空闲的管孔应采取防火材料封堵，做好防水处理。

(7) 在进线间安装配线设备和信息通信设施时，应符合设备安装设计的要求。

3.3.8　电气保护设计

电气保护是为了尽量减少电气故障，减少对综合布线系统的线缆和接插件的损害，也避免电气故障对综合布线系统所连接的设备和器件的损坏。电气保护主要表现在防止电磁场的干扰、冲击电压干扰、静电干扰、雷击和其他干扰。根据 GB 50311—2016《综合布线系统工程设计规范》标准和 TIA/EIA-607《商业建筑中电信布线接地及连接要求》，进行综合考虑，简要叙述如下：

(1) 当综合布线区域内存在的电磁干扰场强大于 3 V/m 时，应采取防护措施。

(2) 当附近电动机、电力变压器等电气设备可能产生高电平电磁干扰的时候，应保持必要的间距。综合布线电缆与电力电缆的间距参考值应符合表 3.14 的规定。

表 3.14　综合布线电缆与电力电缆的间距参考值

类　别	与综合布线接近状况	最小净距/mm
380 V 电力电缆(<2 kV·A)	与缆线平行敷设	130
	有一方在接地的金属线槽或钢管中	70
	双方都在接地的金属线槽或钢管中	10
380 V 电力电缆(2～5 kV·A)	与缆线平行敷设	300
	有一方在接地的金属线槽或钢管中	150
	双方都在接地的金属线槽或钢管中	80
380V 电力电缆(>5 kV·A)	与缆线平行敷设	600
	有一方在接地的金属线槽或钢管中	300
	双方都在接地的金属线槽或钢管中	150

(3) 墙上铺设的综合布线电缆、光缆及管线与其他管线的间距应符合表 3.15 的规定。

表 3.15　墙上铺设的综合布线电缆、光缆及管线与其他管线的间距值

其他管线	最小平行净距/mm	最小交叉净距/mm
	电缆、光缆或管线	电缆、光缆或管线
避雷引下线	1000	300
保护地线	50	20
给水管	150	20
压缩空气管	150	20
热力管(不包封)	500	500
热力管(包封)	300	300
煤气管	300	20

注意：墙壁电缆铺设高度超过 6000 mm 时，与避雷引下线的交叉净距应按 $S \geqslant 0.05L$ 计算，其中 S 指交叉净距(mm)，L 指交叉处避雷引下线距地面的高度(mm)。

(4) 当综合布线系统采用屏蔽措施时，必须有良好的接地系统，并应符合下列规定：

· 保护地线的接地电阻值，单独设置接地体时，不应大于 4 Ω，采用联合接地体时，不应大于 1 Ω。

· 采用屏蔽布线系统时，所有屏蔽层应保持连续性。

· 采用屏蔽布线系统时，屏蔽层的配线设备(FD 或 BD)端必须良好接地，用户(终端设备)端应视具体情况而定，但宜接地，两端的接地应连接至同一接地体。若接地系统中存在两个不同的接地体时，其接地电位差不应大于 1 Vrms(Vrms 表示电压有效值)。

(5) 采用屏蔽布线系统时，每一楼层的配线柜都应采用适当截面的铜导线单独布线至接地体，也可采用竖井内集中用铜排或粗铜线引到接地体，导线或铜导体的截面应符合标准，接地导线应接成树状结构的接地网，避免构成直流环路。

(6) 综合布线的电缆采用金属槽道或钢管铺设时，槽道或钢管应保持连续的电气连接，并在两端有良好的接地。

(7) 干线电缆的位置应尽可能位于建筑物的中心位置。

(8) 当电缆从建筑物外面进入建筑物内时，电缆的金属护套或光缆的金属件均应有良好的接地，应采用过压、过流保护措施，并符合相关防雷规定。

(9) 综合布线系统有源设备的正极或外壳，与配线设备的机架应绝缘，并用单独导线引至接地汇流排、与配线设备、电缆屏蔽层等接地，宜采用联合接地方式。

(10) 根据建筑物的防火等级和对材料的耐火要求，综合布线应采取相应的措施，在易燃的区域和大楼竖井内布放电缆或光缆，应采用阻燃的电缆或光缆；在大型公共场所宜采用阻燃、低烟、低毒的电缆或光缆；相邻的设备间或交接间应采用阻燃型配线设备。

3.4　工程测试与验收

测试和验收通常是用户方委托第三方服务商测试和验收综合布线工程，是用户对工程施工工作的认可。检查工程施工是否符合设计和符合有关施工规范，是综合布线工程最重要的一道关口。因此第三方服务商要致力于维护客户利益，需要明确工程是否达到了原来的设计目标，质量是否符合要求，有没有不符合原设计的有关施工规范的地方。当用户将工程测试和验收职责交于服务商时，服务商应该要以负责的态度和规范的流程实施服务。

3.4.1　测试与验收的标准和依据

为了使测试与验收工作的开展更加标准化，需要注意以下几个方面：

(1) 遵循委托方与施工方签订的合同书及补充的相关协议。

(2) 遵循本项目的招标文件。

(3) 施工方的设计与施工方案稳当。

(4) 根据国家和国际标准进行综合布线测试和验收，比如 EIA/TIA-568 和 TSB-67 等。

(5) 遵循本项目相关产品厂商施工规范说明文档。

(6) 遵循本项目涉及的相关国际、国内标准或规范，比如 ISO/IEC 11801、GB 50311—2016 和 GB 50312—2016。

3.4.2　测试与验收工作

1．准备工作流程

测试与验收工作是相互关联在一起的，需要做如下准备工作：

(1) 验收方实地考察该项目所在地，详细了解该项目的情况。出具"工程验收实地考察报告"文档。

(2) 验收方与委托方协商并制定"验收计划书"。"验收计划书"包括以下内容：

· 施工方提交工程竣工日程安排的文档。

· 审核工程竣工日程安排的文档。

· 现场测试日程安排及"测试大纲"，它包括工程测试内容和测试的标准和依据。

· 验收会日程安排文档。

(3) 书面通知施工方提交工程竣工文档：

· 施工方应准备的工程竣工文档。

· 委托方应准备的文档。

(4) 审核工程竣工文档。

2．现场验收和测试

验收和测试有物理验收和文档验收两种情况，其中物理验收有竣工后和施工过程中的验收与检查，内容简要如下：

1) 现场(物理)验收

(1) 工作区子系统的验收：

- 线槽走向、布线是否美观大方，符合规范。
- 信息座是否按规范进行安装。
- 信息座安装是否都做到一样高、平、牢固。
- 信息面板是否固定牢靠。

(2) 水平区子系统的验收：
- 槽安装是否符合规范。
- 槽与槽之间、槽与槽盖之间是否接合良好。
- 托架、吊杆是否安装牢靠。
- 水平干线与垂直干线，以及工作区交接处是否出现裸线？是否按照规范制作？
- 水平干线槽内的线缆有没有固定。

(3) 干线子系统的验收：垂直干线子系统的验收除了要验收水平干线子系统的验收内容外，还要检查楼层与楼层之间的洞口是否封闭，以防成为火灾隐患。应检查线缆是否按间隔要求固定，拐弯线缆是否留有弧度。

(4) 管理间、进线间、设备间子系统验收，主要检查设备安装是否规范整洁。

2) 工程实施中随时验收的内容

(1) 施工过程中甲方需要检查的事项：
- 环境要求。
- 施工材料的检查。
- 安全、防火要求。

(2) 检查设备安装：
- 机柜与配线面板的安装。
- 信息模块的安装。

(3) 双绞线电缆和光缆安装验收：
- 桥架和线槽安装验收。
- 线缆布线验收。

(4) 室外光缆的布线验收：
- 架空布线验收。
- 管道布线验收。
- 挖沟布线(直埋)验收。
- 隧道线缆布线验收。

(5) 线缆终端的安装验收。

3) 文档与系统测试验收

文档验收主要是检查施工方是否按协议或合同规定的要求施工，并交付所需要的文档。系统测试验收可对信息点有选择地测试，并出具线缆性能测试报告、设备验收报告、网络性能测试报告和网络系统功能测试报告，同时还应对测试结果进行分析，决定是否召开验收会。

测试的内容主要有：

- 线缆的性能测试。
- 光纤的性能测试。
- 设备验收。
- 网络性能测试。
- 网络系统功能测试。
- 安全、防火、接地验收。

3．召开验收会议

测试与验收通过后，验收方颁发工程竣工验收证书。

4．召开鉴定会议

鉴定是对工程施工的水平程度做评价。鉴定评价来自专家、教授组成的鉴定小组，用户只能向鉴定小组客观地反映使用情况，鉴定小组组织人员对新系统进行全面考察。鉴定小组将鉴定书提交给上级主管部门备案。鉴定会需要准备的材料主要有：

- 综合布线工程建设报告；
- 综合布线工程测试报告；
- 综合布线工程资料审查报告；
- 网络综合布线工程用户意见报告；
- 网络综合布线工程验收报告。

在验收、鉴定会结束后，将所交付的文档、验收报告、鉴定会上所使用的材料一起交给用户方的有关部门存档。

3.5　综合布线方案案例

为了与前面的内容相对应，便于我们理解和巩固综合布线系统的七大子系统设计，以某大学的主楼综合布线方案设计为例对综合布线进行说明。由于篇幅有限，所以主要讲解分析和设计，省略产品选型、具体施工和验收内容。

3.5.1　某大学主楼综合布线系统需求分析

某大学主楼楼高 20 层(地面以上)，建筑面积约 3.8 万平方米，是一栋新建的兼顾教室、实验室、行政办公室及部分会议室的学校型综合楼。考虑到应用及发展的需要，决定建筑物内以光纤为主干线采用传输数据信息，采用超五类线缆传输语音。因此水平区(语音、数据点)全部采用五类 UTP，以适应发展。对于语音点，水平与骨干系数比为 4∶1(而语音传输只需 1 对双绞线，但考虑到设计中用于语音传输的信息点为 1 根四对铜芯的水平双绞线，今后可以灵活地作为两路电话，因此在骨干线中预留 1 根 25 对电缆备用)。该方案中的数字(计算机)、数字图像统称为数据点，全部采用 COPARTNER 的超五类电缆，对于大楼的闭路电视信息点(CATV 和安全监控)，采用 COPARTNER 屏蔽同轴电缆。由于招标书中没有对 CATV 和监控点数进行区分，建议凡是有信息点的楼层，在较重要的区域安设一到两台安全监控点。

综上所述，某大学主楼信息点数及分布如表 3.16 所示。

表 3.16　大楼信息点及分布表　　　　　　　　个

楼层号	语音点(电话)数量	数字(计算机)数量	数字图像数量	闭路电视监控点	闭路电视(CATV)信息点
1	13	11	4	3	7
2	0	10	10	0	0
3	0	17	17	0	17
4	0	16	16	0	16
5	0	12	12	0	0
6	17	21	5	0	11
7	2	4	1	0	6
8	2	2	0	0	6
9	45	54	9	1	16
10	21	21	21	1	22
11	39	43	10	1	18
12	18	24	19	1	14
13	11	11	6	1	6
14	19	19	19	2	17
15	10	17	0	0	0
16	19	19	0	0	0
17	19	19	0	0	0
18	7	8	7	4	4
19	5	5	1	1	0
总计	247	333	157	15	160

根据表 3.16 的信息点分布情况,对于语音和数据点,在除 10 楼以外的每三个楼层采用一个 IDF 分配线间,即在 2 楼、5 楼、8 楼、12 楼、15 楼、18 楼安设 IDF 配线间,在 10 楼设置 MDF 主配线间。对于安全监控点,主控间设在 1 楼,每楼层的监控点均通过同轴电缆采用星形结构接至 1 楼主控间。CATV 则采用树状结构通过分配器分至各房间信息点,然后在 1 楼与广电公司的电缆相接。以上数字信息点、数字图像合称为数据信息点,方案中的所有数据点均采用 COPARTNER 公司的超五类 UTP 电缆。

3.5.2　综合布线系统设计

COPARTNER PDS 系统结构由以下七个部分组成。

1. 工作区子系统

工作区子系统由 RJ-45 插口模块及其连接到终端设备的连线组成。它包括连接软线、连接适配器和信息插座。常用器件为 RJ-45 插口模块,RJ-45 插口模块按传输性能的不同分多种级别。目前三类和五类使用的较多。

(1) CM-1101：超五类 RJ-45 插口模块。它是按 ISDN 应用要求而设计的 8 脚插座。它使用 EIA/TIA-T568A 和 EIA/TIA-T568A 线缆标号。电气及机械特性：

- 数据传输率为 100 Mb/s 和 155 Mb/s 的，绝缘电阻为 500 MΩ。
- 额定电流 1.5 A(20C)。温度范围：−40～66℃。
- 机械尺寸：长 2.03 cm，宽 2.03 cm，高 3.05 cm。
- 能与 22、23、24、26 号线连接。

(2) CM-2101：六类 RJ-45 插口模块。它为高速局域网的布线而设计。适应 622～1000 Mb/s 的数据传输速率。即按 6 类 EIA/TIA 568 标准而设计的 CM-2101 应按 EIA/TIA-T568A 或 568B 绕线标号。

电气及机械特性规范：

- 超五类数据速率：10 Mb/s、16 Mb/s、100 Mb/s，最高 622 Mb/s 的速率最大可传输 100 m。
- 绝缘电阻 500 MΩ。额定电流 1.5 A。
- 接触力：99.2 g。温度范围：−40～66℃。
- 能连接 22、23、24、26 号非屏蔽双绞线。

设计中数据采用了全部超五类系统，因此模块全选用超五类模块。闭路电视全部采用国产接头模块，同轴线采用 COPARTNER 的 SYV-75 系列，参考"大楼信息点及分布表"，该布线系统中共计 737 个超五类模块，160 个闭路电视接头模块。

2. 水平子系统

水平子系统由非屏蔽双绞线组成，目的是将干线子系统线路延伸到工作区子系统，当需要更高传输速率时，我们可以采用光缆。常用器件为非屏蔽双绞线，用于水平布线的非屏蔽双绞线用于连接局域网，非屏蔽双绞线按性能分为超五类与六类。即 CX-3030 和 CX-4030。每一条电缆都有 4 对铜芯线。其中，CX-3030 为超五类非屏蔽双绞线，线对数为 4 对，符合 EIA/TIA-568 标准，外径为 0.56 cm。每 100 m 双绞线最大直流电阻为 9.38 Ω，每 100 m 耦合电容为 4.59 NF(1 kHz 时)，每 100 m 最高传输速率为 622 Mb/s。

设计线缆的时候，根据平均长度结合工程经验预留了 10%的富余量。根据表 3.17，可以计算出所需要的线缆箱数量。

表 3.17　线缆长度分布表

楼层号	超五类电缆/根 数据和语音	平均距离/m 数据和语音	距离 /m	楼层号	超五类电缆/根 数据和语音	平均距离/m 数据和语音	距离 /m
1	28	65	1820	11	92	65	5980
2	20	60	1200	12	61	60	3660
3	34	65	2210	13	28	65	1820
4	32	65	2080	14	57	65	3705
5	24	60	1440	15	27	60	1620
6	43	65	2795	16	38	65	2470
7	7	65	455	17	38	65	2470
8	4	60	240	18	22	60	1320
9	108	65	7020	19	11	65	715
10	63	60	3780	总数	737	1200	46 800

按照公式计算，共用 154 箱超五类水平线缆。

3. 管理子系统

它由配线架、绕线架和跳线组成。垂直干线和水平子系统通过管理子系统相连接。常用器件为配线架及跳线。本例选用 COPARTNER 的 110 型配线架，该配线架有 100 对、300 对和 50 对几种型号。它主要用于端接和连接电缆，将布线系统连成完整的回路，并担任整个系统的管理点的关键角色，实现诸如调整信息点应用功能、改变物理网络拓扑结构等功能。配线架应用如图 3.20 所示。

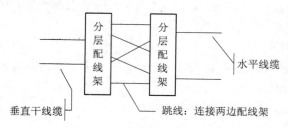

图 3.20 配线架应用示意图

考虑到易操作性及经济性，分层配线架采用 CD-9110、CD-6510 配线架，通信、计算机机房采用 CD-6510 配线架，并在分层配线架旁配置光纤配线架。方案中 IDF 采用了 CD-9110 配线架，光纤配线架采用了 CDF-Q8012，MDF 采用了 CD-6510，光纤配线架采用了 CDF-J8024 机架式配线架，可以很方便地堆叠使用，增加光纤接头数目。具体计算如表 3.18 所示。

表 3.18 配线架分布及数量

楼层	管理层面	编号	配线架数量/个
2	1F、2F、3F	IDF1	CD-9110 × 5 CDF-Q8012 × 1
5	4F、5F、6F	IDF2	CD-9110 × 5 CDF-Q8012 × 1
8	7F、8F、9F	IDF3	CD-9110 × 6 CDF-Q8012 × 1
12	11F、12F、13F	IDF4	CD-9110 × 9 CDF-Q8012 × 1
15	14F、15F、16F	IDF5	CD-9110 × 6 CDF-Q8012 × 1
18	17F、18F、19F	IDF6	CD-9110 × 4 CDF-Q8012 × 1
10	10F	MDF	CD-6510 × 2 CDF-J8024 × 3

经过统计和计算，系统中共用 35 个 CD-9110 配线架、2 个 CD-6510 配线架；6 个 CDF-Q8012 墙上型光纤配线架、3 个 CDF-J8024 机柜型配线架。

4．干线子系统

干线子系统用于连接分配线架与主配线架，它提供主干线电缆的路径，主要由光缆或铜线组成，并提供楼层之间及与外界通信的通道。常用器件为大对数电缆和光缆。

用于水平布线的非屏敝双绞线用于连接局域网，按性能分也有超五类，即 25 对 CX-5025、50 对 CX-5050 和 100 对 CX-5010。

(1) 超五类非屏敝双绞线，线对数为 25 对，最高传输速率为每 100 m 622 Mb/s。

(2) 采用了 CX-5025 的五类大对数主干电缆和 CDF-INP-008M 室内 8 芯多模光纤。

具体电缆、光缆长度和根数量如表 3.19 所示。

表 3.19　垂直干线线缆计算表

所属区域	管理范围	超五类 25 对/根	8 芯光纤/根	平均距离/m	25 对距离/m	光纤距离/m
2	1F、2F、3F	1	1	50	50	50
5	4F、5F、6F	1	1	30	30	30
8	7F、8F、9F	3	1	15	45	15
12	11F、12F、13F	3	1	15	45	15
15	14F、15F、16F	2	1	30	60	30
18	17F、18F、19F	2	1	50	100	50
总数		12	6		330	190

5．设备子系统

设备子系统由设备间中的电缆、适配器及相关的硬件组成，用于把公共设备网中各种不同的设备连接起来。

6．建筑群子系统

它将一座建筑物中的电缆延伸到另外一些建筑物中的通信设备和装置上，包括铜缆、光缆和防止电缆的浪涌电压进入建筑物的电气保护设备。

(1) 主楼至学校网络中心铺设一根 8 芯单模光纤(约 1000 m)；

(2) 主楼至学校图书馆、校图书馆至学校网络中心各铺设一根 8 芯多模光纤(小于 1000 m)；

校图书馆、学校网络中心的建筑入口均需要相应的光纤配线架接入光纤。在方案中各选用一个 CDF-Q8012 光纤配线架完成。

7．主楼 PDS 系统图

通过分析、设计后，得到相应的各楼层所需的模块数量及模块型号，以及哪些楼层应建立 IDF 或者主 MDF，如图 3.21 所示。

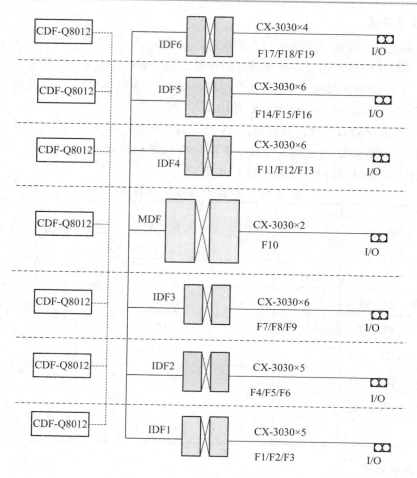

图 3.21　主楼综合系统结构简图

◆ ◆ ◆ 本 章 小 结 ◆ ◆ ◆

　　本章主要介绍综合布线中的传输介质和 GB 50311—2016 标准的七个子系统的设计,以及测试与验收工作的相关内容。传输介质主要为双绞线和光缆,介绍了依据 EIA/TIA-568 标准制作双绞线;介绍了光缆的分类,常见分类为单模和多模光纤,同时介绍了如何编制光缆的型号。在设计七个子系统时,其内容、方法和注意事项是综合布线系统的重点。本章讲解了电气保护系统设计的注意事项。工程测试与验收的各项内容是工程成败的关键,本章的后续部分也对此给予了说明。

习题与思考

1. 如何制作 EIA/TIA-568A 和 EIA/TIA-568B 标准的双绞线?

2．光纤分类有哪些？如何理解多模光纤和单模光纤及其应用场合？如何认识光缆型号编制？

3．GB 50311—2016 标准综合布线系统一般有哪几个子系统？简要叙述各个子系统的任务和内容。

4．简要说明垂直干线子系统、设备子系统和管理间子系统应该做哪些工程工作。

5．建筑群子系统布线设计内容和要求以及注意事项是什么？

6．如何完成工程测试与验收？

局域网组网技术

【内容介绍】

在本章讨论局域网方案设计中主要用到的网络技术，包括局域网的相关基础知识，局域网交换机技术及交换机设备选型，VLAN技术中标准IEEE 802.1Q和Cisco ISL协议知识，交换机链路聚合知识，无线局域网技术知识，VoIP技术知识，常见的广域网接入技术知识。

4.1　局域网基础知识

4.1.1　局域网的组成

局域网(Local Area Network，LAN)由某一区域内的若干台计算机组成，最终目的为实现资源共享。局域网的地理范围大小通常可以小到一个房间，大到几千米以内(比如某学校、某工厂、某园区)。局域网可以实现文件管理、应用软件共享、打印机共享、工作组内的日程安排、电子邮件和传真通信、VoIP语音、视频、安全监控服务等功能。局域网在某种意义上是封闭型的，可以由办公室内的两台计算机组成，也可以由某单位内的更多的计算机组成，来实现内部资源共享。如果需要局域网与外界通信，可以让局域网的某一网络接口接入网络运营商(比如电信网络、移动网络等)。

局域网是由网络硬件(包括网络服务器、网络工作站、网卡、网络互联设备等)和网络传输介质，以及网络软件所组成的网络系统，如图4.1所示。

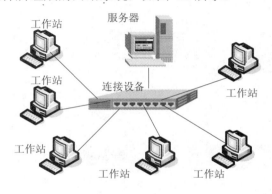

图4.1　常见的局域网系统

4.1.2 局域网的分类

局域网的分类方式较多，可以按传输介质分类，也可以按照拓扑结构分类。根据本章节所要讲解内容的需要，下面根据工作方式和分组结构的不同，可以将局域网分为令牌网、FDDI、ATM 局域网和以太网等。

1. 令牌网

环形网络曾在局域网和广域网中得到了广泛应用，这是因为环形网络具有其独特的性能优势。环形网络仅是一个逻辑上的概念，它可使用同轴电缆、双绞线和光纤等多种传输介质来组成总线型、星形等多种网络拓扑，可以提供多种带宽，从而满足不同的用户需要。

令牌网一般指令牌环网(Token Ring Network)和令牌总线网(Token Bus Network)，其中基于 IEEE 802.4 标准的令牌总线网的物理结构为总线型，而站点之间组成一个逻辑上的环形结构，令牌(是指一种物理的帧)在逻辑环上运行，其运行原理与令牌环网基本一样。令牌环网最早于 1969 年由贝尔实验室研制，后来被 IBM 公司运用到自己的局域网中，称为 IBM 令牌环网。基于 IEEE 802.5 标准的令牌环网与 IBM 公司的令牌环网之间是兼容的。目前，令牌网的应用已被淘汰。

2. FDDI

FDDI 以光纤作为传输介质，它的逻辑拓扑结构是一个环，更确切地说是逻辑计数循环(Logical Counter Rotating Ring)，它的物理拓扑结构以环形为主，也可以是树状或星形的环。

早期，FDDI 被广泛应用于校园网的主干线路，用于连接分布在不同建筑物和不同场地的多种类型的局域网。与 IEEE 802.5 令牌网类似，FDDI 也采用令牌环协议。但 IEEE 802.5 使用单帧发送形式，在一个环中只有一个帧(令牌帧或数据帧)；而在 FDDI 中采用了多帧发送形式，在同一环中同时有多个帧在运行(但令牌帧只有一个)，很显然，FDDI 的传输效率要比 IEEE 802.5 高。FDDI 属于一种被淘汰的技术，在局域网中已经很少见到。

3. ATM 局域网

电路交换和分组交换是目前网络中存在的两大交换技术，其中电路交换的实时性很强，但电路交换在数据速率较大时所需要的系统开销较大；分组交换的灵活性很强，可以适应于多种类型的网络，但当分组交换的数据速率较大时，数据传输的时延将会增大。而异步传输模式(Asynchronous Transfer Mode，ATM)正好综合了电路交换和分组交换的优点，可以对高速宽带信息进行交换。

ATM 是结合了电路交换和分组交换的一种交换技术，它同时具有电路交换和分组交换的优点，目前在一些对实时通信要求较高的应用中，经常使用 ATM 局域网。

4. 以太网

以太网(Ethernet)是在 20 世纪 70 年代中期由 Xerox(施乐)公司 Palo Alto 研究中心推出的。由于相关介质技术的发展，Xerox 可以将许多机器相互连接，这就是以太网的原型。后来，Xerox 公司推出了带宽为 2 Mb/s 的以太网，又与 Intel 和 Digital 公司合作推出了带宽为 10 Mb/s 的以太网，这就是通常所称的以太网Ⅱ或以太网 DIX(Digital、Intel 和 Xerox)，有时也写成 DIX Ethernet V2。本章及以后章节主要介绍的局域网都是以太网，以太网是目前网络应用中最为普遍的技术。

4.1.3　以太网

以太网(Ethernet)是一种产生较早，并且是目前应用相当广泛的局域网，以太网在物理层可以使用粗同轴电缆、细同轴电缆、非屏蔽双绞线、屏蔽双绞线、光纤等多种传输介质，并且 IEEE 802.3 标准为不同的传输介质制定了不同的物理层标准。下面对其中的 10Base-5、10Base-2、10Base-T、快速以太网、千兆以太网和万兆以太网分别进行介绍。

1．10Base-5

10Base-5 也称为粗缆以太网，其中，"10"表示信号的传输速率为 10 Mb/s，"Base"表示信道上传输的是基带信号，"5"表示每段电缆的最大长度为 500 m。10Base-5 采用曼彻斯特编码方式。采用直径为 0.4 英寸，阻抗为 50 Ω 的粗同轴电缆作为传输介质。10Base-5 的组网主要由网卡、中继器、收发器、收发器电缆、粗缆、端接器等设备组成。在粗缆以太网中，所有的工作站必须先通过屏蔽双绞线电缆与收发器相连，再通过收发器与干线电缆相连，粗缆以太网的一个网段中最多容纳 100 个工作站，工作站到收发器的最大距离为 50 m，收发器之间的最小间距为 2.5 m。

10Base-5 在使用中继器进行扩展时也必须遵循"5-4-3-2-1"规则。因此 10Base-5 网络的最大长度可达 2500 m，最大主机规模为 300 台。粗缆网中的粗铜缆较贵，同时要求每一个工作站都配置一个收发器和收发器电缆，因此组网成本较高，目前网络中不再采用了。

"5-4-3-2-1"规则如图 4.2 所示。具体说明如下：
(1) 一个网段最多只能分 5 个子网段(每网段长 500 m)；
(2) 一个网段最多只能有 4 个中继器；
(3) 一个网段最多只能有 3 个子网段含有 PC；
(4) 另两个网段除了作中继器间链路外，不能接任何节点。

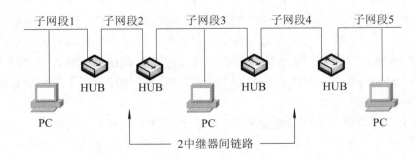

图 4.2　"5-4-3-2-1"规则

2．10Base-2

10Base-2 又称为细缆以太网，"2"表示每段电缆的最大长度接近 200 m。编码仍采用曼彻斯特编码方式。细缆以太网采用直径为 0.2 英寸，阻抗为 50 Ω 的同轴电缆作为传输介质。10Base-2 组网由网卡、T 型连接器、细缆、端结器、中继器等设备组成，10Base-2 网卡提供 BNC 接口，采用 T 型连接器将两段同轴电缆和网卡的 BNC 接口连接起来(T 型连接器与网卡上的 BNC 接口之间是直接连接，中间没有接任何电缆)。在网段的两端安装上终结器。每一个网段的最远距离为 185 m，每一干线段中最多能安装 30 个站。工作站之间的最小距离为 0.5 m。

细缆以太网价格便宜，连接方便，但其可靠性较差，尤其是 BNC 及 T 型接头的连接处很容易由于接触不良而出现故障，而且某一站点的接头故障都可能导致整个网络瘫痪，不便于维护，目前，网络组网技术不再采用细缆以太网。

3. 10Base-T

10Base-T 是目前以太网中最常用的一种标准。它与前面两种标准之间最大的差异在于使用双绞线作为传输介质。

10Base-T 以太网一经出现就得到了广泛的认可和应用，与 10Base-5 和 10Base-2 相比，10Base-T 以太网有如下特点：

(1) 安装简单、扩展方便；网络的建立灵活、方便，可以根据网络的大小，选择不同规格的 HUB 或交换机连接在一起，形成所需要的网络拓扑结构。

(2) 网络的可扩展性强。因为扩充与减少工作站都不会影响或中断整个网络的工作。

(3) 集线器或交换机具有很好的故障隔离作用。当某个工作站与中央节点之间的连接出现故障时，也不会影响其他节点的正常运行；甚至当网络中某一个集线器或交换机出现故障时，也只会影响到与该集线器或交换机直接相连的节点。

应该指出，10Base-T 的出现对于以太网技术的发展具有里程碑式的意义。第一，10Base-7 首度将星形拓扑引入了以太网中；第二，它突破了双绞线不能进行 10 Mb/s 以上速度传输的传统技术限制；第三，在后期发展中，引入了第二层交换机取代第一层集线器作为星形拓扑的核心，从而使以太网从共享以太网时代进入到了交换以太网阶段。目前，网络设备仍然支持 10Base-T。

4. 快速以太网(100 Mb/s)

快速以太网技术 100Base-X 是由 10Base-T 标准以太网发展而来，主要解决网络带宽在局域网络应用中的瓶颈问题。其协议标准为 1995 年颁布的 IEEE 802.3u，它可支持 100 Mb/s 的数据传输速率，并且与 10Base-T 一样可支持共享式与交换式两种使用环境，在交换式以太网环境中可以实现全双工通信。它保留了 10 Mb/s 以太网的帧格式。但是，为了实现 100 Mb/s 的传输速率，它在物理层作了一些重要的改进。例如，在通信编码上，没有采用曼彻斯特编码，而是采用了效率更高的 4B/5B 编码方式。

100 Mb/s 快速以太网线缆主要有 100Base-TX 和 100Base-FX 两种，其中 100Base-TX 和 10Base-T 一样，使用两对非屏蔽 5 类双绞线，其线缆连接规范和 10Base-T 相同，最大网段长度也是 100 m；100Base-FX 使用多模光纤作为介质，通常最大网段长度是 412 m。

快速以太网最大的优点是结构简单，实用、成本低，它现在成为了局域网的主流方式。对于 10 Mb/s 的以太网，只需要将交换机升级为 10 Mb/s 或 100 Mb/s 自适应交换机即可实现网络的平滑过渡。

5. 千兆以太网(1 Gb/s)

千兆以太网标准是对以太网技术的再次扩展，其数据传输率为 1000 Mb/s，即 1 Gb/s，因此也称其为吉比特以太网。千兆以太网基本保留了原有以太网的帧结构，所以向下和以太网与快速以太网完全兼容,从而使得某些 10 Mb/s 以太网或快速以太网可以方便地升级到千兆以太网。

千兆以太网的物理层包括 1000Base-SX、1000Base-LX、1000Base-CX、和 1000Base-T 4 个协议标准。前两个标准使用多模光纤,而后两个标准使用双绞线作为传输介质。

与快速以太网相比,千兆以太网有明显的优点。千兆以太网的速度是快速以太网的 10 倍,但其价格只有快速以太网的 2～3 倍,即千兆以太网具有更高的性能价格比。而且从现有的传统以太网与快速以太网可以平滑地过渡到千兆位以太网,并不需要掌握新的配置、管理与排除故障技术。在目前的一些大型局域网的主干连接中,绝大部分都使用了千兆以太网。

6. 万兆以太网(10 Gb/s)

在以太网技术中,快速以太网是一个里程碑,确立了以太网技术在桌面的统治地位。随后出现的千兆以太网更是加快了以太网的发展。然而以太网主要在局域网中占绝对优势,在很长的一段时间中,由于带宽以及传输距离等原因,人们普遍认为以太网不能用于城域网,特别是在汇聚层以及骨干层。1999 年底成立了 IEEE 802.3ae 工作组,进行万兆以太网技术(10 Gb/s)的研究,并于 2002 年正式发布 802.3ae 10GE 标准。万兆以太网不仅再度扩展了以太网的带宽和传输距离,更重要的是其使得以太网从局域网领域向城域网领域渗透。

万兆以太网的 IEEE 802.3ae 标准在物理层只支持光纤作为传输介质,但提供了两种物理连接类型。一种是提供与传统以太网进行连接的速率为 10 Gb/s 的 LAN 物理层设备,即 LAN PHY;另一种提供与 SDH/SONET 进行连接的速率为 9.58464 Gb/s 的 WAN 物理层设备,即 WAN PHY。

与传统的以太网不同,IEEE 802.3ae 仅仅支持全双工方式,不再提供对单工和半双工方式的支持,不采用 CSMA/CD 机制;IEEE 802.3ae 不支持自协商,可简化故障定位,并提供广域网物理层接口。

4.1.4　局域网 MAC 地址及管理办法

局域网上一般有很多工作站,每个工作站都会接收到各种各样的帧信息。那么,工作站怎样识别目标系统呢?怎样知道帧是否是属于它的呢?其实,在每个帧的头部都包含有一个目的 MAC 地址,这个地址就可以标识各个站点,并且可以告诉工作站某个帧是否是对其进行访问的。如果工作站发现目的 MAC 地址与其不匹配(这个帧访问的不是本工作站),工作站将对该帧不予处理。

介质访问控制(Media Access Control,MAC)地址,是厂商生产的网卡的地址,对于每一台设备是唯一的,该地址定义了计算机间的网络连接,记录在网络接口卡(Network Interface Card,NIC)上的硬件电路上。介质访问控制地址是由 12 位十六进制数(0～F)共 48 位表示,前 24 位标识网络接口卡的厂商,不同厂商生产的标识不同,后 24 位是由厂商指定的网络接口卡序列号。

例如,某台计算机网卡的 MAC 地址为 00-00-39-6C-9C-3E,在 Windows 命令提示符窗口中用 ipconfig/all 命令可以查看网卡的 MAC 地址,如图 4.3 所示。

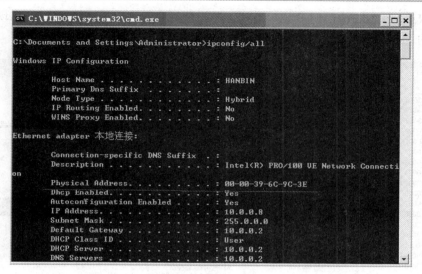

图 4.3　用 ipconfig/all 命令查看网卡的 MAC 地址

　　在局域网中使用全球唯一的由 IEEE 管理的 MAC 地址时，众多 MAC 地址看起来杂乱无章。用户可以为自己的网卡分配一个具有本地意义的地址。例如，可以将 MAC 地址划分成几个段，用于区分主机所在的建筑物、楼层和办公室。这种方法对检查网络故障所处位置非常有利，例如，在冲击波病毒发作时，通过检查数据包，先查出中毒主机的 IP 地址，然后通过 IP 地址查出主机网卡的 MAC 地址，这样就可以很快地查到哪个楼层的哪个办公室的哪个主机染上了病毒。

　　当然，本地分配 MAC 地址也带来了许多不利因素，有些人如果修改自己网卡的 MAC 地址，就有可能和网络上的其他主机的 MAC 地址产生冲突；同时这也加重了网络管理员的负担，他们必须手动地为每块网卡分配具有本地意义的 MAC 地址，当站点转移地点以后，他们也要重新为网卡分配 MAC 地址。

　　如何区分网卡的 MAC 地址到底是由 IEEE 分配的还是由管理员手动分配的呢？如图 4.4 所示，由 IEEE 分配的全球唯一的 MAC 地址的二进制的左数第七位为 0，而具有本地意义的 MAC 地址的相对应的位置上的值为 1。

图 4.4　MAC 地址的全球标识位

　　修改网卡 MAC 地址的常用方法是：

　　点击"开始"/运行，在出现的文本框中输入 regedit 打开注册表编辑器，定位到 HKEY_LOCAL_MACHINE\SYSTEM\CurrentControlSet\Control\Class\{4D36E972-E325-11CE-BFC1-08002BE10318}\0000、0001、0002 等主键下，查找 DriverDesc 的内容为用户要修改的网卡的描述(如 Intel(R) PRO/100 VE Network Connection)，在该主键下添加一个字符串

值，名为 NetworkAddress，选择该字符串，单击鼠标右键，选择"修改"，在出现的文本框中输入新的 MAC 地址，如图 4.5 所示，修改后重启系统生效。

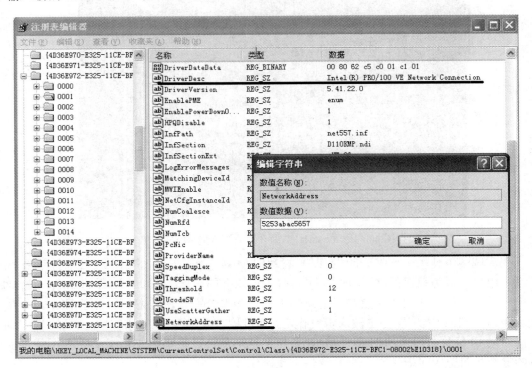

图 4.5　在注册表中修改网卡的 MAC 地址

4.2　局域网交换机及交换技术

随着网络技术的不断发展，交换机技术也得到了很大的提高，交换机已成为局域网中最重要的连接设备之一。交换机的基本功能包括物理编址及寻址、生成树、网络拓扑结构、错误校验、帧序列以及流量控制。目前，局域网交换机具有更多的一些高级功能，比如VLAN(虚拟局域网)的支持、ARP 防欺骗、链路汇聚的支持，甚至有的还具有路由和防火墙的功能。

4.2.1　局域网交换机的交换原理

局域网体系对应 OSI 参考模型的第一层和第二层(物理层和数据链路层)，而以太网交换式网络是基于物理层和数据链路层的，以太网交换机主要工作在 OSI 参考模型中的第二层(数据链路层)，它自身主要包括了中央处理器(CPU)、随机存储器(RAM)和操作系统，其中处理器利用 ASIC(专用集成电路)芯片使交换机以线速交换完成所有端口的数据转发。

由于以太网交换机工作在 OSI 参考模型的数据链路层，所以它可以为用户提供点对点的传输服务，有效地提高了网络的传输性能。目前的交换机主要为存储转发式的交换机，其工作方法是当交换机收到数据时，它会检查数据的目的地址，然后把数据从目的主机所在的接口(交换机的物理接口)转发出去，同时还需要持续构造和维护交换机的 MAC 地址表。这就涉及一个问题，交换机如何知道各用户的计算机连接到交换机的哪个物理接口上呢？可以通过如下内容来解答这个问题。

1. 交换机的 MAC 地址表

交换机的 MAC 地址表记录了交换机各物理接口所接网络终端(计算机)的 MAC 地址和接口编号所对应 MAC 地址的一张表。交换机就是根据这张 MAC 地址表进行寻址，进行数据转发的。如图 4.6 所示为 MAC 地址表示意图。

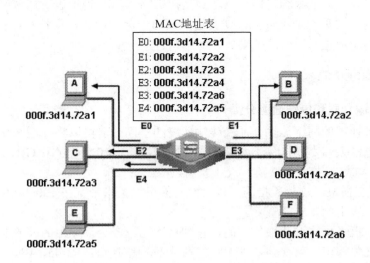

图 4.6　局域网中的交换机的 MAC 地址表示意图

2. MAC 地址表的构建过程

MAC 地址表的构建过程是交换机通过自学习的方法获得的。当交换机收到一个数据帧时，先在 MAC 地址表中检查该接口有没有与数据帧源 MAC 地址相同的 MAC，如果没有，则把它记录在 MAC 地址表中；再在 MAC 地址表中检查数据帧的目的 MAC 地址，如果有相同的 MAC 地址，则向对应的接口转发该数据帧，如果没有，则向交换机的所有接口广播该数据帧。所以只要一个工作站发送过数据，它所对应的交换机物理接口及其 MAC 地址就会被记录在交换机的 MAC 地址表中，供交换机下一次转发数据帧时使用，最终形成如图 4.6 所示的一张正确的 MAC 地址表。

3. 交换机的转发所遵循的规则

(1) 如果数据帧的目的 MAC 地址是广播地址或多播地址(广播地址为 ffff.ffff.ffff，多播地址为 01 开头，意味着多台主机)，则向除数据帧的来源接口外的所有接口转发该帧。

(2) 如果数据帧的目的 MAC 地址是单播地址，但不在交换机的 MAC 地址表中，则将向除数据帧的来源接口外的所有接口转发该数据帧。

(3) 如果数据帧的目的 MAC 地址确实存在于交换机的 MAC 地址表中，则向对应接口转发该数据帧。

(4) 如果数据帧的目的 MAC 地址与源 MAC 地址在同一个接口上，则丢弃该数据帧。

4．交换机 MAC 地址表的维护

交换机 MAC 地址表通常为一张动态的地址表，在 MAC 地址表中，一条表项由一台主机 MAC 地址和该地址位于交换机的对应接口所组成，有时候会出现一个交换机的接口对应多台主机 MAC 地址的情况，如图 4.6 所示的 E3 端口对应了主机 D 和 F 的 MAC 地址。而 MAC 地址表的维护由交换机自动进行，交换机会定时扫描 MAC 地址表，若发现在一定时间内没有出现的 MAC 地址，就将其从 MAC 地址表中删除，即 MAC 地址表中的表项具有一定的生存时间。这样即便交换机接口的主机发生移动或更改，交换机始终能了解网络最新的拓扑结构。从以上内容我们可以看到交换机的 MAC 地址表对局域网的通信起到了非常重要的作用，如果地址表混乱，就会造成网络中断。因此，保护和维护交换机 MAC 地址表是保证局域网正常通信的关键。

4.2.2 交换机的分类

1．根据传输介质和传输速度分类

根据交换机使用的网络传输介质及传输速度的不同一般可以将局域网交换机分为以太网交换机、快速以太网交换机、千兆(GB)以太网交换机、10 千兆(10 GB)以太网交换机、FDDI 交换机、ATM 交换机和令牌环交换机等。

(1) 以太网交换机。这里所指的"以太网交换机"是指带宽在 100 Mb/s 以下的以太网所用的交换机，属于比较老的型号。

以太网交换机是最普遍和最便宜的，它的档次比较齐全，应用的领域非常广泛，在大大小小的局域网中都可以用得到。以太网包括 3 种网络接口：RJ-45、BNC 和 AUI。所用的传输介质分别为双绞线、细同轴电缆和粗同轴电缆。然而，当今的局域网交换机的 BNC、AUI 接口不再提供支持了，仅仅以 RJ-45 接口的双绞线为主。

(2) 快速以太网交换机。这种交换机用于 100 Mb/s 快速以太网。快速以太网是一种在普通双绞线或者光纤上实现 100 Mb/s 传输的网络技术。这种快速以太网交换机通常所采用的介质也是双绞线，有的快速以太网交换机为了兼顾与其他光传输介质的网络互联，会留有少数的光纤接口。图 4.7 是一款大众化、普通的、16 口快速以太网交换机产品的外形图。

(3) 千兆以太网交换机。千兆以太网交换机有普通的作为用户级的接入层设备，也有高端的作为骨干网的汇聚层设备，所采用的传输介质有光纤、双绞线两种，对应的接口为 SC 光接口和 RJ-45 接口两种。图 4.8 是一款 48 口＋2 个扩展口(带模块插槽)的千兆以太网交换机产品的外形图。

图 4.7 快速以太网交换机

图 4.8 千兆以太网交换机

(4) 10 GB(万兆)以太网交换机。10 GB 以太网交换机主要用于骨干网段，采用的传输介质以光纤为主，支持 6 类双绞线的较少。目前 10 GB 以太网交换机的价格相对还比较昂贵，所以 10 GB 以太网主要应用在大型网络的核心层交换，小型网络主要还是采用千兆以太网交换机。图 4.9 是一款 10 GB 以太网交换机产品的外形图，它支持多个插槽，从图中可以看出，它全采用了模块化接口板插入插槽，支持光纤接口，也有支持双绞线的 1000 Mb/s 的双绞线接口板。

图 4.9　万兆以太网交换机

(5) ATM 交换机。ATM 交换机是用于 ATM 网络的交换机。ATM 网络由于其独特的技术特性，主要广泛应用于电信、邮政网的主干网段，因此其交换机在市场上很少看到。ATM 交换机所使用的传输介质主要为双绞线和光纤，接口类型一般有以太网 RJ-45 和光纤接口，这两种接口适合与不同类型的网络互联。

(6) FDDI 交换机。FDDI 技术主要是打破当时 10 Mb/s 以太网和 16 Mb/s 令牌网速度的局限，因为它的传输速度可达到 100 Mb/s，这比当时的以太网和令牌网速度高出许多，所以在当时还有一定市场。但它采用光纤作为传输介质，比以双绞线为传输介质的网络成本要高，所以随着快速以太网技术的成功开发，FDDI 技术也就失去了应有的市场。正因如此，FDDI 设备很少见。

2．根据应用层次分类

根据交换机所应用的网络层次，可以将网络交换机划分为企业级交换机、校园网交换机、部门级交换机、工作组交换机和用户桌面级交换机五种。

(1) 企业级交换机。企业级交换机属于一类高端交换机，一般采用模块化的结构，可作为企业网络骨干构建高速局域网，所以它通常用于企业网络的最顶层。企业级交换机可以提供用户化定制、优先级队列服务和网络安全控制等功能，并能很快适应数据增长和改变的需要，从而满足用户的需求。对于有更多需求的网络，企业级交换机不仅能传送海量数据和控制信息，还具有硬件冗余和软件可伸缩性的特点，能够保证网络的可靠运行。

从企业级交换机所处的位置可以清楚地看出它自身的要求非同一般，在带宽、传输速率以及背板容量上要比一般交换机要高出许多，所以企业级交换机一般都是支持千兆及以上带宽的以太网交换机。企业级交换机所采用的端口一般都以光纤接口为主，这主要是为了保证交换机的高传输速率和传输距离。目前对企业级交换机还没有统一的标准。如果是作为企业的骨干交换机，且能支持 500 个以上的信息点，就将它归到企业级交换机的范畴。

(2) 校园网交换机。校园网交换机属于骨干网络交换机，它应具有快速数据交换能力和全双工能力，提供容错等智能特性，支持扩充选项及第 3 层交换中的虚拟局域网(VLAN)等多种功能。

(3) 部门级交换机。部门级交换机是面向部门级网络使用的交换机，这类交换机可以是固定配置，也可以是模块配置，一般除了常用的 RJ-45 双绞线接口外，还带有光纤接口用于接入主干网络。部门级交换机一般具有较为突出的智能型特点，支持基于端口的 VLAN，可实现端口管理，可任意采用全双工或半双工传输模式，可对流量进行控制，有网络管理的功能，能够通过交换机的 Console 口进行配置，通过 SNMP 协议监控交换机工作状态。在中等规模(大约有 300 个接入信息点)的网络中，可以采用部门级交换机作为核心交换。

(4) 工作组交换机。工作组交换机是传统集线器的理想替代产品，一般为固定配置，配有一定数目的 10 Mb/s 或 100 Mb/s 的自适应以太网接口，通常为 24 口、48 口固定双绞线接口类型，MAC 地址存储能力在 2000 个左右。交换机按每一个数据帧中的 MAC 地址相对简单地决策信息转发，这种转发决策一般不考虑帧中隐藏的更深的其他信息。与集线器不同的是交换机转发延迟很小，交换性能满足同楼层或几个办公室的有限用户数量的接入需求。

(5) 用户桌面级交换机。用户桌面级交换机是最常见的一种最低档交换机，具有 10 Mb/s 或 100 Mb/s 自适应能力的端口，它区别于其他交换机的一个特点是每个端口支持的 MAC 地址存储能力少，通常端口数也较少(通常为 4 口、8 口)，只具备最基本的交换机特性，不具备智能化管理，其价格便宜，通常为 100 元人民币左右。这类交换机虽然在整个交换机中属最低档的，但是相比集线器来说它还是具有交换机的通用优越性，被广泛应用于办公室或家庭用户的多台计算机的连接。

3. 按照局域网交换机分层部署分类

在传统的局域网设计中，由于受当时设备功能所限，整个系统中的各个设备在功能划分上比较模糊。随着可管理的二层交换机和三层交换机的广泛应用，不同类型的设备在网络中的功能划分将越来越清晰，分层的概念已成为组建网络时遵循的一个规律和原则。根据应用功能的不同，可以将同一网络中的交换机设备划分为 3 个层次：接入层、汇聚层和核心层，如图 4.10 所示。

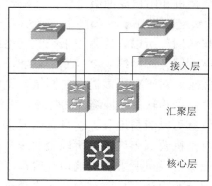

图 4.10　交换机的分层模型

这个分层模型可以使网络设计人员根据实际情况划分不同的功能层，然后根据不同层的工作特点选择相应的交换机设备。这种分层模型的另一大特点是便于对网络进行管理，同时也便于网络的扩展。下面具体介绍每一层的特点及应用。

1) 接入层交换机

接入层的主要功能是为用户提供接入服务。根据用户的不同需要，该层的设备选择和功能管理是不同的。对于只负责接入而不进行任何管理的网络，该层的交换机可选择没有管理功能的非管理型交换机；但对于需要在接入层进行管理的网络，位于该层的交换机必须具备网络管理(常见为支持 SNMP 协议的管理)功能，即需要使用可管理型交换机，而且还可能在这些交换机上设置 VLAN 和过滤功能。具体来说，接入层的最基本功能可以归纳为以下两点：

(1) 可以实现共享带宽或直接交换。如果位于该层的用户数较少，而且对网络带宽及质量的要求不高，可以在该层使用一些非管理型的低档交换机或直接使用集线器。如果该层的接入用户数较多，且对网络带宽及服务质量的要求较高，同时还需要在该层进行管理时，则选择可网管型的交换机。

(2) 提供最基本的第二层网络服务，这些服务包括 VLAN 设置和 MAC 地址管理(或 IP 地址管理)等。对于接入层，在一般情况下都使用第二层交换机，通过第二层的可网管型交换机可以实现对用户接入的管理。例如，如何在该层交换机上绑定用户的 IP 地址或 MAC 地址，使未经授权的用户无法接入网络；可以设置 VLAN，便于用户的安全管理。

如果没有特殊要求，接入层交换机一般选择可网管型的第二层交换机。这一类交换机的可选择对象非常多，如 Cisco Catalyst 1900/2900/2950、锐捷 1900/2600、AVAYA P333、华为 3550 等。

2) 汇聚层交换机

汇聚层交换机是多台接入层交换机的汇聚点，它必须能够处理来自接入层设备的所有数据。而且汇聚层的交换机应用具有三层(网络层)路由功能，对于接入层设备之间的数据交换应全部在汇聚层完成，而不必上交给核心层处理。具体来说，汇聚层交换机主要有以下特点：

(1) 完成对接入层数据流的汇总。汇聚层交换机的选择要视接入层的特点而定，当接入层的设备数较少且带宽要求较低时可以选择数据处理能力(主要指背板带宽)较弱的交换机；当接入层的设备数较多且带宽要求较高时可以选择数据处理能力较强的交换机。

(2) 提供第三层的交换机，所以汇聚层的交换机一般是具有三层交换功能的交换机，即第三层交换机。这样，当在接入层交换机上设置了 VLAN 后，便可以在汇聚层交换机上设置 VLAN 之间的通信功能，使接入层设备之间的交换全部在汇聚层完成，而不提交到核心层。

(3) 提供完善的接入功能。因为汇聚层主要负责对接入层的汇聚，所以汇聚层的交换机必须提供完善的接入功能。例如，当接入层的上联线路为光纤时，汇聚层交换机必须提供与之相对应的光纤连接端口；当接入层的上联线路带宽为 1000 Mb/s 时，汇聚层交换机必须提供 1000 Mb/s 的连接端口，而且还要能够实现各端口之间数据的高速交换，如图 4.11 所示。

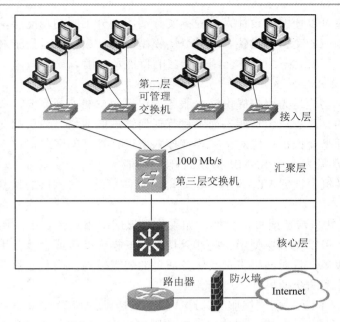

图 4.11　汇聚层网络应用提供的服务功能

目前，可供选择的汇聚层交换机的类型也比较多，如 Cisco Catalyst 3550(或 3760)、锐捷 3760(或 5750 系列)、H3C 5500 系列等。一般情况下，凡是具有三层路由功能的交换机都可以作为汇聚层交换机。

另外，并不是所有的网络都具有汇聚层。对于一些小型网络，为了便于维护和管理，可以没有汇聚层，而只有接入层和核心层。即使一些大中型网络也可以没有汇聚层，所有接入层设备直接与核心层交换机连接，此时核心层和汇聚层融为一体为核心层，如图 4.12 所示。

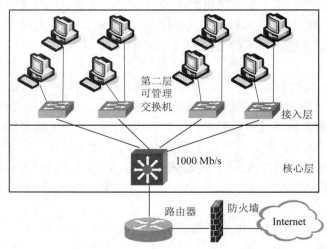

图 4.12　只具有接入层和核心层的网络结构 1

其实，一个网络中要不要汇聚层是由网络的布线环境、用户的管理需要、网络的分布情况等多种因素综合决定的，而没有一个硬性的规定。一般情况下，具有核心层的网络多用于高校校园网或具有分支机构的企业。例如，在具有汇聚层的校园网中，一般情况下，汇聚层以下的部分可由各学校下设的院系或组织自己管理，核心层及其整个网络的维护由学校网络的主管部门负责，这样有利于资源的充分应用。对于一些小型网络，如无特殊需要，一般不建议提供汇聚层，因为这会加大网络的规模，既不利于网络的稳定运行，也不利于网络的管理。

并不是规模较大的网络就一定要提供汇聚层。因为没有汇聚层的网络要比具有汇聚层的网络更紧凑，系统的稳定性和网络的可管理性也较好，所以即使是大型网络，只要地理分布不是很分散，在网络规划时也可以使用没有汇聚层的网络结构，如图 4.13 所示。

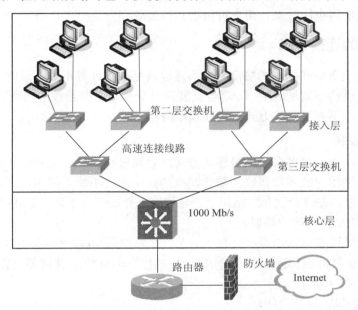

图 4.13　只具有接入层和核心层的网络结构 2

3) 核心层交换机

在一个局域网中，当核心层交换机位于整个网络的最顶层时，它除了汇集整个网络的流量外，还为汇聚层交换机之间的通信提供服务。另外，核心层交换机一般还要通过路由器、防火墙等设备与外网连接，所以核心层交换机还必须提供与路由器等设备连接的端口。再有，局域网的访问控制列表(ACL)及网络地址转换(NAT)有时需要在核心层交换机上完成，所以核心层交换机需要提供完善的可管理功能。具体来说，核心层交换机主要有以下特点：

(1) 提供强大的三层路由功能，能够为汇聚层设备之间的数据交换提供保障。对于大型网络来说，一个网络中可能同时存在多个汇聚层。当大量的汇聚层设备之间需要交换数据时，由于这些汇聚层交换机通常分别位于不同的网段，所以核心层交换机必须提供强大的三层路由功能。

(2) 具有强大的数据处理能力。网络出口的所有流量都要经过核心层交换机，一般情况下，单位的各类服务器(如邮件服务器、Web 服务器、数据库服务器、应用服务器等)都直接通过高速线路连接到核心层交换机上，所以当客户端需要访问服务器上的资源时，核心层交换机将要处理大量的数据，为此核心层交换机的数据处理能力必须非常强大。

(3) 从结构上看，核心层交换机一般为模块化交换机，用户可根据实际需要配置相应的模块，以实现与不同设备之间的连接。

(4) 核心层交换机一般需要提供冗余电源，以保证电源供给的可靠性。

(5) 一般需要两台以上的核心层交换机，这些交换机之间相互冗余，以保证网络连接的可靠性。

目前，可供选择的核心层交换机也较多，如 Cisco Catalyst 4000/5000 系列、锐捷/5750/6810、H3C 7500/10500/12500 系列、华为 7700/9700/12700 系列等。当然，可供核心层使用的交换机价格也比较高，用户可根据具体需要和资金投入来确定。

4.2.3　交换机的连接方式

当单一交换机所能够提供的端口数量不足以满足网络计算机的需求时，必须要有两个以上的交换机提供相应数量的端口，这也就要涉及交换机之间连接的问题。从根本上来讲，交换机之间的连接不外乎两种方式：级联和堆叠。

1. 交换机级联

级联是最常用的一种多台交换机连接方式，它通过交换机上的专用扩展接口级联口进行连接，也可以采用普通接口级联。需要注意的是交换机不能无限制级联，超过一定数量的交换机进行级联，最终会引起广播风暴，导致网络性能严重下降。级联又分为以下两种：

(1) 使用普通交换机端口级联。

所谓普通交换机端口就是通过交换机的某一个常用端口(如 RJ-45 端口)进行连接。需要注意的是，如果交换机不支持 Auto MDI/MDIX(线序自动翻转)，就需要制作交叉的双绞线，其连接示意如图 4.14 所示。

(2) 使用交换机扩展端口级联。

在接入层交换机的端口中，都会存在 1 个、2 个或 4 个扩展端口(通常为 1000 Mb/s 或 10 Gb/s 的主干口)。此端口是专门为上行连接主干网提供的，只需通过直通双绞线(或光纤线)将该端口连接至对端交换机上的扩展端口即可，其连接示意如图 4.15 所示。

图 4.14　普通端口级联

图 4.15　扩展端口级联

2. 交换机堆叠

堆叠连接方式主要应用在大型网络中对端口需求比较大的情况下。交换机的堆叠是扩展端口数量最快捷、最便利的方式，同时堆叠后的带宽是单一交换机端口速率的几十倍。但是，并不是所有的交换机都支持堆叠，这取决于交换机的品牌、型号；并且还需要使用专门的堆叠电缆和堆叠模块；最后还要注意同一堆叠中的交换机必须是同一品牌。

堆叠方式主要通过厂家提供的一条专用连接电缆，从一台交换机的堆叠端口直接连接到另一台交换机的堆叠端口，如图 4.16 所示。堆叠后的所有交换机可视为一个整体的交换机来进行管理，其中主堆叠交换机的背板带宽要满足支持端口线速交换的能力。

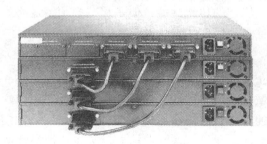

图 4.16　交换机堆叠

提示：采用堆叠方式的交换机要受到种类和相互间距离的限制。首先实现堆叠的交换机必须是支持堆叠的；另外由于厂家提供的堆叠连接电缆一般都在 1 m 左右，故只能在很短的距离内使用堆叠功能。

总的说来，堆叠方式比级联方式具有更好的性能，信号不易衰竭，且通过堆叠方式，可以集中管理多台交换机，大大简化了管理工作量。

4.2.4　多层交换技术

1．第二层交换

第二层交换是基于硬件的桥接。在交换机中，数据帧的转发是由 ASIC(Application Specific Integrated Circuit)专业化硬件处理的，因此，交换机的转发速度要比网桥快得多，一般只需几十微秒交换机便可决定将一个帧送往哪里。

局域网交换机的引入，使得网络计算机间可独享带宽，消除了无谓的碰撞检测和出错重发，提高了传输效率，在交换机中可并行地维护几个独立的、互不影响的通信进程。在交换网络环境下，用户信息只在源节点与目的节点之间进行传送，其他节点是不可见的。

但有一点例外，第二层交换有着和透明网桥一样的特性和限制，第二层交换机不能有效地隔断广播域，广播仍然会干扰所有的末端计算机；当某一节点在网上发送广播或组播时，或当某一节点发送了一个交换机不认识的 MAC 地址包时，交换机上的所有节点都将收到这一广播信息(这种现象称为泛洪)。整个交换环境构成一个大的广播域。广播风暴会使网络的效率大打折扣。基于交换的网络还存在着其他问题，如异种网络互连、安全性控制等，这些问题还不能有效地解决。因此在网络中引入第三层的路由是必要的，因为路由器可以隔断广播域。

与交换机相比，路由器能够提供构成网络安全控制策略的一系列存取控制机制。由于路由器对任何数据包都有一个"拆包和打包"过程，即使是同一源地址向同一目的地址发出的所有数据包，也要重复相同的过程，这导致路由器不可能具有很高的吞吐量，也是路由器导致网络瓶颈的原因之一。而且实际上路由器的工作远不止这些，它还要完成数据包过滤、数据包压缩、协议转换、维护路由表、计算路由甚至防火墙等许多工作。而所有这些工作都需要耗费大量 CPU 资源，因此路由器一方面价格昂贵，另一方面导致网络瓶颈问题越来越严重。

将交换机和路由器结合起来，从功能上来讲是可行的。然而，也存在明显的不足，表现为从网络用户的角度看，整个网络被分为两种等级的性能；直接经过交换机处理的数据包享受着高速线路快速、稳定的传递性能；但是那些必须经过路由器的数据包只能使用慢速线路，当流量负荷严重时，便会产生令人头痛的延迟。

2. 第三层交换

随着 Internet/Intranet(互联网/内联网)的迅猛发展和 Browser/Server(浏览器/服务器)计算模式的广泛应用，跨地域、跨网络的业务急剧增长，业界和用户深感传统路由器在网络中的瓶颈效应。改进传统的路由技术迫在眉睫。一种办法是安装性能更强的超级路由器，然而，这样做开销太大，如果是建设交换网，这种投资显然是不合理的。

在这种情况下，一种新的路由技术应运而生，这就是第三层交换技术。第三层交换技术也称为 IP 交换技术或高速路由技术。第三层交换技术是相对于传统交换概念而提出的。众所周知，传统的交换技术是在 OSI 参考模型的第二层(数据链路层)进行操作的，而第三层交换技术是在 OSI 参考模型中的第三层(网络层)实现对数据包的高速转发。

简单地说，第三层交换技术是"第二层交换技术+第三层转发技术"。这是一种利用第三层协议中的信息来加强第二层交换功能的机制。一个具有第三层交换功能的设备是一个带有第三层路由功能的第二层交换机，但它是二者的有机结合，并不是简单地把路由器设备的硬件及软件简单地叠加在局域网交换机上。

第三层交换机对数据包的处理程序和传统路由器相似，它可以提供如路由信息的更新、路由表维护、路由计算、路由确定等功能。同时第三层交换机对数据包的转发是由 ASIC 专业化硬件来负责的，这比路由器中基于微处理器的引擎执行的数据包交换要快得多。

第三层交换的目标是只要在源地址和目的地址之间有一条更为直接的第二层通路，就没有必要经过路由器转发数据包。第三层交换使用第三层路由协议确定传送路径，此路径可以只用一次，也可以存储起来，供以后使用。之后数据包通过一条虚电路绕过路由器快速发送。用一句话概括就是"一次路由，多次交换"，即多层交换。

第三层交换技术的出现，解决了局域网中网段划分之后，网段中子网必须依赖路由器进行管理的局面，解决了传统路由器低速、复杂所造成的网络瓶颈问题。当然，第三层交换技术并不是网络交换机与路由器的简单叠加，而是二者的有机结合，从而形成一个集成的、完整的解决方案。

3. 第四层交换

如果第二层变换是网桥的再现，第三层交换是路由，那么什么是第四层交换？OSI 参考模型的第四层是传输层，传输层负责端对端通信，即在网络源和目标设备之间协调通信。在 TCP/IP 模型中，TCP 和 UDP 属于协议层，也对应于 OSI 参考模型的传输层。

在 OSI 参考模型的第四层中，TCP 和 UDP 都包含其端口号(Port)，它们可以区分每个数据包包含哪些应用协议(如 HTTP、SMTP、FTP 等)。网络设备利用这种信息来区分包中的数据，尤其是端口号使一个接收端计算机能够确定它所收到的 IP 包的类型，并把它交给合适的高层软件进行处理。端口号和设备的 IP 地址组合后形成套接字(Socket)，即 Socket = IP + TCP/UDP + Port。

第四层交换可以简单定义为这是一种功能，它不仅仅依据第二层的 MAC 地址或第三层的 IP 地址来决定传输，而且还能依据第四层的 TCP/UDP 应用端口号来决定传输。

需要注意的是，第二层和第三层交换机的转发表的大小都取决于网络设备的数目；而执行第四层交换的多层交换机需要识别和存储大量的转发表条目，它的转发表的大小与网络设备数以及网络中所使用的不同应用协议与会话数量的乘积成正比。因此随着末端设备和应用类型的增加，转发表的大小增长得很快。处理转发表的能力对于建立支持第四层线速数据流转发的高性能交换来说是非常关键的。

前面分别介绍了第二层交换、第三层交换和第四层交换，在此基础上可以从更高的层次引进交换的概念，这就是第七层交换技术，或者被称作高层智能性。第七层交换技术可以被定义为数据包的传送不仅仅依据 MAC 地址(第二层交换)或源/目标 IP 地址(第三层交换)以及 TCP/UDP 端口(第四层交换)，而且可以依据内容(表示层与应用层)进行传送。通过对数据包的剥离，第七层交换技术能够分析传输流的内容，能够对所有传输流和内容进行进一步的控制。这样保证了不同类型的传输流可以被赋予不同的优先级。

另外，还要说明一下多层交换这一概念，其实多层交换是一个泛称，它可能包含第二层交换、第三层交换、第四层交换甚至是第七层交换的任意组合。但在大多数情况下，多层交换指第二层交换与第三层交换的组合。

4.3　VLAN 技术

4.3.1　VLAN 概述

VLAN(Virtual Local Area Network)即虚拟局域网，在交换式以太网中，可以利用 VLAN 技术，将由交换机连接成的物理网络划分成多个 VLAN 逻辑子网，而且 VLAN 的划分不受网络端口的实际物理位置的限制。也就是说，一个 VLAN 中的终端主机所发送的广播数据包将仅转发至属于同一 VLAN 的终端主机中，所以如果一个端口所连接的主机想要和与它不在同一个 VLAN 的主机通信，则必须通过一台路由器或者三层交换机，如图 4.17 所示。而在传统局域网中，由于物理网络和逻辑子网的对应关系，因此任何终端主机所发送的广播数据包都将被转发到网络中的所有终端主机。

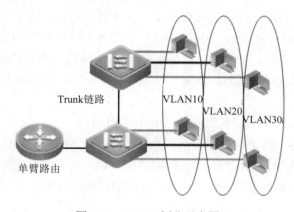

图 4.17　VLAN 划分示意图

基于交换式的以太网实现 VLAN 可以基于如下方法：

1．基于端口的 VLAN

基于端口的 VLAN 属于静态 VLAN 划分，就是将交换机中的若干个端口分别定义为一个指定的 VLAN，同一个 VLAN 中的终端用户设备具有相同的 IP 网络地址，不同的 VLAN 之间进行通信需要通过路由器或三层交换机实现，是最为常见的一种划分方式，比较简单和易用，但在配置管理中也是最不灵活的方式，接入点过多会造成人工配置工作量增大，也会造成内网移动用户使用不方便。

2．基于 MAC 地址的 VLAN

基于 MAC 地址的 VLAN 属于动态 VLAN，就是根据终端用户设备的 MAC 地址来定义成员资格(而 MAC 地址一般通过提取用户设备的网卡地址获得)，也就是说当终端设备接入到一个交换机端口时，该交换机必须查询它的一个数据库以建立 VLAN 的成员资格。因此，网络管理员必须先把终端设备的 MAC 地址分配到 VLAN 成员资格策略服务器(VMPS，VLAN Membership Policy Server)的数据库中的某一个 VLAN 里。这样网络管理员就要先收集要接入网络的终端设备的 MAC 地址，但是，如果用户更换了网卡，就得重新修订 VMPS 数据库的对应关系。这样无形中增加了网络管理员的工作量。

3．基于 IP 地址的 VLAN

基于 IP 地址的 VLAN 属于动态 VLAN，就是在基于 IP 地址的 VLAN 中，新终端设备在入网时无需进行太多配置，交换机则根据各终端设备的网络 IP 地址自动将其划分成不同的 VLAN，不像基于 MAC 地址的 VLAN，需要更改 VMPS 数据库的数据。

4．基于用户的 VLAN

基于用户的 VLAN 是根据交换机各端口所接入的终端的当前登录的用户账号(这里的用户账号识别可以是 Windows 域中使用的用户名，也可以是专门的 AAA 系统提供的账号)，来确定该端口属于哪个 VLAN，所以，该端口的 VLAN 号是随着用户账号的变化而变化，与 IP、MAC、端口无关，大大方便了网络管理员的管理工作。

在以上四种 VLAN 的实现技术中，基于 IP 地址的 VLAN 或基于用户的 VLAN 的智能化程度最高，实现起来也最复杂。

当局域网的多个 VLAN 广播域需要跨多台交换机的时候，需要在交换机之间传递带有 VLAN 标识的帧，以说明该帧属于哪个 VLAN，如图 4.18 所示。目前在 Cisco 交换机上，是通过创建中继链路来表示 VLAN，即在第二层(数据链路层)帧中加入 VLAN 标识符，有两种标识协议：ISL(交换机间链路，Cisco 专有)和 IEEE 802.1Q(国际通用标准，适合于所有的交换机)。

在以太网网络中，Cisco 交换机支持两种中继技术：

(1) IEEE 802.1Q：这是所有厂商的交换机(支持 VLAN)都适用的通用标准，是一种帧标记机制，它在第二层插入一个标记，将 VLAN 标识符加入到数据帧中。

(2) ISL(交换机间链路)：是属于 Cisco 专用的中继技术机制，使用添加报头的帧封装方法来标识 VLAN。

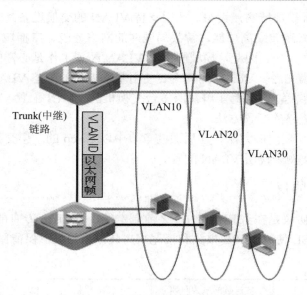

图 4.18　交换机间的 VLAN 中继链路

4.3.2　IEEE 802.1Q 协议

在 Cisco 制定了 ISL 的几年后，IEEE 完成了 IEEE 802.1Q 标准的制定工作，实现了不同厂商的交换设备完成多个 VLAN 跨交换机的兼容问题。IEEE 802.1Q 使用的报头与 ISL 不同，后者使用 VLAN 号来标记帧；ISL 不改变以太网帧，而 IEEE 802.1Q 修改以太网帧，在以太网帧中添加一个 4 字节的报头，该报头包含了一个用于标识 VLAN 号的字段，此时报头增长，需要重新计算更改以太网报尾的 FCS(帧校验序列)字段值，如图 4.19 所示。

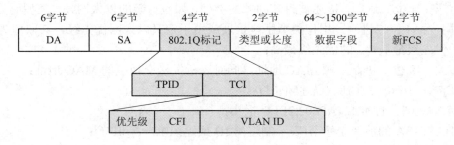

图 4.19　IEEE 802.1Q 报文格式

图中的 DA 和 SA 表示目标主机的 MAC 地址和源发送主机的 MAC 地址；802.1Q 标记由 2 字节的标记协议 ID(TPID)字段和 2 字节的标记控制信息(TCI)字段组成。

对于以太网帧，TPID 字段的值为 0X8100。在 TCI 字段中，前 3 位二进制表示优先级，指出了帧的优先级别，用于实现服务质量(QoS)。接下来的 1 位二进制为 CFI，被称为规范格式标识符，当其值为 0 时，表示设备应规范地按照从低位到高位的顺序读取字段中的信息，对于以太网帧，该值始终为 0，对于令牌环帧，该值则为 1。TCI 的最后 12 位表示了 VLAN ID，其可以表示 4096(2^{12})个不同的 VLAN 识别。其中 VLAN ID=0 用于识别帧优先级，VLAN ID=FFF 作为预留值，所以 TCI 真正可以配置 VLAN 的最大值不超过 4094。

目前，在中大规模局域网建设中，选用支持 VLAN 的交换设备是非常必要的，这样能够通过 VLAN 的有效逻辑隔离功能，解决局域网的网络分段、广播域、安全隔离等问题，有效地实现网络管理工作。因此，局域网中的 VLAN 配置工作是必需的，我们需要熟练掌握 VLAN 的多种配置方法。VLAN 配置主要使用基于端口的静态 VLAN、基于 IP 或 MAC 等的动态 VLAN 配置等方法，为了解决跨多台交换机的 VLAN 配置，需要熟练掌握交换机之间的中继(Trunk)链路的配置方法。

为了掌握 VLAN 配置的方法，在后面的章节中以 Cisco 的二层交换设备以及锐捷的二层交换设备的配置实例来说明 VLAN 配置。

4.3.3　Cisco ISL 协议

Cisco ISL 中继协议是在 IEEE 802.1Q 之前制定的，是 Cisco 专有的协议，只能在 Cisco 交换设备中使用，ISL 使用了 ISL 报头和报尾来封装以太网帧，保留原有的以太网帧格式，如图 4.20 所示。

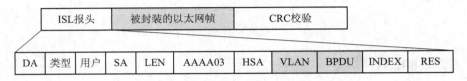

图 4.20　ISL 报文格式

从图 4.20 可以知道，ISL 报头包含了多个字段，字节长度为 26 字节，报尾 CRC(循环冗余校验码)校验为 4 字节，被封装的以太网帧保留原有的长度。ISL 报文格式包括的信息描述如下：

- DA：40 位二进制，目标 MAC 地址，通常表示接收交换机的 MAC 地址；
- 类型：4 位二进制，描述被封装的帧的类型，如被封装的以太网帧，类型码为 0000；
- 用户：4 位二进制，用作类型字段扩展或用于定义以太网优先级，其取值为 0～3，其中 0 的优先级最低，3 的优先级最高；
- SA：48 位二进制，源 MAC 地址，同时表示发送交换机的 MAC 地址；
- LEN：16 位二进制，描述帧长度；
- AAAA03：标准 SNAP802.2LLC 报头；
- HAS：SA 的前 3 个字节(表示制造商 ID 或组织唯一标识符)；
- VLAN：使用后 10 位二进制表示 VLAN ID，即可以识别 1024(2^{10})个 VLAN；
- BPDU：1 位二进制，表示该帧是否是生成树协议网桥协议数据单元；
- INDEX：16 位二进制，表示源端口 ID，用于诊断；
- RES：16 位二进制，保留字段，用于提供其他信息。

4.4　交换机链路聚合

可以把交换机之间的多个物理链接捆绑在一起形成一个简单的逻辑链接，这个逻辑链接被称为一个链路聚合端口(Aggregate Port，AP)，如图 4.21 所示为典型的链路聚合配置。

AP 是链路带宽扩展的一个重要途径，还具有容错、负载均衡的作用，符合 IEEE 802.3ad 标准。它可以把多个端口的带宽叠加起来使用，比如 8 个全双工快速以太网端口的链路聚合成的 AP 的速率最大可达 800 Mb/s，8 个千兆以太网接口聚合成的 AP 的速率最大可达 8 Gb/s。在 Cisco 设备中，有端口聚合协议 PAgP 和链路聚合控制协议 LACP，其中 PAgP 是 Cisco 专有的协议，LACP 是通用的协议，应该注意要聚合的物理端口要在同一个 VLAN 中或者同为 Trunk，封装协议为 ISL 或者 IEEE 802.1Q，而且两边的全双工模式及各个端口的传输速率必须相同，链路数通常不超过 8 条。

此外，当 AP 中的一条成员链路断开时，系统会将该链路的流量分配到 AP 中的其他有效链路上去，而且系统可以发送 trap(陷阱报文)来警告链路的断开。trap 中包括链路相关的交换机、AP 以及断开的链路的信息。AP 中一条链路收到的广播或者多播报文，将不会被转发到其他链路上，即阻断了环路情况的发生。

在图 4.21 中，SW1 和 SW2 之间能够通过 AP 的相关技术及流量分配命令配置完成流量平衡。AP 根据报文的 MAC 地址或 IP 地址进行流量平衡，即把流量平均地分配到 AP 的成员链路中去。可以根据源 MAC 地址、目的 MAC 地址或源 IP 地址/目的 IP 地址对来进行流量平衡。源 MAC 地址流量平衡即根据报文的源 MAC 地址把报文分配到各个链路中。不同源主机的报文，转发的链路不同，同一台源主机的报文，从同一个链路转发(交换机中端口学到的地址表不会发生变化)。目的 MAC 地址流量平衡即根据报文的目的 MAC 地址把报文分配到各个链路中。同一目的主机的报文，从同一个链路转发，不同目的主机的报文，从不同的链路转发。

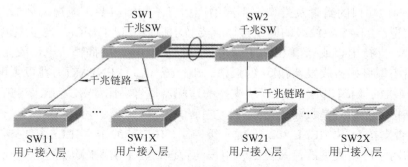

图 4.21　典型链路聚合链接

4.5　交换机选型

交换机作为网络连接的主要设备，决定了网络的性能和稳定性。随着网络应用的需求不同，网络的结构也有很大的差别，采用的交换机也必须视具体情况而定，但是为了让网络能承担起大量的网络数据的传输且能持久、稳定、安全地运行，必须选用符合条件的性能优异且价格合适、稳定可靠、有质量保障的品牌交换机。交换机的选型可以从以下因素考虑。

1. 厂商选择

网络方案设计者应该熟悉各种网络设备的基本原理，了解最新的网络技术，并能够将不同厂商的产品进行多方面的指标对比,选择可靠、稳定、适度的、具有强有力的后期技术支持和维护的品牌厂商,当前的品牌厂商有 Cisco、华为、H3C、锐捷、中兴(ZTE)、TP-Link、D-Link、联想等。

2. 指标对比

(1) 背板带宽、二/三层交换吞吐率(包转发率)。这个决定着网络的实际性能,即使交换机功能再多,管理再方便,如果实际吞吐量不能满足要求,网络会变得拥挤不堪。所以这项参数是最重要的。背板带宽包括交换机端口之间的交换带宽、端口与交换机内部的数据交换带宽和系统内部的数据交换带宽。端口要达到线速交换,背板带宽应该大于等于交换机端口数 × 端口带宽 × 2 的值,其中数字"2"表示了全双工工作。二/三层交换吞吐率表现了二/三层交换的实际吞吐能力,通常也叫包转发率的能力,单位为 PPS(Packet Per Second,包/秒),表示每一秒钟内发送 64 字节的数据包个数。

(2) 是否支持 VLAN,支持 VLAN 的类型和数量,一个交换机支持 VLAN,可以控制不必要的网络广播风暴,网络中工作组可以突破共享网络中的地理位置限制,而根据管理功能来划分子网;交换机支持更多的 VLAN 类型和数量将更加方便地进行网络拓扑的设计与实现。

(3) 支持链路聚合,链路聚合可以让交换机之间和交换机与服务器之间的链路带宽有非常好的伸缩性,比如可以把 2 个、3 个、4 个千兆的链路绑定在一起,使链路的带宽成倍增长。链路聚合技术可以实现不同端口的负载均衡,同时也能够互为备份,保证链路的冗余性。

(4) 交换机端口的数量及类型,不同的应用有不同的需要,应视具体情况而定。交换机的端口类型:RJ-45 双绞线的固定接口、支持电口或光口 GBIC(千兆以太网接口转换器)模块的插槽、支持电口或光口 SFP(小型可插拔收发器)模块的插槽、电口或光口 XFP(万兆以太网接口小型可插拔收发器)模块的插槽、电口或光口 XENPAK(万兆以太网接口收发器集合封装)模块的插槽;所选光纤模块支持的适配器型号,比如 SC、LC、ST、FC、MT-RJ 等,以及支持的光信号是长波还是短波、支持单模还是多模。

(5) 是否支持 QoS、IEEE 802.1p 优先级控制、IEEE 802.1x、IEEE 802.3x,这些功能能提供更好的网络应用类型的流量控制和用户的管理,应该考虑采购支持这些功能的交换机。

(6) 堆叠的支持,当某一接入层用户终端集中且数量较多时,堆叠就显得非常重要了。一般网络扩展交换机端口的方法为一台主交换机各端口下连接分交换机,这样交换机与主交换机的最大数据传输速率只有 100 Mb/s 或 1000 Mb/s,极大地影响了交换性能,使交换受线路传输率的影响而形成瓶颈。如果采用堆叠模式,其以 Gb/s 为单位的带宽将发挥出巨大的作用。堆叠功能的主要参数有堆叠数量、堆叠方式、堆叠带宽等。

(7) 交换机的交换缓存和端口缓存、主存、转发延时等也是相当重要的参数。

(8) 交换机的 MAC 地址表的大小,代表了能够存储 MAC 地址的能力,这种能力体现了交换机的交换和数据帧的转发能力。

(9) 是否支持生成树、快速生成树、多生成树,也是一个重要的指标,这个功能可以让交换机学习网络拓扑结构,对网络性能也有很大的影响。

(10) 三层交换机还有一些重要的参数,如启动其他功能时是否保持线速转发、路由表大小、访问控制列表大小、对路由协议的支持情况、VRRP 支持、对组播协议的支持情况、包过滤方法、扩展能力等都是值得考虑的指标，应根据实际情况而定。

(11) 是否支持 SNMP 和 RMON 协议，这是解决网络设备集中监控和管理的协议，该协议支持配置管理、服务质量的管理、告警管理等策略。

4.6 WLAN 局域网技术

WLAN(无线局域网)已经被广泛应用于公众场所、办公、家庭的局域网。笔记本和手机可以轻松自如地通过 Wi-Fi 接入无线局域网，给上网办公、娱乐带来了方便。WLAN 局域网技术成本较低，又拥有较高的网络连接速度，受到了业界认可。当然，WLAN 也存在许多不确定因素，诸如网络接入速度、网络安全保障和网络的稳定性等会受到环境的影响。

无线网络早就应用于计算机通信之中，最简单的如笔记本电脑的红外线通信，以及之后的蓝牙、HomeRF，到现在的 IEEE 802.11 系列。本节所介绍的就是基于 IEEE 802.11 系列标准下的无线局域网接入技术。按照 IEEE 802.11 系列标准，目前常用的有 IEEE 802.11b、IEEE 802.11a、IEEE 802.11g、IEEE 802.11n、IEEE 802.11ac 这几种标准，这几种标准的最大传输速率分别为 11 Mb/s、54 Mb/s、54 Mb/s、300 Mb/s 或 600 Mb/s、1 Gb/s。当前无线网卡的主流产品中速率和价格都比较合适的是 IEEE 802.11g、IEEE 802.11n 产品。

4.6.1 WLAN 主要设备

1. 无线网卡

无线网卡按接口分类包含 PCI 接口(内置，如图 4.22 所示)、USB 接口(外置，如图 4.23 所示)和 PCMICA 接口(外置，如图 4.24 所示)三种，其中 PCI 接口无线网卡适用于台式电脑，PCMICA 接口产品适用于笔记本电脑，而 USB 接口产品在二者上都可以使用。

图 4.22　PCI 接口的无线网卡

图 4.23　USB 接口的无线网卡

图 4.24　PCMICA 接口的无线网卡

除此之外，现在的大多数笔记本电脑中广泛使用 MINI-PCI 内置无线网卡，Intel 迅驰机型和非迅驰的无线网卡标配机型均使用这种无线网卡，其优点是无需占用 PC 卡或 USB 插槽。

2．无线 AP

AP 全称 Access Point(无线接入器、无线接入点，俗称热点)，从名字上看就是通过它，能把拥有无线功能的设备接入到网络中来。它主要是提供无线工作站对有线局域网和从有线局域网对无线工作站的访问，在访问接入点覆盖范围内的无线工作站可以通过它进行相互通信。通俗地讲，无线 AP 是无线网和有线网之间沟通的桥梁。由于无线 AP 的覆盖范围是一个向外扩散的圆形区域，因此，应当尽量把无线 AP 放置在无线网络的中心位置，而且各无线客户端与无线 AP 的直线距离最好不要太长，以避免因通信信号衰减过多而导致通信失败。

无线 AP 相当于一个无线集线器，接在有线交换机或路由器上，为跟它连接的无线网卡从路由器那里分得 IP。无线 AP 的外形如图 4.25 所示。

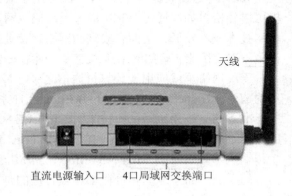

图 4.25　无线 AP

市场上的 AP 基本上分为两大类：扩展型 AP(俗称胖 AP)和单纯型 AP(俗称瘦 AP)。扩展型 AP 除了基本的 AP 功能之外，还可能带有若干以太网交换接口，具有路由、NAT、DHCP、打印服务器等功能。单纯型 AP 比较适合于有线网络已经比较健全，仅仅需要网络扩展无线功能的用户。

3．无线路由器

无线路由器，从名称上就可以知道这种设备具有路由的功能，可以说无线路由器是单纯型 AP 与宽带路由器的一种结合；它借助于路由器功能，可实现家庭无线网络中的 Internet 连接共享，实现 ADSL 和小区宽带的无线共享接入，另外，无线路由器可以把通过它进行无线和有线连接的终端都分配到一个子网，这样子网内的各种设备交换数据就非常方便。无线路由器的示意图如图 4.26 所示。

无线路由器就是 AP、路由功能和集线器

图 4.26　无线路由器

的集合体，支持有线无线组成同一子网，直接接上层交换机或 ADSL Modem 等，因为大多数无线路由器都支持 PPPOE 拨号功能。

4．天线

无论是无线网卡、无线 AP 还是无线路由器，都内置有无线天线。因此，当传输距离较近时，用户无须安装外置的无线天线。然而，当在室内的传输距离超出 20～30 m，室外的传输距离超出 50～100 m 时，就必须考虑为无线 AP 或无线网卡安装外置天线，以增强无线信号的强度，延伸无线网络的覆盖范围。

无线天线有多种类型，不过常见的有两种，一种是室内天线，其优点是方便灵活，缺点是增益小、传输距离短；一种是室外天线，室外天线的类型比较多，一种是锅状的定向天线，一种是棒状的全向天线。室外天线适合远距离传输。

5．无线网桥

无线网桥是在数据链路层实现无线局域网互联的存储转发设备，它能够通过无线(微波)进行远距离数据传输，无线网桥有 3 种工作方式，点对点、点对多点、中继连接。可用于固定数字设备与其他固定数字设备之间的远距离(可达 20 km)、高速无线组网。

从作用上来理解无线网桥，它可以用于连接两个或多个独立的网络段，这些独立的网段通常位于不同的建筑内，相距几百米到几十千米。所以说它可以广泛应用在不同建筑物间的互联。同时，根据协议不同，无线网桥又可以分为 2.4 GHz 频段的 IEEE 802.11b 或 IEEE 802.11g，以及 5.8 GHz 频段的 IEEE 802.11a 或 IEEE 802.11n 无线网桥。IEEE 802.11b 标准的数据速率是 11 Mb/s，在保持足够的数据传输带宽的前提下，IEEE 802.11b 通常能够提供 4 Mb/s 到 6 Mb/s 的实际数据速率；而 IEEE 802.11g、IEEE 802.11a 标准的无线网桥都具备 54 Mb/s 的传输速率，其实际数据速率可达 IEEE 802.11b 的 5 倍左右，目前通过 turb 和 Super 模式传输速率最高可达 108 Mb/s；IEEE 802.11n 通常可以提供 150 Mb/s 到 600 Mb/s 的传输速率。

4.6.2　WLAN 组网方式

无线局域网的典型组网方式主要有以下几种。

1．无线组网

组网要求：在局域网内用无线的方式组网，实现各设备间的资源共享。

组网方式：在局域网中心放置无线接入点，在上网设备上加装无线网卡。

通过无线路由器接入广域网，这是目前无线局域网最主要的应用方式。

2．点到点连接

1) 单机与计算机网络的无线连接

组网要求：实现远端计算机与计算机网络中心的无线连接。

组网方式：在计算机网络中心加装无线接入点外接定向天线，在单机上加装无线网卡外接定向天线与网络中心相对。

2) 计算机网络间的无线连接

组网要求：实现远端计算机网络与计算机网络中心的无线连接。

组网方式：在计算机网络中心加装无线接入点外接定向天线，在远端计算机网络加装无线接入点外接定向天线与网络中心相对。

3．点到多点的连接

1) 异频多点连接

组网要求：有 A、B、C 三个有线网络，A 为中心网络，要分别实现 A 网与 B 网、A 网和 C 网的无线连接。

组网方式：在 A 网加装一无线网桥外接定向天线，在 B 网加装一无线网桥外接定向天线和 A 网相对；在 A 网加装另一无线网桥外接定向天线，在 C 网加装一无线网桥外接定向天线和 A 网的第二个定向天线相对。

2) 同频多点连接

组网要求：有 A、B、C、D 四个有线网络，A 为中心网络，要实现 A 网分别与 B 网、C 网、D 网的无线连接。

组网方式：在 A 网加装一无线网桥外接全向天线，在 B 网、C 网、D 网各加装一无线网桥外接定向天线和 A 网相对，A 网与 B、C、D 三网以相同的频率建立连接。

4．面向区域的移动上网服务

组网要求：在较大的范围内为在此区域内的移动设备提供移动上网服务。

组网方式：在区域内进行基站选点，在每个基站放置无线接入点外接全向天线，形成多个互相交叠的蜂窝来覆盖要联网的区域。移动设备上加装无线网卡，即可享受在此范围内的移动联网服务。

5．中继连接

1) 跨越障碍物的连接

组网要求：两个网络间要实现无线组网，但两个网络的地理位置间有障碍物，不存在微波传输所要求的可视路径。

组网方式：采用建立中继中心的方式，寻找一个能同时看到两个网络的位置设置中继点，使两个网络能够通过中继建立连接。

2) 长距离连接

组网要求：两个网络间要实现无线组网，但两个网络的距离超过了点对点连接能达到的最大通信距离。

组网方式：在两个网络间建立一个中继点，使两个网络能够通过中继建立连接。

6．网状网连接

无线网状网是纯无线网络的系统，网络内的各个 AP 之间可以通过无线通道直接相互连接，形成自组网络(比如 Mesh 网络)。

相互间无线连接的 AP 数量可以不受限制。通常一个城市里面可以有上万台 AP 同时在网络上协调工作。无线网状网整体网络中的任何位置的 AP 都拥有相同的带宽，不会因多级连接而降低带宽。无线网状网可以构成覆盖城市范围的宽带无线通信网，可以提供无线的 VoIP 和移动宽带多媒体通信服务，也可以为某些特定行业用户提供城域宽带无线移动接入服务。

4.6.3 WLAN 的安全隐患

在网络通信中，虽然无线可以十分便利地进行网络部署，方便网络设施自由移动，但是它也存在一个致命的弱点，那就是安全性差。因为它采用的是无线连接，通过电磁波的接收和发射实现数据的传输，在任何电磁波有效覆盖区域内用户都可能与现有网络进行连接，包括非法用户。在无线网络应用中，WLAN 则是整个无线网络的焦点，尽管它相对其他无线网络来说在安全性方面有非常强的保证，各项安全标准都比较完善，但与传统的有线网络相比，在安全性方面仍显得苍白无力，特别是对那些专门进行网络数据窃取的黑客。

安全问题似乎成了 WLAN 心中永远的痛。

4.6.4 无线网络设备选型

无线网络设备的选型是根据用户的网络实际需求选择合适的无线网络产品，根据规模来看无线网络设备分为 SOHO 级、工作组级和企业级，不同类型的无线设备，提供的功能也大不相同。

1. 厂商选择

当前的无线产品厂商非常多，网络方案设计者应该熟悉各种无线网络设备的基本原理，了解最新的无线网络技术，并能够将不同厂商的产品进行多方面的指标对比，选择具有可靠、稳定、适度、强有力的后期技术支持和维护的品牌厂商。

2. 指标系列

(1) RF 管理特性：支持的频段和信道情况，是否具有信道自动选择功能等。

(2) 支持的协议：IEEE 802.11a/b/g/n/ac、IEEE 802.3、IEEE 802.3u 等。

(3) 支持的工作模式：AP、CPE、中继、WDS(无线桥分布式点到点、点到多点)。

(4) 支持的 SSID 的数目：SSID 是 Service Set Identifier 的缩写，意思是服务集标识，SSID 技术可以将一个无线局域网分为几个需要不同身份验证的子网络，每一个子网络都需要独立的身份验证，只有通过身份验证的用户才可以进入相应的子网络，防止未被授权的用户进入本网络。

(5) 无线通信方式：支持直序扩频(DSSS)，正交频分复用(OFDM)。

(6) 支持的调制方式。

(7) 网络接口数量及类型：有 RJ-45 的 10/100 Mb/s、10/100/1000 Mb/s 接口或光纤接口，接口数量至少为 2 个。

(8) 网络安全：提供网络安全保障的有 MAC 地址限制、防火墙功能、WEP、WPA、IEEE 802.1x。

(9) POE 支持：IEEE 802.3af 的 POE 供电。

(10) 能够承载的用户 Wi-Fi 接入量：SOHO 级通常为 10 个左右，工作组级为 100 个左右，企业级为 100 个以上。

(11) QoS 功能：能够实现流量限制，以及 IEEE 802.11e 和 WMM。

(12) MTBF：是衡量设备的故障率。

(13) 无线功率：表示了支持的速率、信道带宽、信道分配、发射功率。

(14) 设备工作环境：承受的温度和湿度。

4.7 VoIP 技术

4.7.1 VoIP 概述

VoIP(Voice over Internet Protocol)简而言之就是将模拟的语音信号(Voice)数字化，以数据封包(Data Packet)的形式在 IP 网络(IP Network)上实时传递。VoIP 最大的优势是能广泛地在现有的 TCP/IP 网络中进行传输语音、传真、视频和数据等业务，如统一消息业务、虚拟电话、虚拟语音/传真邮箱、查号业务、Internet 呼叫中心、Internet 呼叫管理、电话视频会议、电子商务、传真存储转发和各种信息的存储转发等，提供比传统语音业务更多、更易扩展、更好的服务。

VoIP 的基本原理是通过语音的压缩算法对语音信号进行编码、压缩处理，然后将这些语音数据通过 TCP/IP 标准打包，以 IP 网络数据包的方式送到目的地，再将这些语音数据包经过解压处理、语音编码解码后，恢复成原来的语音信号，从而实现 IP 传输语音的目的。

VoIP 主要有以下三种方式：

· 网络电话：完全基于 Internet 的 IP 协议传输语音通话方式，可以是 PC 主机的软电话与另一台 PC 主机的软电话之间直接实现 IP 通话。

· 与公众电话网互联的 IP 电话：通过宽带或专用的 IP 网络，实现语音传输。终端可以是 PC 软电话或者专用的 IP 话机。

· 传统电信运营商的 VoIP 业务：通过电信运营商的骨干 IP 网络传输语音。其提供的业务仍然是传统的电话业务，使用传统的话机终端。在拨打的电话号码之前加上 IP 拨号前缀，这样就使用了电信运营商提供的 VoIP 业务，目前电信运营商几乎完全采用 IP 语音传输。

4.7.2　VoIP 系统协议

在 VoIP 系统中，主要包括提供会话建立的信令协议和提供数据流传输的传输协议两类协议。

1. 会话建立的信令协议

VoIP 系统中常见的主流信令协议有 H.323、SIP、MGCP、IAX2 等。

(1) H.323，是一种 ITU-T 标准，最初用于局域网(LAN)上的多媒体会议，后来扩展至覆盖 VoIP。该标准既包括了点对点通信也包括了多点会议。H.323 定义了四种逻辑组成部分：终端、网关、网守及多点控制单元(MCU)。终端、网关和 MCU 均被视为终端点。

(2) SIP(Session Initiation Protocol，会话发起协议)，是建立 VoIP 连接的 IETF 标准，对应 RFC3261。SIP 是一种应用层控制协议，用于和一个或多个 VoIP 参与者创建、修改和终止会话，可以基于语音、视频、即时消息、在席服务、呼叫控制等，已经被下一代 NGN 和 3G IMS 采用作为呼叫控制信令协议。SIP 的结构与 HTTP(客户与服务器协议)相似。客户机发出请求，并发送给服务器，服务器处理这些请求后给客户机发送一个响应，这种请求与响应形成一次会话事务，建立双方的会话信令控制。

(3) MGCP(Media Gateway Controller Protocol，媒体网关控制协议)，是由 Cisco 和 Telcordia 提议的 VoIP 协议，它定义了呼叫控制单元(呼叫代理或媒体网关)与电话网关之间的通信服务。MGCP 属于控制协议，允许中心控制台监测 IP 电话和网关事件，并通知它们发送内容至指定地址。在 MGCP 结构中，智能呼叫控制置于网关外部并由呼叫控制单元来处理，同时呼叫控制单元互相保持同步，发送一致的命令给网关。

(4) IAX2(Inter-Asterisk eXchange)，是 Asterisk(著名的开源 VoIP 软交换系统)本身所支持的通信协议，仅适用于 Asterisk 系统之间，和支持 IAX2 协议的终端设备通信。IAX2 协议有一个优点，与 SIP 不同，IAX2 不需要额外的媒体数据流协议及端口。

2. 数据流传输协议

VoIP 系统所支持的数据流的实时传输协议和实时传输控制协议分别为 RTP(Real-time Transport Protocol)和 RTCP(Real-time Transport Control Protocol)，如果采用加密实时传输则协议为 SRTP(Security Real-time Transport Protocol)。RTP 协议详细描述了在 IP 网络中传输音频和视频的标准数据包格式，是目前 VoIP 业务中的重要语音或视频数据流传输协议，目前主要包括电话、视频会议、电视和基于网络的一键通业务(类似对讲机的通话)。

4.7.3　VoIP 编码技术

目前，广泛应用于 VoIP 系统的各类语音编码主要有 G.711、G.722、G.723、G.726、G.729、iLBC、GSM、Speex、Opus。

1. G.711

G.711 是一种由国际电信联盟(ITU-T)制定的音频编码方式，又称为 ITU-T G.711，G711 就是语音模拟信号的一种非线性量化，有两种编码方式：

- A-law(A 律)编码，主要运用于欧洲和世界其他地区；
- μ-law(μ 律)编码，主要用于北美和日本。

G.711 采用了 64 kb/s 的传输率，采样率为 8000 Hz。

2. G.722

G.722 是 1988 年由国际电信联盟(ITU-T)制定的音频编码方式，又称为 ITU-T G.722，是第一个用于 16 kHz 采样率的宽带语音编码算法。

3. G.723

G.723 是 1996 年由国际电信联盟(ITU-T)制定的一种多媒体语音编解码标准。其典型应用包括 VoIP 服务、H.324 视频电话、无线电话、数字卫星系统、数电倍增设备(DCME)、公共交换电话网(PSTN)、ISDN 及各种多媒体语音信息产品。G.723 标准传输码率有 5.3 kb/s 和 6.3 kb/s 两种，在编程过程中可随时切换。

4. G.726

G.726 是 1990 年由国际电信联盟(ITU-T)制定的音频编码算法。该编码算法是在 G.721 和 G.723 标准的基础上提出的。G.726 可将 64 kb/s 的 PCM 信号转换为 40 kb/s、32 kb/s、24 kb/s、16 kb/s 的 ADPCM 信号。最为常用的方式是 32 kb/s，但由于其只是 G.711 速率的一半，所以将网络的可利用空间增加了一倍。G.726 具体规定了一个 64 kb/s 的 A 律编码或 μ 律编码 PCM 信号是如何被转化为 40 kb/s、32 kb/s、24 kb/s 或 16 kb/s 的 ADPCM 信号的，其中 24 kb/s 和 16 kb/s 的通道被用于数字电路倍增设备(DCME)中的语音传输，而 40 kb/s 通道则被用于 DCME 中的数据解调信号(尤其是 4800 kb/s 或更高的调制解调器)。

5. G.729

G.729 协议是由 ITU-T 的第 15 研究小组提出，并在 1996 年 3 月通过的 8 kb/s 的语音编码协议，G.729 编码方案是电话带宽的语音信号编码的标准，对输入语音性质的模拟信号用 8000Hz 采样，16 比特线性 PCM 量化，G.729 系列在当前的 VoIP 得到广泛的应用。

6. iLBC

iLBC(internet low bitrate codec，互联网低比特率编码器)由全球著名语音引擎提供商 Global IP Sound 开发，它是低比特率的编码解码器，在丢包时具有的强大的健壮性。iLBC 提供的语音音质等同于或超过 G.729 和 G.723.1，并比其他低比特率的编码解码器更能阻止 丢包。iLBC 以 13.3 kb/s (每帧 30 毫秒)和 15.2 kb/s (每帧 20 毫秒)的速度运行，很适合拨号 连接，是专为包交换网络通信设计的编解码器。

7. GSM

GSM(Global System for Mobile Communication，全球移动通信系统)话音编码技术支持 速率为 13 kb/s 的全速率(FR)编码技术。

8. Speex

Speex 是基于 CELP 并且专门为码率在 2～44 kb/s 的语音压缩而设计的，很适合网络应 用，在网络应用上有着自己独特的优势。

9. Opus

Opus 编码器是一个有损声音的编码格式，由互联网工程任务组(IETF)开发，适用于网 络上的实时声音传输，标准格式为 RFC 6716；Opus 格式是一个开放格式；使用上没有任 何专利或限制；支持 8000 Hz～48 kHz 的采样率。

除了以上的语音编码技术外，还有支持 VoIP 的视频编码，主要有 H.261、H.262、H.263、 H.263+、H.263++、H.264、VP8。

4.8 广域接入技术

广域网(WAN，Wide Area Network)是一种地域分布广大的网络，其分布范围可以覆盖 一个地区、一个国家，甚至全球网络。广域网由于受各种条件的限制，必须借助公共传输 网络来完成互连。我们通常使用现成的网络运营商所提供的线路来接入到广域网，并最终 接入到 Internet。

早期的广域网接入主要是窄带方式，而随着近几年互联网接入技术的发展，宽带接入 方式已经成为了主流，早期的有 DDN、FR(帧中继)接入技术，当前比较常见的有 xDSL、 光纤(LAN 和 EPON)、3G(WCDMA、CDMA-2000、TD-MA)、4G(LTE-FDD、LTE-TDD) 等技术。

4.8.1 DDN 接入方式

DDN(Digital Data Network，数字数据网络)是以数字交换连接为核心技术，集合数据通 信技术、数字通信技术、光纤通信技术等技术，利用数字信道传输数据的一种数据接入业 务网络。DDN 主要只完成 OSI 参考模型七层协议中物理层和部分数据链路层协议的功能。 用户端设备(主要为网关路由器)一般通过基带 Modem 或 DTU 利用市话双绞线实现网络接入。

DDN 利用数字信道提供永久或半永久性电路，以传输数据信号为主的数据通信网络， 特点是抗干扰性强，具有高速率以及低延迟。

DDN 网络的简单拓扑结构如图 4.27 所示。

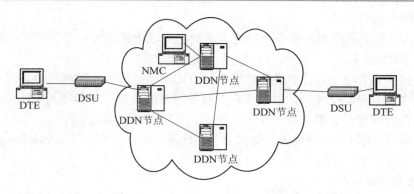

图 4.27　DDN 网络拓扑结构

在图 4.27 中，DDN 由数字传输电路和相应的数字交叉复用设备组成，其中，数字传输主要以光缆传输电路为主，数字交叉连接复用设备对数字电路进行半固定交叉连接和子速率的复用。DTE 是数据终端设备，接入 DDN 的用户端设备可以是局域网，通过路由器连至对端，也可以是一般的异步终端或图像设备，以及传真机、电传机、电话机等。DTE 和 DTE 之间是全透明传输。DSU 全称是数据业务单元，可以是调制解调器或基带传输设备，以及时分复用、语音/数字复用等设备。DTE 和 DSU 的主要功能是业务的接入和接出。NMC 即网管中心，可以方便地进行网络结构和业务的配置，实时地监视网络运行情况，收集网络信息、网络节点告警、线路利用等情况，并做出统计报告。

按照网络的基本功能 DDN 又可分为核心层、接入层、用户接口层。

(1) 核心层：以 2M 电路构成骨干节点核心，执行网络业务的转接功能，包括帧中继业务的转接功能。

(2) 接入层：为 DDN 各类业务提供了速率复用和交叉连接。

(3) 用户接口层：为用户入网提供适配和转接功能。

DDN 的主要的优势如下：

(1) 传输质量高、时延短、速率高。DDN 可为用户提供误码率小于 10^{-6} 的数字信道。同时，由于不必对所传数据进行协议封装，也不必进行分组交换式的存储转发，故网络时延很短，端到端的数据传输时延一般不大于 40 ms。它提供的接入速率范围也较宽，一般为 9.6 kb/s～2.048 Mb/s。

(2) 提供的数字电路为全透明的半永久性连接。DDN 的一个重要技术优势即网络传输的透明性。这样，在 DDN 上即可传输两端认可的任何通信协议、各种通信业务。半永久性连接指电路一旦由网管生成后，用户两端之间的连接便是固定不变的，直到用户提出业务变化时网管才进行相关数据变动。

(3) 网络的安全性很高。由于 DDN 的传输中继采用光纤，自身又为点对点的通信方式，因此其通信的安全性很好。另外安全性很好也是因为网络各节点间一般都存在着数条通信路由，当前路由发生故障时，网络节点会自动倒换到下一条可选路由以保证通信正常。

(4) 可以很方便地为用户组建 VPN(Virtual Private Network)。这一点对政府、金融等大用户和集团用户在本地和异地间组建"专网"非常适用。用户基于公众的 DDN，以相对很小的投资组建 VPN，即可实现专网应有的所有业务功能，包括享受同样的安全性、优先级别、可靠性和可管理性等。

(5) 网络覆盖范围很大。至今全国绝大多数县级以上的地方以及部分发达地区的乡镇皆已开放了 DDN 业务。

由于能提供具有以上特点的优质数字电路,DDN 常被用作其他电信业务网,如 163 网、169 网、帧中继、分组交换网,以及用户专网等网络的传输中继和接入电路。对于数据业务较大、通信时间较长、要求通信实时性很高、需跨市或跨省进行组网互联的广大企事业单位用户,皆可利用 DDN 开展各种数据业务,目前在网络中应用较多的是新桥的 DDN 节点机。

DDN 网络的缺点为:

(1) 对于部分用户而言,费用相对偏高。虽然 DDN 具有以上优势,但对于通信时间较短的用户,或者没有充分利用 DDN 业务特性的用户,费用相对偏高,这一点是由 DDN 的特点所造成的,它提供的数字电路为半永久性连接,即无论用户是否在传输数据,此数字连接一直存在。

(2) 网络灵活性不够高。由于 DDN 自身的特点是以数字交叉连接方式提供半永久性连接电路,不提供交换功能,它只适合为用户建立点对点和多点对点的通信连接。

4.8.2 FR 接入方式

帧中继(Frame Relay,FR)是在分组交换网的基础上,结合数字专线技术而产生的数据业务网络,它是在数字光纤传输线路逐步替代原有的模拟线路,及用户终端日益智能化的情况下,由 X.25 分组交换技术发展起来的一种网络技术,在某种程度上它可被认为是一种"快速分组交换网"。帧中继是当前数据通信中性能较为优秀的业务网络技术,用户的 LAN 一般通过网关路由器接入帧中继网;若路由器不具有标准的帧中继 UNI 接口规程,则在路由器和帧中继网间还需增加帧中继拆、装设备(FRAD)。

帧中继网络可选择的拓扑结构如图 4.28 所示。

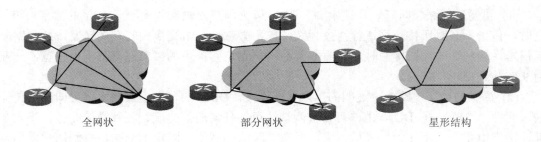

全网状　　　　　部分网状　　　　　星形结构

图 4.28　帧中继网络可选择的拓扑结构

帧中继网络过去是由许多帧中继交换机通过中继电路连接组成的,现在也可由 ATM 网络作为中继承载。目前,加拿大北电、美国朗讯、FORE 等公司都能提供各种容量的帧中继交换机。

一般来说,FR 路由器(或 FRAD)放在离局域网较近的地方,路由器可以通过专线电路接到电信局的交换机。用户只要购买一个带帧中继封装功能的路由器(一般的路由器都支持),再申请一条接到电信局帧中继交换机的 DDN 专线电路或 HDSL 专线电路,就具备开通长途帧中继电路的条件。

帧中继的带宽控制技术是帧中继技术的特点和优点之一。在传统的数据通信业务中，特别是在诸如 DDN 的网络中，用户预定了一条 64 k 的电路，那么它只能以 64 kb/s 的速率来传送数据。而在帧中继技术中，用户向帧中继业务供应商预定的是约定信息速率(简称 CIR)，而实际使用过程中用户可以以高于 CIR 的速率发送数据，却不必承担额外的费用。

帧中继的主要优势表现在以下几个方面：

(1) 同分组交换网相比，帧中继简化了相关协议，提高了传输速度。帧中继只完成 OSI 参考模型七层协议中物理层和数据链路层的功能，而将流量控制、纠错等功能留给智能终端完成。故其数据链路层协议(LAPD 协议)在可靠的基础上相对简化，从而减小了传输时延，提高了传输速度(速率范围一般亦为 9.6 kb/s～2.048 Mb/s)。

用户信息以帧为单位进行传送，网络在传送过程中对帧结构、传送差错等情况进行检查，对出错帧直接予以丢弃；同时，通过对帧中地址字段 DLCI 的识别，实现用户信息流的统计复用。

(2) 帧中继采用了 PVC 技术。帧中继网络可提供的基本业务有两种，即 PVC(Permanent Virtual Circuit)和 SVC(Switched Virtual Circuit)，但目前的帧中继网络只提供 PVC 业务。所谓 PVC 是指在网络定义完成后，对于用户来说，通信双方的电路是永久连接的，但实际上只有在用户准备发送数据时网络才真正把传输带宽分配给用户。

采用统计复用技术使得帧中继的每一条线路和网络端口都由多个终端用户按信息流(即 PVC)实现共享，即能在单一物理连接上提供多个逻辑连接，大大地提高了网络资源的利用率。

(3) 用户费用相对经济。由于网络的信息流基于数据包，采用了 PVC 技术和统计复用技术，其电路租用费用低廉，其费率一般仅为同速率 DDN 电路的 40%。在网络空闲时，它还允许用户突发地超过自己申请的 PVC 速率(CIR)占用动态带宽。对于经常传递大量突发性数据的用户，非常经济合算。

(4) 可通过 ATM 平台传送。帧中继可利用 ATM 提供的高速透明传输通道为用户提供通信业务。

帧中继的缺点在于：帧中继自身没有足够的流量控制功能，当同一时间同一网络端口的各 PVC 的数据流量很大时，可能造成拥塞。技术上缺乏对 SVC 的支持也使它丧失了部分应用上的优势，影响了业务的进一步推广。采用 PVC 和统计复用技术可以提高网络的利用率，但同时，一旦物理线路或物理端口出现故障，将会有多条 PVC 同时受到影响。

不难看出，帧中继适合于突发性较强、速率较高、时延较短且要求经济性较好的数据传输业务，如公司间进行网络互联、开放远程医疗等多媒体业务、进行电子商务以及 VPN 组网等。

4.8.3 xDSL 接入方式

xDSL(x Digital Subscriber Line，x 数字用户线)是一种 2007 年前后较为流行的用户宽带接入传输技术，在现有的常用铜制双绞电话线路上采用较高的频率、数字编码技术和相应调制技术来传输数字宽带信号，并与语音传输并存(语音的传输频率不同)，xDSL 中的 x 代表一个字母，即 xDSL 包括了 HDSL、ADSL、VDSL 等常用技术。各种 DSL 技术最大的区别体现在信号传输速率和传输距离的不同，以及上行信道和下行信道的对称性不同。

1. HDSL

HDSL(High-speed Digital Subscriber Line)即高速率数字用户线路。HDSL 是 xDSL 家族中开发比较早、应用比较广泛的一种技术，它采用回波抑制、自适应滤波和高速数字处理技术，使用 2B1Q 编码，利用一对电话双绞线实现数据的双向对称传输，传输速率为 2048 kb/s 或 1544 kb/s(E1 或 T1 线路)，每对电话线传输速率为 1168 kb/s，使用 24AWG(American Wire Gauge，美国线缆规程)双绞线(相当于 0.51 mm)时传输距离可以达到 3.4 km，可以提供标准 E1/T1 接口和 V.35 接口。

HDSL 是各种 DSL 技术中较成熟的一种，其互连性好，传输距离较远、设备价格较低、传输质量优异、误码率低，并且对其他线对的干扰小，线路无需改造，安装简便、易于维护与管理。和广泛用于家用市场的 ADSL 技术相比，HDSL 技术广泛应用于数字交换机连接、高带宽视频会议、远程教学、移动电话基站连接、PBX 系统接入、数字回路载波系统、Internet 服务器、专用数据网等方面，更加适合商用要求，比如用于银行专线。

2. ADSL

ADSL(Asymetric Digital Subscriber Loop)技术即非对称数字用户环路技术，利用现有的一对电话线路，为用户提供上、下行非对称的传输速率，上行最高传输率可达 1 Mb/s，下行传输率最高可达 8 Mb/s，如果采用 ADSL2+，则其上行传输率可达 3 Mb/s，其下行传输率可达 50 Mb/s。ADSL 分为虚拟拨号方式和专线方式。它最初主要是针对视频点播业务开发的，随着技术的发展，逐步成为了一种较方便的宽带接入技术，为电信部门所重视。图4.29 是 ADSL 设备基本的连接示意图。

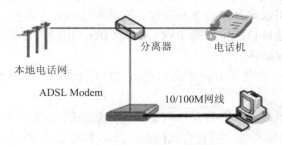

图 4.29　ADSL 设备连接示意图

ADSL 技术的特点如下：

(1) 高速率。从理论上讲，ADSL 能够向终端用户提供 8 Mb/s 的下行传输速率和 1 Mb/s 的上行传输速率，但由于受到电话网络和 Internet 体系的种种限制(主要是因为传输线路信号损耗导致速率下降)，一般情况下下行最高速率只能够达到 5 Mb/s 左右，不过这已经是传统的 56 kb/s 模拟调制解调器或 ISDN 的数十倍。

ADSL 接入方案比网络拓扑结构更为先进，每个用户都有单独的一条线路与 ADSL 局端相连，它的结构可以看作是星形结构，数据传输带宽是由每一个用户独享的。比起普通拨号 Modem 最高 56 kb/s 以及 ISDN 128 kb/s 的速率，ADSL 的速率优势是不言而喻的。ADSL更为吸引人的地方是：它在同一铜线上分别传递数据和语音信号，数据信号并不通过电话交换机设备，减轻了电话交换机的负载，并且可以不需要拨号，一直在线，属于专线上网方式。

(2) 价格低。在用户安装好一台 ADSL 设备以后，只需付少量的包月费，即可随心所欲地使用高速的网络，而不需要担心网络费用问题。

(3) 安装容易。ADSL 可以让 ISP 利用现在的电话网络，广泛分布的电话网线几乎能够连接所有的角落，ADSL 可以为用户随时随地提供服务，而不需要另行布线或者受到线路的限制。用户只需要购买 ADSL Modem 即可安装，其安装过程和电话拨号上网差不多，经过一系列设置之后，还可以使多台计算机共享 ADSL 上网。

3. VDSL

随着 ADSL 的不足及自身性能限制的日益暴露，出现了另外一种 VDSL(Very-high-bit-rate Digital Subscriber Loop)，即甚高速数字用户环路。简单地说，VDSL 就是 ADSL 的快速版本。使用 VDSL，短距离内的最大下行速率可高达 52 Mb/s，上行速率可高达 26 Mb/s。

VDSL 的上行和下行数据信道都可在现有的 POTS 或 ISDN 服务上被频分，这使 VDSL 成为高速、低价网络的最佳选择。

虽然 VDSL 与 ADSL 相比，在传输速度上有非常大的优势，但是 VDSL 也有一个致命缺点，那就是传输距离只限制在 2000 m 之内，比 ADSL 的有效传输距离小。VDSL 适于应用在一些社区、酒店、宾馆、企业办公大楼等短距离的建筑物内。

VDSL 的体系结构与 ADSL 类似，VDSL 通过复用上行和下行管道技术以获取更高的传输速率，它也使用了内置纠错功能以弥补噪声等干扰。

4.8.4　Cable Modem 接入方式

CM(Cable Modem)即电缆调制解调器，或称之为线缆调制解调器，它是基于有线电视网络接入技术的光纤/同轴电缆混合网技术的一种互联网宽带接入方式。它主要通过有线电视 HFC(Hybrid Fiber Coax)网络提供传输高速数据服务业务。

CM 宽带接入方式可获得最高上行 10 Mb/s、下行 36 Mb/s 的共享高速连接速率。但因为其采用共享网络结构，所以随着用户增多，每个用户分享带宽将有所下降。但就目前的有线宽带来说，这一点基本可以通过限制节点用户的方法来解决。CM 宽带接入方式还有一个不利方面就是它需要对一些老城区有线网络进行大规模的改造，因为原来的有线同轴电缆适用于单向传输，而现在的互联网通信是需要双向通信的。

4.8.5　光纤以太网接入方式

1. 传统的光纤接入技术

光纤以太网(FTT+LAN)接入方式，是指住宅小区、写字楼等集团及用户通过其综合布线系统对内部分散用户进行统一的 Internet 宽带接入，宽带电缆全部到户，住户在家中可用电脑高速访问 Internet 和宽带多媒体通信网。这种接入方式的适用对象为住宅小区、智能大厦、现代写字楼。

光纤以太网接入方式对于用户来说是最简单的一种方式，因为它几乎不需要另外购买任何网络设备(仅需一块以太网卡)，ISP 把户外接入线直接插入到用户计算机的网卡即可上网。其实它就是局域网的一种拓展应用。我们知道，局域网常用的双绞线单段距离的限制为 100 m, 所以在这个局域网的骨干网段不可能采用双绞线作为传输介质, 而是采用光纤(也有采用同轴电缆的), 这样传输距离方面的问题就迎刃而解了。当然, 随之而来的是网络成本的急剧增加。

考虑到用户的投资成本, 这种光纤以太网宽带接入方式又有 3 种不同的方案, 即光纤到小区(FTTC)、光纤到楼(FTTB)和光纤到户(FTTH)。这 3 种方案的根本区别就在于光纤介质的最终延伸位置不同, 光纤到小区指的是光纤只铺设到小区局端交换机接入点, 由小区中心交换机到二级交换机、二级交换机到用户之间的传输介质仍采用双绞线; 光纤到楼则指光纤可铺设到小区中的每一栋楼的二级交换机接入点, 二级交换机到用户之间采用双绞线; 而光纤到户则指用户的最终接入点都采用光纤, 不使用双绞线。很明显, 光纤到户性能最高, 光纤到小区性能最差。从投资成本上来说, 光纤到小区方案最经济, 光纤到户方案成本最高。目前大多数普通用户都采用光纤到小区(FTTC)方案, 一些别墅用户采用光纤到楼(FTTB)或光纤到户方案(FTTH)。

FTT+LAN 接入的主要特点如下:

(1) 网络传输速度快。这种网络的传输速度同局域网一样, 最低速率为 10 Mb/s, 目前最高速率可达 1 Gb/s, 这是其他任何宽带接入方式都无法比拟的。

(2) 可靠性高、稳定性好。局域网的连接方式比电话网、有线电视网具有更明显的稳定性优势。特别是若采用 FTTB、FTTH 方式, 小区、大厦及写字楼内的交换机与局端交换机、二级交换机, 甚至是用户的终端 PC 主机都是以光纤进行相连的。

(3) 用户投资少、价格便宜。用户只需要一台带有以太网卡的计算机即可。

(4) 安装方便。用户端无需配置安装任何其他软件, 只需对网卡的 TCP/IP 协议稍加配置即可。

(5) 应用广。由于网络传输速度非常快, 在对宽带有要求的远程办公、VOD 点播、VPN等环境中, 它相比其他任何宽带接入都具有更明显的优势。

(6) 升级方便。用户需要升级时只需要在局端更换相应的交换端口(必要时更换终端用户的网卡)即可。

FTT+LAN 接入方式的选择原则:

因为光纤以太网接入方式需要 ISP 重新铺设光纤骨干网, 所需投资是相当大的, 所以用户采用光纤以太网接入要根据所处的环境而定, 也就是说要因地制宜。建设宽带社区, 需要根据实际情况选择方案。在选择方案时应重点考虑以下几方面:

(1) 基础线路系统选择。如果是新建社区或老区改造用户接受重新布线, 则可以考虑采用以太网方案。否则, 应考虑 ADSL、CM 方案。

(2) 网络应用带宽需求。以太网方案可向用户提供 10 Mb/s 的网络接入速率, 对于高带宽的网络应用如视频点播等视频应用支持较好, 而 ADSL、HFC 则相对带宽较小。

(3) 网络安全性能。由于以太网技术原本是为局域网络而开发的技术, 将它用于公用接入运营网络, 会导致相对较为严重的安全问题。而有线电视数据传输技术本身就是为宽带接入运营网络而设计的, 所以安全性较好。

(4) 设备管理。光纤以太网方案网络设备可能分布放置在各个建筑物内, 网络设备需要分布管理, 并且需要考虑网络设备运行环境的要求。而有线电视 CM 方案和 ADSL 方案则不存在此问题, 其所有网络设备均集中放置在网络中心, 便于管理和维护。

2. EPON 技术

EPON(Ethernet Passive Optical Network，以太网无源光网络)即基于以太网的 PON 技术。它采用点到多点结构、无源光纤传输，在以太网之上提供多种传输业务。EPON 技术由 IEEE 802.3 EFM 工作组进行标准化。2004 年 6 月，IEEE 802.3EFM 工作组发布了 EPON 标准——IEEE 802.3ah (2005 年并入 IEEE 802.3-2005 标准)。该标准将以太网和 PON 技术结合，在物理层采用 PON 技术，在数据链路层使用以太网协议，利用 PON 的拓扑结构实现以太网接入。因此，它综合了 PON 技术和以太网技术的优点：低成本、高带宽、扩展性强、与现有以太网兼容、方便管理等。

EPON 的构成如下：

- OLT(Optical Line Terminal)，光线路终端；
- ONU(Optical Network Unit)，光网络单元；
- ONT(Optical Network Terminal)，光网络终端；
- ODN(Optical Distribution Network)，光分配网。

EPON 是一种应用接入网，局端设备(OLT)与多个用户端设备(ONU/ONT)之间通过无源的光缆、光分/合路器等组成的光分配网(ODN)连接。EPON 系统采用 WDM 技术，实现单纤双向传输。为了分离同一根光纤上多个用户的来去方向的信号，如图 4.30 所示，采用以下两种复用技术：

- 下行数据流采用广播技术；
- 上行数据流采用 TDMA 技术。

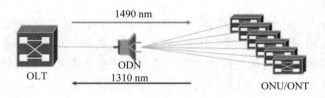

图 4.30　EPON 示意图

4.8.6　无线广域网接入方式

WWAN(Wireless Wide Area Network)即无线广域网，是采用无线网络把物理距离极为分散的局域网(LAN)或单个终端设备(Endpoint)连接起来的通信方式。WWAN 连接地理范围较大，常常是一个国家或是一个洲。其目的是让分布较远的各局域网互联，它的结构分为末端系统(两端的用户集合)和通信系统(中间链路)两部分。IEEE 802.20 是 WWAN 的重要标准。IEEE 802.20 是由 IEEE 802.16 工作组于 2002 年 3 月提出的，并为此成立专门的工作小组，这个小组在 2002 年 9 月独立为 IEEE 802.20 工作组。IEEE 802.20 实现了高速移动环境下的高速率数据传输，弥补 IEEE 802.1x 协议族在移动性上的劣势。IEEE 802.20 技术可以有效解决移动性与传输速率相互矛盾的问题，它是一种适用于高速移动环境下的宽带无线接入系统空中接口规范。

IEEE 802.20 标准在物理层技术上，以正交频分复用技术(OFDM)和多输入多输出技术(MIMO)为核心，充分挖掘时域、频域和空间域的资源，大大提高了系统的频谱效率。在设计理念上，基于分组数据的纯 IP 架构适应突发性数据业务的性能优于 3G 技术，与 3.5G(HSDPA、EV-DO)性能相当。在实现和部署成本上也具有较大的优势。

IEEE 802.20 能够满足无线通信市场高移动性和高吞吐量的需求，具有性能好、效率高、成本低和部署灵活等特点。IEEE 802.20 在移动条件下优于 IEEE 802.11，在数据吞吐量上强于 3G 技术，其设计理念符合下一代无线通信技术的发展方向，因而是一种非常有前景的无线技术。目前，IEEE 802.20 系统技术标准仍有待完善，产品市场还没有成熟，其产业链也有待完善，所以以还很难判定它在未来市场中的位置。

1. GPRS

GPRS(General Packet Radio Service)即通用分组无线业务，是一种新的分组数据承载业务。GPRS 属于 2.5 代移动通信技术。相对原来 GSM 的拨号方式的电路交换数据传送方式，GPRS 是分组交换技术，具有"实时在线""按量计费""快捷登录""高速传输""自如切换"的优点，GPRS 的工作频段：850 MHz/900 MHz/1800 MHz/1900 MHz。

2. CDMA

CDMA(Code Division Multiple Access)即码分多址技术，是高通公司在无线通信产品和服务的新时代率先开发的、用于提供十分清晰的语音效果的数字技术。通过利用数字编码"扩谱"无线电频率技术，CDMA 能够提供比其他无线技术更好的、成本更低的语音效果、保密性、系统容量和灵活性，以及更加完善的服务，如短信息、E-mail、上网等。CDMA 的工作频段：820～900 MHz。

3. 3G

3rd Generation 即第三代数字通信，1995 年问世的第一代数字手机只能进行语音通话；而 1996 到 1997 年出现的第二代数字手机增加了接收数据的功能，如接收电子邮件或网页；第三代与前两代的主要区别是在传输声音和数据的速度上的提升，它能够处理图像、音乐、视频流等多种媒体形式，提供包括网页浏览、电话会议、电子商务等多种信息服务。

4. IMT-2000(国际移动电话 2000)标准

国际电联制定的第三代数字通信标准规定，移动终端以车速移动时，其传转数据速率为 144 kb/s，室外静止或步行时速率为 384 kb/s，而室内为 2 Mb/s。

5. W-CDMA

W-CDMA(Wideband CDMA)即宽频分码多重存取，W-CDMA 标准主要起源于欧洲和日本的早期第三代无线研究活动，该系统在现有的 GSM 网络上使用，对于系统提供商而言可以较轻易地过渡，该标准的主要支持者有欧洲、日本、韩国。

6. CDMA2000

多载波分复用扩频调制(CDMA2000)系统主要是由美国高通北美公司为主导提出的，它的建设成本相对比较低廉，主要支持者包括日本、韩国和北美等国家和地区。

7. TD-SCDMA

时分同步码分多址接入(TD-SCDMA)标准是由中国第一次提出并在此无线传输技术(RTT)的基础上与国际合作完成的，该标准为 CDMA TDD 标准的一员，这是中国移动通信界的一次创举，也是中国对第三代移动通信发展的贡献。在与欧洲、美国各自提出的 3G 标准的竞争中，中国提出的 TD-SCDMA 已正式成为全球 3G 标准之一，这标志着中国在移动通信领域已经进入世界领先之列(标准由大唐电信制定)。

8. FDD-LTE / TDD-LTE

LTE(Long Term Evolution，长期演进)即第 4 代通信技术，LTE 是 3G 的演进，它改进并增强了 3G 的空中接入技术，采用 OFDM 和 MIMO 作为其无线网络演进的唯一标准。FDD-LTE 和 TDD-LTE 是 4G 网络的标准模式，分别支持频分双工(FDD)和时分双工(TDD)通信。

LTE 的主要性能目标包括：
- 在 20 MHz 频谱带宽能够提供下行 100 Mb/s、上行 50 Mb/s 的峰值速率；
- 改善小区边缘用户的性能；
- 提高小区容量；
- 降低系统延迟，用户平面内部单向传输时延低于 5 ms，控制平面从睡眠状态到激活状态迁移时间低于 50 ms，从驻留状态到激活状态的迁移时间小于 100 ms；
- 支持 100 km 半径的小区覆盖；
- 能够为 350 km/h 高速移动用户提供 100 kb/s 以上的接入服务；
- 支持成对或非成对频谱，并可灵活配置 1.25～20 MHz 范围内的多种带宽。

◆ ◆ ◆ 本 章 小 结 ◆ ◆ ◆

本章主要介绍局域网的基础知识和常用的以太网技术分类，随后介绍交换机的分类、连接方式、交换机选型的一些指标，还讲解了无线局域网技术、VoIP 技术、广域网接入技术，针对广域网技术，分析了常见的 EPON、LTE 技术。

习 题 与 思 考

1. 局域网按工作方式和结构可分为哪些类型？
2. 以太网的常见类型有哪些？
3. 如何修改本地计算机的 MAC 地址？
4. 简述 VLAN 技术。
5. 简述多层交换技术。
6. 如何选购交换机？
7. 查阅、了解 VoIP 相关的技术及 IP PBX(基于 IP 的基于交换机)产品。
8. 什么是 EPON？查阅资料了解 EPON 的应用。
9. 查阅 LTE 相关资料，简述 TDD-LTE、FDD-LTE 的相关技术。

第 5 章

网络方案设计案例

【内容介绍】

本章主要根据前面的知识点，通过列举某研究所的案例，分析和讲解网络方案的基本设计过程，包括：需求分析、信息点统计、网络建设的原则；网络拓扑分析及设备选型参考；网络 IP 和 VLAN 规划设计；路由设计；网络冗余设计。

5.1 网络建设目标及需求分析

5.1.1 网络建设目标

网络建设的目标是加快某研究所的网络信息化建设，提高研究所的科研、管理、办公、网络视频会议的科学化服务和管理，以高质量、高可靠性、高安全性、高稳定性、可控管性的建设要求完成本所数据信息传输的基础网络建设，为日后的科学研究、后勤、采购、合同等的网络化办公提供一个安全可靠的、稳定的、能够进行高速传输的网络。

提示：网络系统商首先应了解用户的建设目标、网络建设背景，通过目标和背景，才能进行下一步的需求调研和调查，按照需求调研调查的方法进行，摸清用户的真实需求。通常需求调查的方法，可以通过如下方式完成：

(1) 正式会议和座谈交流：由相关的集成商方案设计人员、项目经理、用户方参与，提出需求、目标、标准等。

(2) 用户走访和调查：到与用户方相关的行政办公区、生产工作区走访相关的基层人员、管理人员，调查用户基层的真实需求和想法，使规划的网络平台更贴近用户的实际需要。

(3) 实地考察：实地考察是方案设计人员获取最为真实的用户实际环境信息，比如楼层分布、楼宇分布、楼宇办公间情况、楼宇内业务分布情况、用户信息点分布等。

5.1.2 网络建设需求分析

1. 基本需求

为加快某研究所的网络信息化建设，本期应首先完成数据基础网络建设工程，实现多功能的综合业务网络。应满足用户的信息化需求，解决日常办公、VoIP、视频会议、资源共享、E-mail、FTP、Web 信息发布、VOD 视频点播、信息传递、共享文件打印机、网络传真服务、宏观协调及科学决策的问题；应保证数据基础网络的资源，使资源利用最大化，提高日常办公质量和效率；数据基础网络应具有先进性、实用性、稳定性、可靠性、可扩展性、安全性、可管理性、可运营性、可增值性等特性。

2. 应用需求

数据基础网络信息化建设，必须以用户的应用需求作为基础。随着网络技术的飞速发展和应用水平的逐步提高，用户的网络需求在不断增加，应用特点也在不断变化，网络应用需求的新特点主要表现在下述几个方面：

(1) 该研究所需接入的网络数逐渐增多，扩展速度加快：新建办公楼、生产工作区规模在扩大，地理分布较广，员工人数增加较快，家属生活区家庭用户需要接入该研究所网络，用户终端数量增大。

(2) 业务应用增多，网络传输质量要求严格：工作区、行政办公区、生产区、家属生活区等需要持续不断的业务传输，传输质量要求可靠、稳定、安全，保证接入用户身份明确。

(3) 安全隐患大：目前网络攻击软件泛滥，获取渠道众多，并对技术要求更低；同时网络病毒泛滥，新病种不断呈现，危害性更强。

(4) 不易管理：用户中经常发生 IP 地址盗用、IP 地址冲突、账号盗用、非法 DHCP 服务器和设置代理服务器等令网络管理及维护人员非常头疼的问题。

(5) 可能出现非法组播源：交换机会将任意端口进入的视频流转发到已注册的端口，无法区分合法与非法的视频流，对网络带宽和性能造成影响。

3. 网络高性能需求

根据用户的基本业务，对网络性能体提出了新的需求：

(1) 并发性强，要求终端接入准入认证效率高，对用户的认证不会对网络性能造成瓶颈。

(2) 各种流媒体的应用(比如视频、语音、小区视频监控数据)，要求全线支持组播、QoS、流量控制等流技术，使用户能正常、流畅地应用多媒体。

(3) 网络设备的交换容量要足够用，保证每个端口能进行线速转发，同时预留一定数量的端口作为扩展备用。

(4) 应用系统的复杂化和多元化要求网络具有高带宽，核心层之间必须支持万兆链路扩展，汇聚层到核心层多条千兆链路聚合，接入层到汇聚层千兆链路或链路聚合，百兆到用户桌面。

4. 可靠性、稳定性需求

(1) 核心层是该研究所的业务中心，如何保障网络的高效率、高可靠、高稳定运行是网络建设的前提。

(2) 核心层之间的设备互为备份，包括设备、链路、路由等备份，保证了网络可靠性。

(3) 可提供管理模块冗余和电源模块冗余，保障网络的高可用性和稳定性。

5. 网络安全需求

(1) 杜绝非法的组播源播放非法的组播信息。

(2) 有效控制和预防病毒的传播和网络的攻击。

(3) 由于各种病毒在被公布前是很难防范的，网络技术需要能适时地调整安全策略，并在最短的时间内部署到全网，把病毒拒绝在网络之外。

(4) 建立行政办公区、生产区中各个科室之间的安全访问控制，做到将攻击威胁控制在子网内，甚至可以控制在子网内的交换设备的某端口。

6. 网络准入控制认证需求，便于建立一个可信网络

(1) 有效地对用户进行接入控制，保证只有申请开通的合法用户才可以使用网络，保证接入用户的身份合法性。

(2) 能够对接入用户进行账号与 IP、MAC、端口等多元素的绑定，以唯一确定用户身份同时准确定位。

(3) 客户端自动在线升级，方便网络管理人员的维护，提高工作效率。

(4) 对部分接入用户权限漫游，要求 IP 地址与用户一一对应。

7. 网络监控管理需求

(1) 能够方便地进行用户管理，包括开户、销户、资料修改和查询。

(2) 能够对用户进行分级管理，认证系统需要支持远程登录的方式进行管理。

(3) 需要能够对网络设备进行集中的统一管理，自动生成网络拓扑结构，通过颜色变化来区分设备运行情况。

(4) 组、账号用户管理模式，提高网络的开户效率和组管理功能。

(5) 用户能自己管理账户的密码并查看上网记录。

(6) 可监视和管理用户上网的行为，特别是对在工作区中上班时间内的员工的上网行为进行监控：聊天、访问非法网站、在线看电影，等等。

8. QoS 需求

由于研究所系统的特殊性，其通信的类型几乎涵盖了 Internet 所有的应用通信类型，包括 E-mail、FTP、网页浏览、数据库查询、协同计算机辅助设计(CAD)、基于计算机的企业系统(ERP 等)、协同研究、视频广播、语音广播(生产工作区)、IP 视频监控、VoIP 以及视频会议等应用类型。其通信方式和对传输网络的要求各不相同，为了合理利用网络资源，需要为业务、VoIP、语音广播、视频会议等对网络服务质量要求高的应用提供高优先级，才能为所有这些应用提供网络传输保证，保障各种不同服务的流畅应用，并实现端到端的QoS 服务。

9. 组播应用需求

IP 组播技术作为一种节省带宽的网络技术，最适合在流媒体应用中使用。流媒体技术可用于生产工作区语音广播、视频点播、远程监控、视频会议等。组播应用对网络设备的要求如下：

(1) 支持组播协议：核心层和汇聚层的三层交换机支持 PIM/IGMP 等协议，接入的二层交换机支持 IGMP Snooping 协议。

(2) 多媒体双向组播，实现实时的交互式视频应用。

(3) 多媒体非法组播源控制。

(4) 端到端的 QoS 保障,要求全网提供服务保证。

10. 终端桌面安全需求

研究所具有一些政策性约束条件,对接入终端的审计具有高安全性要求,因此,针对该研究所的行政办公区、研究室、财务室等重要部门进行用户桌面终端行为监控,能够有效地审计用户,便于事后进行取证。

5.1.3 信息点分布分析

根据该研究所的实地考察的结果可以得到大概的用户网络接入层的信息点分布统计,如表 5.1 所示。

表 5.1 信息点分布大概情况

区域	楼宇	信息点(接入层)/点	终端(含 PC、手机或 PAD)接入量(大约)/台
行政办公区	1#(6 层高)	40 间/层×6 层×2 点/间 = 480 6 层×4 个会议室/层×4 点/个会议室 = 96	2016
	2#(6 层高)	40 间/层×6 层×2 点/间 = 480 6 层×4 个会议室/层×4 点/个会议室 = 96	2016
	3#(3 层高综合楼)	12 间/层×2 层×6 点/间 = 144 1 层(图书阅览室)×40 点/层 = 40 2 层×2 个会议室/层×4 点/个会议室 = 16	240
生产工作区	1#,2#	120	100
	3#,4#	220	200
	5#,6#	220	200
家属生活区	1#～60#	60 栋×48 点/栋 = 2880	8640
	物管中心	40	30

5.2 网络建设设计原则

该研究所网络系统的建设在实用的前提下,应当在投资保护及长远性方面做适当考虑,在技术上、系统能力上要保持 5 年左右的先进性。并且从用户的利益出发,系统应具有一定的自由度,在技术方面应该采用标准、开放、可扩充的、能与其他厂商产品配套使用的设计。

根据数据基础网络的总体需求,结合对应用系统的考虑,我们提出网络系统的设计目标是:设计高性能、高可靠性、高稳定性、高安全性、可运营、可管理、可增值的智能网络。

设计该研究所的数据基础网络时应遵循以下原则。

1. 先进性和成熟性

系统设计采用了先进的概念、技术和方法,采用了常用的 IEEE 802.11n 技术,网络主干设备选用高带宽的、千兆位及万兆位线速路由交换技术。

2. 高性能

系统建设应始终贯彻面向业务应用，注重实效的方针，保证系统具有足够的数据传输带宽，并为可预计的业务提供足够的系统容量和 QoS、CoS 网络服务品质，建设该研究所的高性能网络系统，保护用户的投资。

3. 可靠性和稳定性

在考虑技术先进性和开放性的同时，还应从系统结构、技术措施、设备性能、系统管理、厂商技术支持及维修能力等方面着手，确保系统运行的可靠性和稳定性，达到最长的平均无故障时间。方案中考虑了设备硬件级的冗余和备份策略，保证网络运行的可靠性和稳定性，所选择的核心层设备具有电源备份及模块的热插拔维护功能；方案中所选核心层设备的系统模块，比如交换引擎、电源模块等均支持 1＋1 冗余备份。在网络配置中，也考虑了一定的冗余和负载均衡，保证网络高可用性。

4. 安全性和保密性

在系统设计中，不仅要考虑信息资源的充分共享，更要注意信息的保护和隔离。因此，系统应分别针对不同的应用和不同的网络通信环境，采取不同的措施，包括系统安全机制、数据存取的权限控制等，比如划分 VLAN、MAC 地址绑定、802.1x、802.1d、802.1w、802.1s、VRRP、ACL、PORT+IP+MAC 绑定，以及统一用户身份的认证机制等。这些技术根据具体用户类型、需求来实现。

5. 可扩展性和可管理性

为了适应系统变化的要求，全线采用可网管产品，该产品提供了堆叠、交换机集群功能，可降低人力资源的费用，提高网络的易用性、可管理性，同时又具有很好的可扩充性，从而实现了网络的可维性。

6. 结构化设计

(1) 接入层：用于连接各末端设备，可有效控制合法用户的可信接入。

(2) 汇聚层：用于连接工作区、生产区、家属生活区的接入设备，具有负载平衡性、快速收敛性和扩展性，完成路由选择和安全访问控制隔离，提供冗余。

(3) 核心层：用于连接各汇聚设备(或接入层设备)和服务器群设备，提供路由管理、网络服务、网络管理、数据高速交换、快速收敛和扩展功能，并完成高速转发。

根据上述特性需求，在网络设备核心层、汇聚层、接入层产品和防火墙以及管理系统选型上，推荐选择锐捷网络全套产品或华为 H3C 产品构架数据基础网络。这两种产品均由国内领先的网络厂商生产，性价比高，并且有优质的售后技术服务保障。

5.3 网络拓扑设计

5.3.1 网络拓扑及设备选型分析

根据需求分析、信息点的分布统计情况，网络拓扑设计时应将复杂的网络设计分成多个层次，每个层次只着重于某一方面特定功能的设计，这样能够使一个复杂网络简单化且更有层次感，易于网络的管理和维护。网络拓扑设计采用三层结构设计网络拓扑，即核心层、汇聚层、接入层，同时考虑安全性和冗余设计。

网络拓扑设计及其拓扑中各个层次设备的选型，是方案设计的重点。严格的设备选型可使网络达到最佳的效果，包括系统相对独立，升级简便，组网方式灵活，以保护现有投资和未来的发展。所以为了满足该研究所目前的需求，立足长远发展，网络设备的选型除依据提出的需求外，还需遵循前面讲述的设计原则。

本次网络方案案例设计，选用锐捷网络产品系列。锐捷网络公司作为国内领先的网络设备供应商，其产品具有良好的可靠性和稳定性，可提供高性能、全方位的千兆网络产品解决方案。其专门为企业行业用户定制和推出的解决方案，由于贴近企业行业用户实际需求，得到了约 10 000 家以上单位的认可，该设备选型也满足了该方案前面所述的设计原则。

1. 核心层设备选择

核心交换机是局域网的基石，是网络信息交换、共享数据的中心枢纽，其性能决定网络中各信息点的响应速度、传输速度和吞吐量，以及网络的负载能力、服务器分发、工作站访问范围等功能。因此，核心交换机采用多机作热备份，保证核心层的正常运行。根据需求，所选择的中心交换机应具有模块化设计、虚网划分功能，支持第三层交换、负载均衡和冗余备份、板卡智能分布式处理、模块热插拔、电源冗余等功能，具有高密度端口、多种模块且配置灵活的特点，以构建弹性可扩展的网络。核心交换机必须具备真正线速、超强分布式数据处理性能，能够复杂功能硬件实现，采用先进的交换矩阵结构，支持硬件 ACL、硬件 QoS 在进行大量复杂数据处理的同时保持线速的交换和路由。另外，为满足"大数据多业务时代"对高数据处理能力的最新要求，交换机每个端口必须具备独立的数据处理能力，将分布在线卡层面的部分功能(如 ACL、QoS)进一步分布到端口，实现了端口级的数据同步交换。

综上所述，主干核心交换机属于高端系列的产品，所以在本方案中，核心交换机采用 RG-S8605E 骨干万兆交换机。RG-S8605E 具有如下功能和特点：

(1) 采用三层模块化交换机；5 个全模块化，具有良好的扩展性。

(2) 具有高密度端口，交换容量最大可以达到 83.4 Tb/s；包转发率最大可以达到 18 000 Mb/s。

(3) 支持网络虚拟化、SDN。

(4) 具有高可用的 QoS 保障，支持 802.1p，支持 SP、WRR、DRR、SP+WRR、SP+DRR 等队列调度机制，支持 RED/WRED，支持基于出端口/入端口的限速。

(5) 支持基于 MAC 地址的 802.1X 协议和基于端口的 802.1X 协议，硬件实现了端口与 IP、MAC 的绑定。

(6) 支持 RIPv1/v2、OSPF、VRRP、PIM、IGMP 等多种三层协议。

(7) 支持 SNMPv1/v2c/v3、CLI(Telnet/Console)、RMON(1，2，3，9)等多种管理方式。

(8) 硬件实现了路由、ACL、QoS 等功能。

(9) 支持万兆以太网，端口转发达到线速，便于后期扩展升级。

(10) 主控、电源均可冗余备份，所有板件支持热插拔，电信级可靠性设计保证核心节点稳定可靠，等等。

以上这些功能完全满足本次项目的要求，所以我们选择 RG-S8605E 作为网络核心交换机。

2. 汇聚层设备选型

对于楼宇或区域汇聚交换机,必须考虑到安全接入控制、QoS 服务质量保证、组播支持等技术。结合数据基础网络的实际情况,建议在楼宇或区域汇聚节点使用汇聚层交换机 RG-S5750-H 系列设备。

汇聚层交换机 RG-S5750-H 系列设备具有如下特点:

(1) RG-S5750-H 系列交换机固化 4 端口万兆光,可根据用户需要灵活选择不同数量的万兆光口和电口,完全满足大型企业园区网汇聚或中小型网络核心部署需求。

(2) 可支持高达 64 KB 的 MAC 地址容量。

(3) 交换容量最大可以支持到 5.98 TB。

(4) 具有交换机应有的 VLAN、生成树等特性。

(5) 硬件支持 IPv4/IPv6 双协议栈多层线速交换,硬件区分和处理 IPv4、IPv6 协议报文,可根据 IPv6 网络的需求规划网络或者维持网络现状,提供灵活的 IPv6 网络通信方案。

(6) 支持丰富的 IPv4 路由协议,包括静态路由、RIP、OSPF、IS-IS、BGP4 等,在不同的网络环境中用户能够选择合适的路由协议灵活组建网络。同时支持丰富的 IPv6 路由协议,包括静态路由、RIPng、OSPFv3、IS-ISV6、BGP4+等,不论是在升级现有网络至 IPv6 网络,还是新建 IPv6 网络,都可灵活选择合适的路由协议组建网络。

完善的安全防护策略如下:

(1) 具有的多种内在机制可以有效防范和控制病毒传播和黑客攻击,如预防 DoS 攻击、防黑客 IP 扫描机制、端口 ARP 报文的合法性检查、多种硬件 ACL 策略等,可以还网络一片绿色。

(2) 支持基于硬件的 IPv6 ACL,即使在 IPv4 网络内有 IPv6 用户,也可轻松在网络边缘实现对 IPv6 用户的访问控制,既可允许网络内 IPv4/IPv6 用户并存,也可以对 IPv6 用户的访问权限进行控制,比如限制对网络敏感资源的访问等。

(3) 业界领先的硬件 CPU 保护机制:特有的 CPU 保护策略(CPP 技术),对发往 CPU 的数据流进行流区分和优先级队列分级处理,并根据需要实施带宽限速,充分保护了 CPU 不被非法流量占用、恶意攻击和资源消耗,保障了 CPU 和交换机的安全。

(4) 硬件实现端口或交换机整机与用户 IP 地址和 MAC 地址的灵活绑定,严格限定端口上的用户接入或交换机整机上的用户接入问题。

(5) 支持 DHCP snooping,可只允许信任端口的 DHCP 响应,防止私设 DHCP Server 的欺骗;在 DHCP 监听的基础上,通过动态监测 ARP 和检查用户的 IP,直接丢弃不符合绑定表项的非法报文,以有效防范 ARP 欺骗和用户源 IP 地址的欺骗问题。

(6) 基于源 IP 地址控制的 Telnet 设备访问控制,避免了非法人员和黑客恶意攻击和控制设备,增强了设备网管的安全性。

(7) SSH(Secure Shell)和 SNMPv3 可以通过在 Telnet 和 SNMP 进程中加密管理信息,保证管理设备信息的安全性,防止黑客攻击和控制设备。

(8) 提供多种安全控制手段,包括限制和禁止主机访问、AAA 认证、802.1X、控制台口令保护、MAC 地址锁、VLAN 划分、ACL 访问控制等功能。

(9) 支持 NFPP 技术。NFPP (Network Foundation Protection Policy，基础网络保护策略) 是用来增强交换机安全的一种保护体系，通过对攻击源头采取隔离措施，可以使交换机的处理器和信道带宽资源得到保护，从而保证报文的正常转发以及正常的协议状态。

该设备的这些功能和特点完全满足本次项目的要求，适合作为楼宇或区域汇聚交换机。

3. 接入层设备选择

接入交换机通过部署支持 ACL 的 RG-S2600-E/P 系列智能增强安全接入交换机，采用千兆上联、百兆堆叠到桌面的解决方案。桌面接入采用 10/100 Mb/s 以太网技术，某些节点直接千兆到桌面。一则可实现弹性、平滑的基础网络扩容，二则通过安全智能交换机的安全特性，将用户报文在接入端口进行过滤，同时释放、降低核心层设备的性能压力和组网成本。结合 IEEE 802.1X 接入控制协议，通过安全认证，形成合法用户的安全可信接入、高性能、可控管网络系统；支持交换机具有的 VLAN、生成树特点。

4. 网络边界安全网关(数据基础网络出口设备)选择

为了保护数据基础网络和外网之间的安全，防止网络病毒和网络攻击等行为，并实现 Internet 连接，需要在数据基础网络出口部署防火墙作为安全网关和远程接入平台。我们选择 RG-WALL 1600 作为安全网关，其具体特点如下：

- 提供网络接口 10/100/1000BaseT≥4，Mini-GBIC 接口≥6；
- 提供并发会话数≥2 000 000；
- 防火墙流量能力(单向) ≥2.5 Gb/s；
- 策略数(Policies)≥1000；
- 支持策略路由功能；
- 支持负载均衡；
- 提供 HA 功能：支持设备故障检测、连接故障检测、故障切换通知；
- 提供完备的双向地址翻译 NAT 或 PNAT 功能：正向 NAT 支持静态 NAT 和动态 NAT，反向 NAT 支持端口映射和 IP 映射；
- 支持 BT、eDonkey、Kazaa 等 P2P 软件的禁止和带宽限制；
- 监视并切断发自不明发信地址的内容，切断没有被邀请的 ICMP、IP 流量碎片、Sync flooding 攻击，检测并拦截扫描行为、UDP flooding 邮件炸弹，支持同 IDS 的产品互动，支持拒绝服务；
- 支持 VPN 功能，并发 VPN 通道数≥10 000，VPN 吞吐量(SHA-1, 3DES)≥2 Gb/s；
- 支持 Web、命令行、SSH、JAVA 控制台管理；
- 可完全支持建立高安全性的企业服务器群 DMZ 区。

以上这些功能和特点完全满足本次项目的要求，所以我们选择 RG-WALL 1600 作为安全网关。

5. 认证系统选型(建立终端可信准入控制)

网络核心部署 RG-SAM 安全认证系统，提供全网用户管理和安全认证管理，提升网络准入接入控制和安全管理，实现端到端的整体解决方案。根据网络用户管理应用需求，具体要求如下：

(1) 支持 Windows 操作系统和 MS SQL 数据库，用户数量大于等于 1 万；

(2) 实现对接入用户进行账号与 IP、MAC、交换机、端口多元素的复合绑定；

(3) 支持自动绑定用户 IP、MAC、交换机端口、交换机 IP；

(4) 实现有效的自动探测并屏蔽各种形式的代理服务器，包括单网卡代理，双网卡代理，终端服务代理或者 HTTP、Socket 等各种代理形式。同时，是否允许某个账号使用代理，可以由管理员在认证服务器进行控制；

(5) 实现有效的屏蔽认证后拨号的功能，同时，是否允许某个账号使用认证后拨号的功能，可以由管理员在认证服务器端进行控制；

(6) 有效控制 IP 地址冲突；

(7) 支持客户端软件自动在线升级；

(8) 支持接入时段控制(日常、周末、节日)；

(9) 支持组、账号用户管理模式；

(10) 支持分级权限管理功能；

(11) 支持用户 Web 自助服务(提供用户修改密码，查询上网记录和缴费记录)；

(12) 支持消息广告；

(13) 支持用户自助注册账户功能、管理员审计激活功能。

以上这些功能完全满足本次项目的要求，所以我们选择 RG-SAM 作为本次项目的认证系统，完成终端可信准入网络控制。

5.3.2 网络拓扑结构设计

根据拓扑设计分析，该研究所的网络结构设计被分成了三个层次节点，如图 5.1 为设计的示意图。

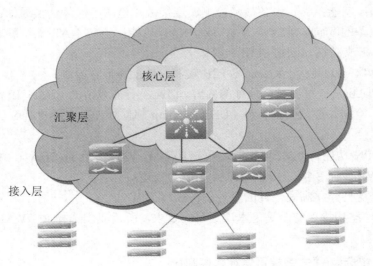

图 5.1 三层结构设计思路图

三层结构描述如下：

(1) 核心节点，完成网络区域之间的交换和路由，并承载服务器群的网络数据传输，承担该研究所的外网、内网与服务器、内网区域之间的网络数据传输。

（2）汇聚节点，完成生产工作区、家属生活区、行政办公区的汇聚，实现区域内的内部交换和路由，承担区域内网络数据的流出口，并实现高链路聚合和冗余，解决网络数据出口单点故障问题。

（3）接入节点，完成终端用户的接入，比如行政办公区房间、生产工作区、家属生活区等。

根据实际内容，将该研究所分成三大区域：行政办公区、生产工作区、家属生活区。

如图 5.2 所示为该网络方案的拓扑示意图。

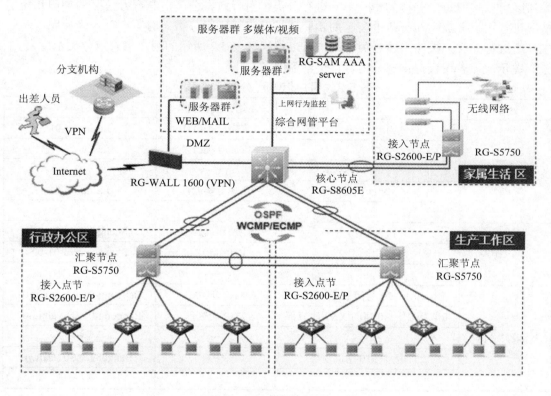

图 5.2　网络方案拓扑示意图

提示：我们在设计网络拓扑图的时候，应该根据用户需求进行分析，得出网络规模、承载的业务数据、安全控制等信息，按照网络结构设计方法和思路，决定是构建三层结构(核心层、汇聚层、接入层)，还是构建二层结构(核心层和接入层)。根据该研究所的需求，该方案适合采用三层结构，有利于区域化交换和管理、安全控制。网络拓扑结构绘制方法较多，我们可以采用专业的工程绘图工具实现，比如微软的 Visio 工具、亿图工具、或 WPS 的演示工具(ppt)，或微软的 Power Point 工具，无论使用哪一种工具，我们要绘制好的示意图，都需要一些图的元素图，比如交换机、路由器、防火墙、PC 主机的元素图，通常我们的设备厂家会提供一些元素图，利用工具和元素图，参考一些网络拓扑示意图，就可以画出好的网络方案拓扑图。

5.4 网络 IP 地址及 VLAN 规划设计

5.4.1 用户信息点分类

根据前面的需求分析和用户区域情况，可以实现用户信息点在区域内的分类，分类的目的是有助于网络管理和方便规划设计 IP 地址和 VLAN，也有利于实现路由和交换、安全管理的逻辑划分。从前面的信息点统计情况来看，家属生活区是比较单一的用户类，家属生活区可以按照每一栋楼的每一单元进行分类；对行政办公区，结合办公区的部门和楼层情况进行用户分类；对行政办公区的实验楼按照房间进行分类；对生产工作区按照厂房的生产组进行分类。按照上述分类原则，可以得到如表 5.2 所示的用户信息点分类示意表。

提示：该表仅仅提供部分内容，供学习参考。

表 5.2 用户信息点分类示意表

区域	位置	用户类说明	类别编码
家属生活区	1#1 单元	家属分类#1-1	Jiashu-01-01
	1#2 单元	家属分类#1-2	Jiashu-01-02
	...	...	...
	2#1 单元	家属分类#2-1	Jiashu-02-01
	...	...	...
生产工作区	1# 生产组 1	生产组#01-01	Shengchanzu-01-01
	1#生产组 2	生产组#01-02	Shengchanzu-01-02
	...	...	...
行政办公区	1#1 楼 1～20 房间 XX1 研究部	XX1 研究部	Bangong-01-01-yanjiu-01
	1#2 楼 21～40 房间 XX2 研究部	XX2 研究部	Bangong-01-02-yanjiu-02
	2#1 楼 1～10 房间财务	财务	Bangong-02-01-caiwu
	...	...	...

5.4.2 IP 和 VLAN 设计

1. IP 及 VLAN 规划原则

根据需求分析，首先为用户提供一个前期网络规划方案，方便用户对方案的认可而不是开始实施方案。就该研究所 IP 及 VLAN 的规划原则作以下简要设计(仅作为参考，便于日后进一步交流)：

(1) 为控制广播，也为今后的管理提供方便，一个网段内的用户量为 254 个信息点以下最佳。

(2) 整网均采用私有 IPv4 地址，并通过防火墙进行 NAT 转换共享访问外网(Internet)。

(3) 为了方便日后的管理和维护，采取 IP 网段和 VLAN-ID 相对应的策略，例如网段 192.168.11.0/24 对应 VLAN-ID 11，网段 192.168.12.0/24 对应 VLAN-ID 12 等。

2. IP 及 VLAN 规划建议

表 5.3 为结合了用户分类的 IP 和 VLAN 规划的示意表，该表供后期深层次的交流。

表 5.3　IP 和 VLAN 规划示意表

IP 网段	可用地址范围	VLANID	网关	备注/用户类别编码
领导办公 OA 网段				
192.168.10.0/24	192.168.10.2～ 192.168.10.254	10	192.168.10.1	共 254 点(有预留) Bangong-01-06-LingDao
一般办公 OA 网段				
192.168.11.0/24	192.168.11.2～ 192.168.11.254	11	192.168.11.1	共 254 点(有预留) Bangong-01-03-shoufa-01
192.168.12.0/24	192.168.12.2～ 192.168.12.254	12	192.168.12.1	共 254 点(有预留) Bangong-02-04-caigou-02
⋮				
192.168.18.0/24	192.168.18.2～ 192.168.18.254	18	192.168.18.1	共 254 点(有预留) Bangong-02-05-ban-02
阅览室网段				
192.168.19.0/24	192.168.19.2～ 192.168.19.254	19	192.168.19.1	共 254 点(有预留) Bangong-03-01-yuelanshi
⋮				
192.168.30.0/24	192.168.30.2～ 192.168.30.254	30	192.168.30.1	共 254 点(有预留) Bangong-03-02-shiyan1
研究室区网段				
192.168.31.0/24	192.168.31.2～ 192.168.31.254	31	192.168.31.1	共 254 点(有预留) Bangong-01-01-yanjiu-01
192.168.32.0/24	192.168.32.2～ 192.168.32.254	32	192.168.32.1	共 254 点(有预留) Bangong-01-02-yanjiu-02
财务网段				
192.168.33.0/24	192.168.33.2～ 192.168.33.254	33	192.168.33.1	共 254 点(有预留) Bangong-02-01-caiwu
待定网段				
192.168.34.0/24	192.168.34.2～ 192.168.34.254	34	192.168.34.1	共 254 点(预留)
⋮				
192.168.59.0/24	192.168.59.2～ 192.168.59.254	59	192.168.59.1	共 254 点(预留)
服务器网段				
192.168.60.0/24	192.168.60.2～ 192.168.60.254	60	192.168.60.1	共 254 点(有预留)

续表

IP 网段	可用地址范围	VLANID	网关	备注/用户类别编码
网络设备管理网段				
172.168.0.0/24	192.168.0.2～ 192.168.0.254	1000	192.168.0.1	共 254 点(有预留)
生产工作区网段				
192.168.100.0/24	192.168.100.2～ 192.168.100.254	100	192.168.100.1	共 254 点(有预留) Shengchanzu-01-01
192.168.101.0/24	192.168.21.2～ 192.168.21.254	101	192.168.101.1	共 254 点(有预留) Shengchanzu-01-02
⋮				
家属生活区网段(家属生活区 VLAN 与 办公和生产不冲突，独立划分 VLAN)				
172.16.10.0/24	172.16.10.2～ 172.16.10.254	10	172.16.10.1	共 254 点(有预留) Jiashu-01-01
172.16.11.0/24	172.16.11.2～ 172.16.11.254	11	172.16.11.1	共 254 点(有预留) Jiashu-01-02
⋮				

5.5 路由设计

5.5.1 默认路由设计

默认路由设计是一种网络路由配置中的特殊静态路由，可以匹配所有的目的 IP 网络，常常作为 PC 主机、网络边界唯一出口(比如内外网)的特殊静态路由，使用户在访问其他网络的时候有一条缺省的路径。

该研究所涉及的默认路由配置主要在如下节点中：

(1) 终端：所有的终端接入设备的默认网关(默认路由)，均为所接交换机端口(或 VLAN)所在 IP 的网关地址。终端包括了家属生活区、无线接入、行政办公区、生产工作区、服务器群。

(2) 出口防火墙：该研究所的内网出口防火墙与外网之间相连接的默认路由设置，设置为运营商提供的默认网关 IP 地址。

(3) 汇聚层和核心层设备：可以在其上根据实际情况增加静态路由，以提高路由选择速率。

(4) RIP 或 OSPF：动态路由 RIP 或 OSPF 中会使用到相应的配置指令完成默认路由的引入，将在实际实施方案中具体体现配置，比如 RIP 中引入 ip default-network 或 default-information originate 配置指令，在 OSPF 中引入 default-information originate 配置指令。

5.5.2 动态路由设计

动态路由在该方案可以选择 RIP 或 OSPF，RIP 路由协议有两个版本：RIPv1 和 RIPv2。

RIP 路由协议属于距离向量动态路由协议，路由度量值根据经过的路由器节点数这一因素决定。如果两个到相同目的网络但具有不等传输率线路的路由，经过路由器节点跳数是相同的，则 RIP 认为这两个路由等距离，都是一样的优秀路由；当链路在处于高流量、拥塞的情况下，RIP 无从判断该条路径是否为最优秀的路由，只是简单"粗暴"地判断路径节点距离，因此，RIP 不太适合链路流量动态变化情况下的动态路由改变。运行 RIP 的路由器需要定期地(一般周期为 30 s)将自己的路由表广播到网络当中，达到对网络拓扑的聚合，这样不但聚合的速度慢，而且极容易引起广播风暴、累加到无穷、路由环致命等问题。而 OSPF 是基于链路状态的路由协议，它克服了 RIP 的许多缺陷，其特点如下：

(1) OSPF 不再采用跳数的概念，而是根据接口的吞吐率、拥塞状况、往返时间、可靠性等实际链路的负载能力定出路由的代价，同时选择最短、最优路由并允许保持到达同一目标地址的多条路由，从而平衡网络负荷。

(2) OSPF 支持不同服务类型的不同代价，从而实现不同 QoS 的路由服务。

(3) OSPF 路由器不再交换路由表，而是同步各路由器对网络状态的认识，即链路状态数据库，然后通过 Dijkstra 最短路径算法计算出网络中各目的地址的最优路由。这样 OSPF 路由器间不需要定期地交换大量数据，而只是保持着一种连接，一旦有链路状态发生变化时，才通过组播方式对这一变化做出反应，这样不但减轻了不参与系统的负荷而且实现了对网络拓扑的快速聚类。而这些正是 OSPF 强大生命力和应用潜力的根本所在。

因此，在该方案中，为了更好地让核心层、汇聚层形成稳定的网络拓扑，选用了 OSPF 作为动态路由，能够很好地通过链路状态来决定路由，通过如图 5.2 所示的设计，核心层和汇聚层之间形成了互联互通的网状冗余设计，保证当某一条链路故障时，可以通过另外一条链路进行通信，不会出现链路不通的故障现象。链路断开会改变现有的网络拓扑，而 OSPF 具有快速收敛的能力，能够稳定网络拓扑，使区域内的终端用户不会出现网络断链的现象，故障恢复切换时间短。图 5.3 为该方案的 OSPF 路由的区域划分。

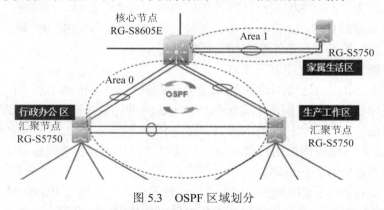

图 5.3　OSPF 区域划分

将该方案中的核心节点作为路由骨干设备，路由 ID 值最优，将家属生活区设计为一个单独的区域 1，行政办公区域、生产工作区域和核心节点互为冗余设计，将归属到同一个区域 0。

5.5.3　路由汇总设计

路由器(三层交换机)中的路由表在最坏的情况下都会随着子网网络数量的不断增加而

增加，此时，路由器(三层交换机)中的路由表就变得非常臃肿，直接导致路由查找速率变慢，给用户的直观感觉就是网络变慢。因此，对路由表表项进行优化就变得非常重要，采用静态路由汇总或动态路由自动汇总都可以解决路由表项的臃肿。在该方案中，涉及三个区域的区域网络，家属生活区区域的子网网络最为庞大，其次是行政办公区，最后是生产区。方案设计过程中，已经注重了子网连续，这样有助于进行路由汇总，减少路由表项。

1. 采用静态路由汇总

家属生活区，采用了 172.16.0.0/16 的 B 类子网网络，在家属生活区的三层交换机 RG-5750 上对应了大约 240 个子网 VLAN 网络，与行政办公区域或外网区域通信，由原来的各个子网形成的路由表项，此时只需要一条路由表项 172.16.0.0/16 就可以完成，此时这一条表项就形成了静态路由汇总。其他任何网络节点只需要知道该条路由表项，就可以和家属生活区进行网络通信。

2. OSPF 动态路由汇总

在方案中，采用了 OSPF 动态路由设计，在核心设备、生产区汇聚设备、行政办公区汇聚设备、家属生活区汇聚设备上都开启了 OSPF，实现了 OSPF 动态路由配置，只需要在各个三层设备上配置 OSPF 汇总功能。

提示：路由的具体汇总设计，应在具体实施方案中，按照具体的 IP 和 OSPF 区域划分后，才能明确设计实施方案的汇总内容。

5.6　网络冗余设计

用户网络方案中采用了网络冗余设计，该设计能够提升网络平台的传输可靠性和稳定性，保证不会因为一些常见的网络故障而导致网络平台通信故障，网络平台承载了该研究所的重要业务数据的传输：生产、科研、实验、会议、语音等数据的传输。网络传输的可靠性、稳定性是保障研究所的工作有序进行的前提。

网络冗余设计具体体现在以下几点：

(1) 链路级冗余：通过增加设备之间的链路条数，该方案中将增加了汇聚层 RG-5750 设备到核心层 RG-8605E 之间的千兆线路，并将线路进行链路聚合，既提高了冗余，又将多链路聚合形成一条高带宽的线路，提高了传输容量。

(2) 线路余量：通过增加用户接入层到汇聚层之间的光纤物理线路数量，留有一定的余量，保证线路故障有备用线路。

(3) 设备级冗余：通过增加核心层设备的硬件冗余，比如核心 RG8606E 设备为两台；设备电源采用 1+1 冗余，避免出现核心设备因单电源故障导致设备不工作的现象。

(4) 出口 ISP 线路冗余：出口路由的冗余设计，可以增加出口运营商提供的 ISP 线路数，提供内网的多出口路由。

(5) 服务器冗余：保证研究所的服务器资源高可用、高可靠，体现在网卡冗余、电源 1+1 冗余、风扇 1+1 冗余，等等。

(6) 路由备份：增加汇聚层设备到防火墙边界设备的备份路由链路，在原有线路均不通的条件下，设备会自动启用备份路由链路(在汇聚层设备中配置静态备份路由，作为备用)。

提示：高冗余虽增加了用户投资成本，但是给用户带来了网络高可用、高可靠性，提高了传输的稳定性。因此，用户在网络可靠性、稳定性与资金成本之间需要做一个权衡，以达到更高的性价比。

◆ ◆ ◆ 本 章 小 结 ◆ ◆ ◆

本章主要通过案例方式讲解了具体的需求分析、信息点分析，通过分析我们学到在具体方案设计中应涉及的具体内容有哪些；网络拓扑设计是网络方案设计中的重点，可以通过用户需求得到网络规模及设备选型，进而通过绘制拓扑的工具完成拓扑设计，可以从设备厂商获取设计中所需要图的元素图，达到更好的设计效果；IP 和 VLAN 设计是网络方案设计中的重点，本章讲解了如何按照用户类进行 IP 和 VLAN 的对应划分，方便后期网络管理；路由设计是解决网络互联互通的一项重要设计内容；网络冗余设计提高了网络稳定性、可靠性。

习 题 与 思 考

1. 查阅资料，叙述在方案设计中，怎样才能写好网络建设设计原则。

2. 如何进行设备选型？怎样查阅设备型号？请举例解释一些技术参数的含义，如QinQ。

3. 举例说明如何做好 IP 和 VLAN 的规划。

4. 什么是默认路由、VLSM、路由汇总？

5. 常见的网络冗余设计有哪些？举例说明。

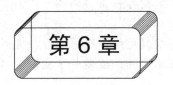

网络安全方案设计

【内容介绍】

本章介绍网络安全现状，并从现状分析得到应该采取什么样的策略，然后围绕策略，结合常见的安全技术详细地讲解网络准入控制及相关产品、防火墙技术及相关产品、网络入侵检测技术及相关产品、网络防病毒技术及相关产品、统一威胁管理及相关产品、网络传输安全及相关产品。最后通过具体的方案案例对网络安全进行补充讲解。

6.1　网络安全基础

随着国内计算机和网络技术的迅猛发展与广泛普及，企业经营活动的各种业务系统都立足于 Internet/Intranet 环境中。但随之而来的安全问题也在困扰着用户。Internet 所具有的开放性、国际性和自由性在增加应用自由度的同时，对安全提出了更高的要求。一旦网络系统安全受到严重威胁，甚至处于瘫痪状态，将会给企业、社会，乃至整个国家带来巨大的经济损失。

随着互联网的飞速发展，网络安全逐渐成为一个潜在的巨大问题。网络安全是一个涉及面很广泛的问题，其中也会涉及是否构成犯罪行为的问题。在其最简单的形式中，用户主要关心的是确保无关人员不能读取，更不能修改传送给其他接收者的信息。此时，它关心的对象是那些无权使用，但却试图获得远程服务的人。安全性问题也涉及合法消息被截获和重播的问题，以及发送者是否曾发送过该条消息的问题。

大多数安全性问题都是由有恶意的人故意引起的。可以看出保证网络安全不仅仅是保证网络没有编程错误，还要防范那些狡猾的、专业的网络安全攻击者。同时，必须清楚地认识到，能够制止偶然的破坏行为的方法对那些惯于作案的老手来说，收效甚微。

6.2　网络安全设计的步骤

6.2.1　信息安全的三要素

互联网就像一个虚拟的社会。在它诞生的初期，互联网的应用相对简单，使用互联网的人数较少，人们对安全的设计与考虑都比较少。经过几十年的发展和普及，现在互联网已经深入到我们生活的每个方面。从电子邮件、信息搜索，到 IP 电话、网上购物、订购机票车票、买卖股票、银行和退休账号管理、个人信息管理、博客与社交网，互联网已经同现代的社会生活紧密交织在一起，使人们更容易地获得各种信息，跨越地域局限同世界上各国各地的人们交往，改变了不少企业的工作方式，创造出无数新的职业，同时也结束了一些传统职业。

与此同时，社会的复杂性也反映到了互联网上。从最初的以恶作剧为动机的无害病毒，到现在的以谋取金钱为目的的跨国黑客网，就像人类社会的安全问题一样，信息安全已经成为伴随着互联网发展的一个越来越复杂的问题。

信息安全的中心问题是要能够保障信息的合法持有和使用者能够在任何需要该信息时获得保密的、没有被非法更改过的"原装的"信息。在英文的文献中，信息安全的目的常常用 Confidentiality(保密性)、Integrity(完整性)和 Availability(可用性)三个词来概括。简而言之，信息安全的三要素可称为 CIA-Triad。

1. 保密性(Confidentiality)

保密性就是指具有一定保密程度的信息只能让被授权的人读取和更改。不过，这里提到的保密信息有比较广泛的外延：它可以是国家机密，也可以是一个企业或研究机构的核心知识产权，还可以是一个银行个人账号的用户信息，或简单到你建立个人博客时输入的个人信息。因此，信息保密的问题是每一个能上网的人都要面对的。

2. 完整性(Integrity)

信息的完整性是指在存储或传输信息的过程中，原始的信息不允许被随意更改。这种更改有可能是无意的错误，如输入错误、软件瑕疵，也有可能是有意的人为更改和破坏。在设计数据库以及其他信息存储和传输应用软件时，要考虑对信息完整性的校验和保障。

3. 可用性(Availability)

信息的可用性是指对于信息的合法拥有和使用者，在他们需要这些信息的任何时候，都应该保障他们能够及时得到所需要的信息。比如，对重要的数据或服务器在不同地点作多处备份，一旦 A 处有故障或灾难发生，B 处的备用服务器能够马上上线，保证信息服务没有中断。一个很好的例子是：2001 年的"9·11 事件"摧毁了世贸中心数家金融机构的办公室，可是多数银行在事件发生后的很短的时间内就能够恢复正常运行。这些应归功于他们的备份、修复，以及灾难后的恢复工作做得好。

信息安全的核心就是数据。要保障没有被破坏过的、原始的数据能够及时地、安全地在它的合法拥有者和使用者之间传递或存储，而不被不该获得它们的人得到或更改。信息安全的工作就是要保障这些数据不被合法拥有和使用者以外的人窃取、篡改或破坏，同时保障这些数据不会由于操作失误、机器故障、天灾人祸等被破坏。

6.2.2　风险分析和管理

网络安全风险分析主要是指，由于网络存在的安全漏洞，黑客们所制造的各类新型的风险将会不断产生，这些风险由多种因素引起，与网络系统结构和系统的应用等因素密切相关。下面从物理安全、网络安全、系统安全、应用安全及网络安全进行分类描述。

1．物理安全风险分析

网络物理安全是整个网络系统安全的前提。物理安全的风险主要有：

- 地震、水灾、火灾等环境事故造成整个系统毁灭。
- 电源故障造成设备断电以至操作系统引导失败或数据库信息丢失。
- 电磁辐射可能造成数据信息被窃取或偷阅。
- 不能保证几个不同机密程度网络的物理隔离。

2．网络安全风险分析

内部网络与外部网络间如果没有采取一定的安全防护措施，内部网络容易遭到来自外部网络的攻击，包括来自 Internet 上的风险和下级单位的风险。

内部局域网不同部门或用户之间如果没有采用相应的访问控制，也可能造成信息泄漏或非法攻击。据调查统计，在已发生的网络安全事件中，70%的攻击来自内部。因此内部网的安全风险更严重。内部员工对自身企业网络结构、应用比较熟悉，员工攻击或泄露重要信息或内外勾结进行破坏，都可能成为系统最致命的安全威胁。

3．系统安全风险分析

所谓系统安全，通常是指网络操作系统、应用系统的安全。目前的操作系统或应用系统，无论是 Windows 还是其他任何商用 UNIX 操作系统，以及其他厂商开发的应用系统，开发厂商必然有其后门(Back-Door)，而且系统本身必定存在安全漏洞。这些"后门"或安全漏洞都存在重大安全隐患。因此应正确评估网络风险并根据网络风险的大小制订相应的安全解决方案。

4．应用安全风险分析

应用系统的安全涉及很多方面。应用系统是动态的、不断变化的。应用系统的安全性也是动态的，比如新增加了一个应用程序，肯定会出现新的安全漏洞，必须在安全策略上做一些调整，不断完善安全防范。

1) 公开服务器应用

公开服务器应用通常都会允许外部用户正常访问这些服务器，如果没有采取一些访问控制，恶意入侵者就可能利用这些公开服务器存在的安全漏洞(如开放的其他协议、端口号等)控制这些服务器，甚至利用公开服务器网络作桥梁入侵到内部局域网，盗取或破坏重要信息。这些服务器上记录的数据都是非常重要的，他们的安全性应得到 100%的保证。

2) 病毒传播

网络是病毒传播最广、最快的途径之一。病毒程序可以通过网上下载、电子邮件、使用盗版光盘或软盘、人为投放等传播途径潜入内部网。网络中一旦有一台主机受病毒感染，则病毒程序就完全可能在极短的时间内迅速扩散，传播到网络上的所有主机上，有些病毒会在你的系统中自动打包一些文件并自动从发件箱中发出，这些都可能造成信息泄露、文件丢失、机器死机等故障。

3) 信息备份存储

由于天灾或其他意外事故，数据库服务器遭到破坏，如果没有采用相应的安全备份与恢复系统，可能造成长时间的服务中断，甚至可能造成数据丢失。

5. 网络安全风险管理

管理是网络安全中最重要的部分。责权不明、安全管理制度不健全及缺乏可操作性等都可能引起安全管理的风险。比如一些员工或管理员随便让一些非本地员工甚至外来人员进入机房重地，或者员工有意无意泄漏他们所知道的一些重要信息，而管理上却没有相应制度来约束。

当网络出现攻击行为或网络受到其他一些安全威胁时(如内部人员的违规操作等)，无法进行实时的检测、监控、报告与预警。同时，当事故发生后，也无法提供黑客攻击行为的追踪线索及破案依据，即缺乏对网络的可控性与可审查性。这就要求我们必须对站点的访问活动进行多层次的记录，及时发现非法入侵行为。

建立全新的网络安全机制，必须深刻理解网络并能提供直接的解决方案，因此，最可行的做法是管理制度和技术解决方案的结合。下面重点分析几类安全需求。

1) 物理安全需求

针对重要信息可能通过电磁辐射或线路干扰等泄漏的问题，需要对存放绝密信息的机房进行必要的设计，如构建屏蔽室。采用辐射干扰机，防止电磁辐射泄露机密信息。对存有重要数据库且有实时性服务要求的服务器，必须采用不间断稳压电源(UPS)，且数据库服务器采用双机热备份、数据迁移等方式保证数据库服务器实时向外部用户提供服务并且能快速恢复。

2) 系统安全需求

对于操作系统的安全防范可以采取如下策略：尽量采用安全性较高的网络操作系统并进行必要的安全配置；关闭一些虽不常用却存在安全隐患的应用；对一些关键文件(如 UNIX 下的/.rhost、etc/host、passwd、shadow、group 等文件)的使用权限进行严格限制；加强口令字的使用；及时给系统打补丁；系统内部的相互调用不对外公开。

在应用系统安全方面，主要考虑身份鉴别和审计跟踪记录。必须加强登录过程的身份认证，通过设置复杂的口令，确保用户使用的合法性；同时应该严格限制登录者的操作权限，将其完成的操作限制在最小的范围内。充分利用操作系统和应用系统本身的日志功能，对用户所访问的信息做记录，为事后审查提供依据。我们认为采用的入侵检测系统可以对进出网络的所有访问进行很好的监测、响应并作记录。

3) 防火墙需求

防火墙是网络安全最基本、最经济、最有效的手段之一。防火墙可以实现内部、外部网或不同信任域网络之间的隔离，对网络访问起到有效的控制作用。

(1) 网络中心服务器与各下级节点的隔离与访问控制。

· 防火墙可以做到网络间的单向访问需求，过滤一些不安全服务。

· 防火墙可以针对协议、端口号、时间、流量等条件实现安全的访问控制。

· 防火墙具有很强的记录日志的功能，可以根据用户所要求的策略来记录所有不安全的访问行为。

(2) 公开服务器与内部其他子网的隔离与访问控制。

利用防火墙可以实现单向访问控制的功能，仅允许内部网用户及合法的外部用户可以通过防火墙来访问公开服务器，而公开服务器不可以主动发起对内部网络的访问，这样，假如公开服务器遭受攻击，内部网由于有防火墙的保护，依然是安全的。

6.2.3 安全策略设计

为了有效地解决网络安全问题，不能单单从安全技术策略出发，而应该多方面地考虑整体策略，即网络安全的定义、范围、总体目标、安全管理措施和安全技术等几个方面。而在本节中，我们将通过安全管理和安全技术两个方面来介绍网络安全策略，下一节将详细介绍常见的安全技术及产品。

1. 安全管理

通常所说的网络安全建设"三分技术，七分管理"，突出了"管理"在网络安全建设中所处的重要地位。长期以来，由于管理的不完善、人员责任心差等因素导致网络安全事件时有发生。安全管理建设在真正实行时还是有一定难度的，但安全管理在一定程度上是非常重要的，是实现安全技术的有效方式，所以应该加强安全管理建设。我们可以从以下几方面去考虑：

(1) 安全管理机构。安全管理机构的工作包括岗位设置、人员配备、授权和审批、沟通和合作、审核和检查等。

(2) 安全管理制度，包括管理制度的制定和发布、评审和修订等。

(3) 人员安全管理。人员安全管理工作包括人员录用、人员离岗、人员考核、安全意识教育和培训、第三方人员访问管理、系统建设管理、系统定级、系统备案、安全方案设计、产品采购、自行软件开发、外包软件开发、工程实施、测试验收、系统交付、安全测评等。

(4) 系统运行维护管理。系统运行维护管理工作包括环境管理、资产管理、介质管理、设备管理、监控管理、网络安全管理、系统安全管理、恶意代码和病毒防范管理、密码管理、变更管理、备份与恢复管理、安全事件处置、应急预案管理等。

2. 安全技术

安全技术及安全产品在现实的网络安全建设中投入的成本占比是最大的，而且安全技术具有强制性，能杜绝许多不安全事件的发生，具有事前预防和事后修复的能力，还能实现安全事件的取证。

目前，常见的网络安全技术及产品主要有网络终端准入控制、防火墙、网络入侵检测、网络防病毒、统一威胁管理、用户行为监控和网络传输安全技术等。通过安全技术和安全产品解决了"接入的实体可信、行为可控、资源可用、事件可查、运行可靠、数据传输安全"的问题。

6.3 常见的网络安全手段

随着计算机的普及和网络技术的迅速发展，人们也越来越依赖于计算机和网络。因此，网络安全应该也必须引起重视。网络安全是一门涉及计算机、网络、通信、密码、信息安全、应用数学、数论、信息论等多种学科的综合性学科，涉及面极广，而且在不断更新发展。国家对信息产业的扶持，使国内的网络状况逐渐好转，更多的服务器得以开通，更快的宽带网得到逐渐普及。但与此同时，各种各样的网络攻击行为也越来越频繁，因此，网络安全的严峻性对网络管理员的水平提出了极高的要求。网络安全有以下几种常见的技术手段。

6.3.1　密码技术

密码学是研究编制密码和破译密码的技术科学。研究密码变化的客观规律，应用于编制密码以保守通信秘密的学科，称为编码学；应用于破译密码以获取通信情报的学科，称为破译学，二者总称为密码学。在以前，密码学几乎专指加密算法，即将普通信息(明文)转换成难以理解的资料(密文)的过程；解密算法则是其相反的过程，即由密文转换回明文；密码机(cipher 或 cypher)包含了这两种算法，一般加密即同时指加密与解密的技术。密码机的具体运作由两部分决定：一个是算法，另一个是钥匙。钥匙是一个用于密码机算法的秘密参数，通常只有通信者拥有。

密码学是研究如何隐秘地传递信息的学科。密码学在现代特别指对信息以及其传输的数学性的研究，常被认为是数学和计算机科学的分支，和信息论也密切相关。著名的密码学者 Ron Rivest 解释道"密码学是关于如何在敌人存在的环境中通信"，从工程学的角度来看，这是密码学与纯数学的不同之处。密码学的首要目的是隐藏信息的含义，并不是隐藏信息的存在。密码学也促进了计算机科学，特别是电脑与网络安全使用技术的发展，它已被广泛应用于日常生活中，包括自动柜员机的芯片卡、电脑使用者的登录密码、电子商务等。

密码是通信双方按约定的法则进行信息特殊变换的一种重要保密手段。依照这些法则，变明文为密文的过程，称为加密变换的过程；变密文为明文的过程，称为脱密变换的过程。在早期，仅对文字或数码进行加、脱密变换，随着通信技术的发展，对语音、图像、数据等都可实施加、脱密变换。

1. 密码算法的分类

根据密钥类型不同将现代密码技术分为两类：对称加密和非对称加密。

对称加密，即加密和解密均采用同一把秘密钥匙，通信双方都必须获得这把钥匙，且不能让他人获取。非对称加密采用的加密钥匙(公钥)和解密钥匙(私钥)是不同的。

1) 对称加密算法

对称加密算法用来对敏感数据等信息进行加密，常用的算法包括：

(1) DES(Data Encryption Standard)即数据加密标准，速度较快，适用于加密大量数据的场合。

(2) 3DES(Triple DES)即三重数据加密标准，其基于 DES，对一块数据用三个不同的密钥进行三次加密，强度更高。

(3) AES(Advanced Encryption Standard)即高级加密标准，是下一代的加密算法标准，速度快，安全级别高；2000 年 10 月，NIST(美国国家标准与技术研究院)宣布了通过从 15 种候选算法中选出的一项新的密钥加密标准。Rijndael 被选中成为将来的 AES。Rijndael 是在 1999 年下半年，由研究员 Joan Daemen 和 Vincent Rijmen 创建的。美国国家标准和技术研究院(NIST)于 2002 年 5 月 26 日制定了新的高级加密标准(AES)规范。AES 正日益成为加密各种形式的电子数据的实际标准。

2) 非对称加密算法

常见的非对称加密算法如下：

(1) RSA：由 RSA 公司发明，是一个支持变长密钥的公共密钥算法，需要加密的文件块的长度也是可变的。

(2) DSA(Digital Signature Algorithm)即数字签名算法，是一种标准的 DSS(Digital Signature Standard，数字签名标准)。

(3) ECC(Elliptic Curves Cryptography)即椭圆曲线密码编码。

3) 对称与非对称加密算法比较

(1) 在资源方面：非对称加密算法只需要较少的资源就可以实现加密目的，在密钥资源的分配上，两者之间相差一个指数级别(对称加密算法是 n，非对称加密算法是 n^2)。

(2) 在安全方面：非对称加密算法几乎不可能破解未解决的数学难题，但从计算机的发展角度来看，非对称加密算法更具有优越性。

(3) 在速度方面：对称加密算法中 AES 的软件实现速度已经达到了每秒数兆或数十兆比特，是非对称加密算法的 100 倍，如果用硬件来实现则这个比值将扩大到 1000 倍。

2. 密码算法的应用

随着密码学商业应用的普及，密码学受到前所未有的重视。除传统的密码应用系统外，PKI(Public Key Infrastructure，公钥基础设施)系统以非对称加密技术为主，提供保密通信、数字签名、私密共享、认证、密钥管理、分配等功能。

(1) 保密通信：保密通信是密码学产生的动因。使用公私钥密码体制进行保密通信时，信息接收者只有知道对应的密钥才可以解密该信息。

(2) 数字签名：数字签名技术可以代替传统的手写签名，而且从安全的角度考虑，数字签名具有很好的防伪造功能，在政府机关、军事领域、商业领域有着广泛的应用。

(3) 秘密共享：秘密共享技术是指将一个秘密信息利用密码技术分拆成 n 个称为共享因子的信息，分发给 n 个成员，只有 $k(k \leq n)$ 个合法成员的共享因子才可以恢复该秘密信息，其中任何一个或 $m(m < k)$ 个合作成员都不知道该秘密信息。利用秘密共享技术可以控制任何需要多个人共同控制的秘密信息、命令等。

(4) 认证功能：在公开的信道上进行敏感信息的传输，采用签名技术对消息的真实性、完整性进行验证，通过验证公钥证书实现对通信主体的身份验证。

(5) 密钥管理：密钥是保密系统中更为脆弱而重要的环节，公钥密码体制是解决密钥管理工作的有力工具；利用公钥密码体制进行密钥协商和产生，保密通信双方不需要事先共享秘密信息；利用公钥密码体制可以进行密钥分发、保护、托管、恢复等。

基于公钥密码体制除了可以实现以上通用功能以外，还可以设计实现以下的系统：安全电子商务系统、电子现金系统、电子选举系统、电子招投标系统、电子彩票系统等。公钥密码体制的产生是密码学由传统的政府、军事等应用领域走向商用、民用的基础，同时互联网、电子商务的发展为密码学的发展开辟了更为广阔的前景。

6.3.2　网络嗅探

网络嗅探(Network Sniff)是指利用计算机的网络接口截获其他计算机的数据报文的一种手段。网络嗅探需要用到网络嗅探器，其最早是为网络管理人员配备的工具，有了嗅探器，网络管理员可以随时掌握网络的实际情况，查找网络漏洞，检测网络性能，当网络性能急剧下降的时候，可以通过嗅探器分析网络流量，找出网络阻塞的来源。嗅探器也是很多程序人员在编写网络程序时抓包测试的工具，因为网络程序都是以数据包的形式在网络中进行传输的，因此难免有协议头定义错误的情况。

网络嗅探的基础是数据捕获，是连接在网络中用来实现数据捕获的，这种方式和入侵检测系统相同。

网络嗅探是指在局域网环境下对网络数据的截获，针对不同的局域网环境，嗅探技术有所不同，通常分为共享式网络嗅探和交换式网络嗅探两种。

1．共享式网络嗅探

共享式网络是最早期的局域网环境，主要设备是 Hub，这种设备无法针对接口进行转发，数据转发采用的是广播式，网络内每台主机都可以收到其他主机的网络数据，只是网卡在正常情况下会丢弃非本地的数据报。数据嗅探时只需将网卡设置为混杂模式，即可获得其他主机的通信数据。

2．交换式网络嗅探

随着网络技术的发展，交换式网络设备逐步普及。局域网多采用交换机，可针对接口转发，网络内主机仅能收到本地 MAC 相关数据包及广播包，要想获得网络数据必须通过 ARP 欺骗，改变目标主机的通信路径。然而，ARP 欺骗必须配合数据转发才不会导致异常，这样如果大范围使用，会导致网络效率下降以及嗅探主机异常，故通常针对特定主机进行网络嗅探。

常见网络嗅探器(Sniffer)分为软件和硬件两种。

(1) 软件的 Sniffer 有 NetXray、Packetboy、Net Monitor、Sniffer Pro、WireShark、WinNetCap 等，其优点是物美价廉，易于学习使用，同时也易于交流；缺点是无法抓取网络上所有的传输，某些情况下也就无法真正了解网络的故障和运行情况。

(2) 硬件的 Sniffer 通常称为协议分析仪，一般都是商业性的，价格也比较贵。

6.3.3　安全扫描技术

安全扫描技术主要分为两类：主机安全扫描技术和网络安全扫描技术。主机安全扫描技术是通过执行一些脚本文件模拟对系统进行攻击的行为并记录系统的反应，从而发现其中的漏洞。网络安全扫描技术主要针对系统中设置的脆弱的口令，以及针对其他同安全规则抵触的对象进行检查等。网络安全扫描技术是一类重要的网络安全技术。

安全扫描技术与防火墙、入侵检测系统互相配合，能够有效提高网络的安全性。通过对网络的扫描，网络管理员可以了解网络的安全配置和运行的应用服务，及时发现安全漏洞，客观评估网络风险等级。网络管理员可以根据扫描的结果更正网络安全漏洞和系统中的错误配置，在黑客攻击前进行防范。如果说防火墙和网络监控系统是被动的防御手段，那么安全扫描就是一种主动的防范措施，可以有效避免黑客攻击行为，做到防患于未然。

安全扫描也称为脆弱性评估(Vulnerability Assessment)，其基本原理是采用模拟黑客攻击的方式对目标可能存在的已知安全漏洞进行逐项检测，可以对工作站、服务器、交换机、数据库等各种对象进行安全漏洞检测。到目前为止，安全扫描技术已经足够成熟。

按照扫描过程来分，扫描技术又可以分为两大类：端口扫描技术和漏洞检测技术。

1. 端口扫描技术

端口扫描是指某些别有用心的人发送一组端口扫描消息，试图以此侵入某台计算机，并了解其提供的计算机网络服务类型(这些网络服务均与端口号相关)。端口扫描是计算机解密高手喜欢的一种方式。攻击者可以通过端口扫描技术了解到从哪里可探寻到攻击弱点。实质上，端口扫描包括向每个端口发送消息，一次只发送一个消息。接收到的回应类型表示是否使用该端口并且可由此探寻弱点。

2. 漏洞检测技术

安全漏洞检测就是探测目标系统中存在的安全漏洞。漏洞检测就是漏洞信息收集以及对这些信息分析的过程。信息的收集是通过向目标发送特定的数据包实现的。信息分析是用收集到的信息匹配已知的规则来检测整个系统的安全性。

安全扫描技术在保障网络安全方面起到越来越重要的作用。借助于扫描技术，人们可以发现网络和主机存在的对外开放的端口、提供的服务、某些系统信息、错误的配置、已知的安全漏洞等。系统管理员利用安全扫描技术，可以发现网络和主机中可能会被黑客利用的薄弱点，从而想方设法对这些薄弱点进行修复以加强网络和主机的安全性。同时，黑客也可以利用安全扫描技术，目的是为了探查网络和主机系统的入侵点。但是黑客的行为同样有利于加强网络和主机的安全性，因为漏洞是客观存在的，只是未被发现而已，而只要一个漏洞被黑客所发现并加以利用，那么人们最终也会发现该漏洞。

6.3.4 无线网络安全问题

安全问题是无线网络的核心问题，也是由它固有的属性决定的。其中一些安全威胁和有线网络相同，另一些则是无线网络特有的。由于无线局域网采用公共的电磁波作为载体，电磁波能够穿过天花板、玻璃、楼层、砖、墙等物体，因此在一个无线局域网接入点(Access Point)所服务的区域中，任何一个无线客户端都可以接受到此接入点的电磁波信号，这样就可能使一些恶意用户也能接收到其他无线数据信号。这样相对于在有线局域网中，恶意用户在无线局域网中去窃听或干扰信息就容易得多。无线网络所面临的安全威胁主要有以下几类。

1. 网络窃听

一般说来，大多数网络通信都是以明文(非加密)格式出现的，这就会使处于无线信号覆盖范围之内的攻击者可以趁机监视并破解(读取)通信。这类攻击是企业管理员面临的最大安全问题。如果没有基于加密的强有力的安全服务，数据就很容易在空气中传输时被他人读取并利用。

2．中间人欺骗

在没有足够的安全防范措施的情况下，网络数据很容易受到利用非法 AP 进行的中间人的欺骗攻击。通常解决这种攻击的做法是采用双向认证方法(即网络认证用户，同时用户也认证网络)和基于应用层的加密认证(如 HTTPS＋WEB)。

3．有线等效加密(Wired Equivalent Privacy，WEP)破解

现在互联网上存在一些程序，能够捕捉位于 AP 信号覆盖区域内的数据包，它们可以收集到足够的 WEP 弱密钥加密的包，并进行分析以恢复 WEP 密钥。根据监听无线通信的机器速度、WLAN 内发射信号的无线主机数量，以及由于 802.11 帧冲突引起的初始向量(IV)重发数量，最快可以在两个小时内攻破 WEP 密钥。

4．MAC 地址欺骗

即使 AP 启用了 MAC 地址过滤，使未授权的黑客的无线网卡不能连接 AP，这也并不意味着能阻止黑客进行无线信号侦听。通过某些软件分析截获的数据，能够获得 AP 允许通信的 MAC 地址，这样黑客就能利用 MAC 地址伪装等手段入侵网络了。

5．地址欺骗和会话拦截

由于 802.11 无线局域网对数据帧不进行认证操作，攻击者可以通过欺骗帧去重定向数据流并使 ARP 表变得混乱，通过非常简单的方法，攻击者可以轻易获得网络中站点的 MAC 地址，这些地址可以在进行恶意攻击时使用。除攻击者通过欺骗帧进行攻击外，攻击者还可以通过截获会话帧发现 AP 中存在的认证缺陷，通过监测 AP 发出的广播帧发现 AP 的存在。然而，由于 802.11 没有要求 AP 必须证明自己是一个真 AP，攻击者很容易装扮成 AP 进入网络，通过这样的 AP，攻击者可以进一步获取认证身份信息从而进入网络。在没有采用 802.11i 对每一个 802.11 MAC 帧进行认证的技术前，通过会话拦截实现的网络入侵是无法避免的。

6．高级入侵

一旦攻击者进入无线网络，它将成为进一步入侵其他系统的起点。很多网络都有一套经过精心设置的安全设备作为网络的外壳，以防止非法攻击，但是在外壳保护的网络内部却是非常容易受到攻击的。无线网络通过简单配置就可快速地接入网络主干，但这样会使网络暴露在攻击者面前。即使有一定边界安全设备的网络，同样也会使网络暴露出来从而遭到攻击。

6.3.5　网络操作系统安全加固

《国家计算机信息系统安全保护条例》要求，信息安全等级保护要实现五个安全层面(即物理层、网络层、系统层、应用层和管理层)的整体防护。其中系统层面所要求的安全操作系统是全部安全策略中的重要一环，也是国内外安全专家提倡的建立可信计算环境的核心。操作系统的安全是网络系统信息安全的基础。所有的信息化应用和安全措施都依赖操作系统提供底层支持。操作系统的漏洞或配置不当有可能导致整个安全体系的崩溃。各种操作系统之上的应用要想获得运行的高可靠性和信息的完整性、机密性、可用性和可控性，必须依赖于操作系统提供的系统软件基础，任何脱离操作系统的应用软件都不可能保

证其安全性。目前，普遍采用的国际主流 C 级操作系统的安全性远远不够，访问控制粒度粗、超级用户的存在以及不断被发现的安全漏洞，是操作系统存在的几个致命性问题。

当今操作系统安全的主要问题是操作系统的结构和机制不安全。这样就会导致资源配置被篡改、恶意程序被植入执行、利用缓冲区(栈)溢出攻击非法接管系统管理员权限等安全事故。病毒在世界范围内传播泛滥，黑客利用各种漏洞攻击入侵，非授权者任意窃取信息资源，使得安全防护形成了防火墙、防病毒、入侵检测、漏洞检测和加密这几种防不胜防的被动局面。

计算机病毒是利用操作系统漏洞，将病毒代码嵌入到执行代码、程序中实现病毒传播的；黑客利用操作系统漏洞，窃取超级用户权限，植入攻击程序，实现对系统的肆意破坏；更为严重的是由于操作系统没有严格的访问控制，即便是合法用户也可以越权访问，造成不经意的安全事故；而内部人员则可以利用操作系统的这种脆弱性，不受任何限制地、轻而易举地内外勾结，以窃取机密信息。

保护通用操作系统的安全，主要有下列防范措施。

1．使用强密码

要提高安全性，最简单的方法之一就是使用不会被蛮力攻击轻易猜到的密码。蛮力攻击是指这样一种攻击：攻击者使用自动系统来尽快猜中密码，希望不用多久就能找出正确的密码。密码应当包含特殊字符和空格、使用大小写字母，避免使用单纯的数字以及能在字典中找到的单词；破解这种密码比破解家人的姓名或者由周年纪念日期组成的密码要难得多。另外要记住：密码长度每增加一个字符，可能出现的密码字符组合就会成倍增加。一般来说，不到 8 个字符的任何密码都太容易被破解。使用 10 个、12 个甚至 16 个字符作为密码比较安全。但也不要把密码设得过长，以免记不住，或者输入起来太麻烦。

2．做好边界防御

不是所有的安全问题都发生在桌面系统上。使用外部防火墙、路由器来帮助保护计算机是个好想法。如果考虑低端产品，可以购买一个零售路由器设备，比如 Linksys、D-Link 和 Netgear 等厂商的路由器，如果考虑比较高端的产品，可以向思科、Vyatta 和 Foundry Networks 等企业级厂商购买管理型交换机、路由器和防火墙。

3．更新软件或打补丁

尽管在很多情况下，把补丁部署到生产系统之前先进行测试之类的问题可能极其重要，但安全补丁最终还是必须部署到系统上。如果长时间没有更新安全补丁，可能会导致你使用的计算机很容易成为肆无忌惮的攻击者的下手目标。

别让安装在计算机上的软件迟迟没有打上最新的安全补丁。同样的情况适用于任何基于特征码的恶意软件保护软件，比如反病毒软件(如果你的系统需要它们)：只有它们处于最新版本状态，添加了最新的恶意软件特征码，才能发挥最佳的保护效果。

4．关闭没有使用的服务

计算机用户甚至常常不知道自己的系统上运行着哪些可以通过网络访问的服务。Telnet 和 FTP 是两种经常会带来问题的服务，如果你的计算机不需要这两种服务，就应当关闭。确保你了解在计算机上运行的每一种服务，并且知道它为什么要运行。在某些情况下，这可能需要弄清楚该服务对你特定需要的重要性，以便不会犯在微软 Windows 计算机上关闭远程过程调用(RPC)服务这样的错误，而且不会禁用登录。

5．使用数据加密

对关注安全的计算机用户或者系统管理员来说，有不同级别的数据加密方法可供使用；如何选择合理的加密级别以满足自己的需要，这必须根据实际情况来决定。数据加密的方法有很多，从使用密码工具对文件逐个加密，到文件系统加密，直到整个磁盘的加密。

上述加密方法通常不包括引导分区，因为那样需要专门的硬件帮助解密；但是如果非常需要加密引导分区以确保隐私，也可以对整个系统加密。针对除了引导分区加密外的任何应用，每一种所需的加密级别都有许多种解决方案，包括可在各大桌面操作系统上实现整个磁盘加密的商业化专有系统和开源系统。

通过备份保护数据对数据进行备份是用来保护自己避免灾难的最重要的方法之一。确保数据冗余的策略有很多，既有像定期把数据拷贝到光盘上这样简单、基本的策略，也有像定期自动备份到服务器上这样复杂的策略。如果系统必须维持不断运行、服务又不得中断，冗余廉价磁盘阵列(RAID)可以提供故障自动切换的冗余机制，以免磁盘出现故障。

6.3.6　防火墙技术

1．防火墙技术概述

防火墙技术是建立在网络技术和信息安全技术基础上的应用性安全技术，几乎所有的企业内部网络与外部网络(如因特网)相连接的边界都会放置防火墙，防火墙能够起到安全过滤和安全隔离外网攻击、入侵等有害的网络安全信息和行为。防火墙有如下特点。

1)　网络边界安全的屏障

防火墙作为阻塞点、控制点，能极大地提高一个内部网络的安全性，并通过过滤不安全的信息而降低安全风险。经过精心选择和配置后，应用协议才能通过防火墙，使内网环境变得更安全，如防火墙可以禁止外部访问内部的某些脆弱的协议，屏蔽了攻击内部的行为。防火墙同时可以保护网络免受基于路由的攻击，如 IP 选项中的源路由攻击和 ICMP 重定向中的重定向路径。

2)　强化网络安全策略

通过以防火墙为中心的安全方案配置，能将所有安全软件(如口令、加密、身份认证、审计等)配置在防火墙上，集中安全管理。例如在网络访问时，一次性口令系统和其他的身份认证系统完全可以不必分散在各个主机上，而集中在防火墙内。

3)　对网络行为进行监控审计

只要网络访问行为经过防火墙，防火墙都能够记录下这些行为，并形成日志报表，可以事后统计和分析，找出可疑行为；也可以通过预先设定某些行为的报警来监测攻击行为的详细信息。如果与统一身份结合在一起，可以定位到用户，监控审计用户的各种行为，作为安全事件的事后取证。

4)　支持远程 VPN 接入控制

当防火墙带有 VPN 功能，还可以控制企业的移动用户远程 VPN 接入企业内网，通过身份认证和行为过滤，将接入控制在预先设定的可用资源范围内。

2．防火墙技术分类

从分布式来看，有个人防火墙、边界网络防火墙和分布式防火墙。个人防火墙是最简单，也是应用最为广泛的，比如 360 个人防火墙；边界网络防火墙属于企业内网与外网的安全隔离的传统技术，几乎所有的企业网络都有；相对于传统防火墙，分布式防火墙要负责对网络边界、各子网和网络内部各节点之间的安全防护，是一个完整的防护系统，而不是单一的产品，根据其所需完成的功能，分布式防火墙体系结构包含网络防火墙、主机防火墙、中心管理。

从防火墙的实现层次上可以分两种：包过滤防火墙和应用层网关级防火墙。包过滤是在 IP 层实现的，主要表现为报文过滤，根据报文的源 IP 地址、目的 IP 地址、协议类型(TCP 包、UDP 包、ICMP 包)、源端口、目的端口及报文传递方向等报头信息来判断是否允许报文通过，现在在此基础上有更强的过滤技术：基于内容的智能型和基于网络连接状态的状态型。

3．网络防火墙的应用

网络防火墙通常有至少三个接口，如图 6.1 所示，至少可以实现三个网络之间的控制。

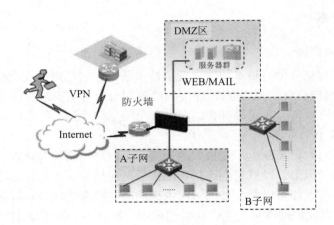

图 6.1　防火墙的应用

(1) 内部网络接口。内部区域通常就是指企业内部网络或者是企业内部网络的一部分。它是互联网络的信任区域，即受到了防火墙的保护。

(2) 外部网络接口。外部网络通常指 Internet 或者非企业内部网络。它是非信任的区域，受到防火墙限制性的访问。

(3) DMZ 区。DMZ(隔离区)是一个或几个隔离的网络。位于 DMZ 区中的主机或服务器被称为堡垒主机。一般在 DMZ 区内放置各种应用服务器，比如 Web、Mail、ERP(企业资源计划)等。

6.3.7　入侵检测技术

1．入侵检测概述

入侵检测系统(Intrusion Detection System，IDS)通过从计算机网络或计算机系统的关键点收集信息并进行分析，从中发现网络或系统中是否有违反安全策略的行为和被攻击的迹象，是当今一种非常重要的动态安全技术。入侵检测被认为是防火墙之后的第二道安全闸门，它在不影响网络性能的情况下能对网络进行监测，从而提供对内部攻击、外部攻击和误操作的实时监控和保护。

网络入侵检测系统(NIDS)使用原始的网络分组数据包作为分析攻击的数据源，一般利用一个网络适配器来实时监视和分析所有通过网络的通信数据。一旦检测到攻击，IDS 应答模块通过通知、报警以及中断连接等方式来对攻击做出反应。网络入侵检测系统的主要特点为：

- 广泛适用于各种网络环境，不影响现有网络性能；
- 实时的检测和响应；
- 监控来源于网络的入侵行为和攻击企图；
- 使得攻击者转移证据困难；
- 独立的系统，不需改变原有网络结构，不需在任何主机上安装程序。

2．入侵检测工作流程

通常，入侵检测系统在分析和判断攻击行为、特定行为或违反策略的异常行为时，需要经过下列四个阶段：

(1) 数据采集，网络入侵检测系统(NIDS)利用处于混杂模式的网卡来获得通过网络的数据，采集必要的数据用于入侵分析。

(2) 数据过滤，根据预设的阈值，进行必要的数据过滤，从而提高检测、分析的效率。

(3) 攻击检测/分析，根据定义的安全策略，来实时监测并分析通过网络的所有通信业务，使用采集的网络包作为数据源进行攻击辨别，通常采用模式匹配、表达式或字节匹配、频率或穿越阈值、事件的相关性和统计异常检测等技术来识别攻击。

(4) 事件报警/响应，当 IDS 一旦检测到了攻击行为，其响应模块就提供多种选项以通知、报警并对攻击采取相应的反应，例如通知管理员、记录数据库等。

3．入侵检测的基本体系结构

信息收集过程通过网络传感器(Network Sensor)实现，网卡在混杂模式状态下连接到被检测网段，负责监听和收集网络数据包，所有途经网络的数据包都可以被截获，如图 6.2 所示。

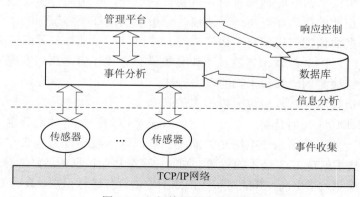

图 6.2　入侵检测基本体系结构

其中信息分析是 IDS 技术中的核心问题，采用什么样的检测技术直接关系到报警信息的准确性。当前检测技术有很多种，而目前主流的检测方法有三种：模式匹配、异常检测、协议分析。

其中响应控制是针对发现可疑行为后的处理机制，目前常见的响应方式包括：写入数据库、在管理平台上显示、发送阻断请求给防火墙、发送给事件分析工具等。

4．常见的入侵检测技术

1) 模式匹配

模式匹配技术是入侵检测技术领域中应用最为广泛的检测手段和机制之一，模式匹配技术也称攻击特征检测技术。假定所有入侵行为和手段(及其变种)都能够表达为一种模式或特征，那么已知的入侵方法都可以用匹配的方法来发现，模式发现的关键是如何表达入侵的模式，把真正的入侵与正常行为区分开来。因此，该技术的局限是它只能发现已知的攻击，对未知的攻击无能为力，而且误报率比较高。

2) 异常检测

异常检测方法主要来源于这样的思想：任何人的正常行为都是有一定规律的，并且可以通过分析这些行为产生的日志信息总结出这些规律，通常需要定义为各种行为参数及其阈值的集合，用于描述正常行为范围。而入侵和滥用行为则通常和正常的行为存在严重的差异，通过检查这些差异就可以检测出入侵。这样，我们就能够检测出非法的入侵行为甚至是通过未知的攻击方法进行的入侵行为，此外不属于入侵的异常用户行为(滥用自己的权限)也能被检测到。

3) 协议分析

协议分析是目前最先进的检测技术，是在传统模式匹配技术基础之上发展起来的一种新的入侵检测技术。它主要是针对网络攻击行为中攻击者企图躲避 IDS 的检测这一情况而开发设计的，它对攻击数据包做了一些变形，充分利用了网络协议的高度有序性，并结合了高速数据包捕捉、协议分析和命令解析，来快速检测某个攻击特征是否存在。它最大的特点是将捕获的数据包从网络层一直送达应用层，将真实数据还原出来，然后将还原出来的数据再与规则库进行匹配，因此它能够通过对数据包进行结构化协议分析来识别入侵企图和行为。

采用协议分析技术的 IDS 能够理解不同协议的原理，可由此分析这些协议的流量，来寻找可疑的或不正常的行为。对每一种协议，分析不仅仅基于协议标准，还基于协议的具体实现，因为很多协议的实现偏离了协议标准。协议分析技术观察并验证所有的流量，当流量不是期望值时，IDS 就发出告警。协议分析具有寻找任何偏离标准或期望值的行为的能力，因此，能够检测到已知和未知的攻击方法。

状态协议分析技术在常规协议分析技术的基础上，加入状态特性分析，即不仅仅检测单一的连接请求或响应，而是将一个会话的所有流量作为一个整体来考虑。有些网络攻击行为仅靠检测单一的连接请求或响应是检测不到的，因为攻击行为包含在多个请求中，此时状态协议分析技术就是 IDS 技术的首选。同时协议分析是根据构造好的算法实现的，这种技术比模式匹配检测效率更高，并能对一些未知的攻击特征进行识别，具有一定的免疫功能。

4) 会话检测

按照客户和服务器之间的通信内容，把数据包重组为连续的会话流，在此基础上进行检测分析。基于数据包的入侵检测技术只对每个数据包进行检查，会话检测与基于数据包的入侵检测技术相比，准确率高。

5) 实时关联检测

通过报警事件同其他事件进行实时关联分析，进一步提高检测准确性。

6.3.8 病毒防范

1. 计算机病毒发展趋势分析

计算机病毒已到了无孔不入的地步，有些甚至会给我们造成巨大的损失。随着新的计算机技术和网络技术的发展，新的病毒随之出现。在当今的网络时代，病毒的发展呈现如下趋势：

(1) 病毒与软件程序相结合。随着网络的普及和网络速度的提高，网络上共享的软件程序越来越多，下载也很方便，正因为如此，病毒与软件程序(木马病毒)密切相结合，让用户一不小心就中病毒，导致用户信息泄漏或者系统受到破坏。

(2) 蠕虫病毒更加泛滥。其表现形式是垃圾邮件越来越多，附带了蠕虫病毒，用户一不小心打开邮件后，会迅速感染。而且这类病毒的传播速度非常快，只要有一个用户受到感染，就可以传染给相邻用户。

(3) 病毒破坏性更大。计算机病毒不再仅仅只满足于获取用户个人信息，像蠕虫病毒就会占用大量有限的网络资源，造成网络堵塞。

(4) 病毒制作简单化。由于网络的普及和技术的发展，用户很容易在网上获取制作病毒的工具和方法，导致病毒的变种越来越多，而且可以生成破坏性的病毒。

(5) 病毒传播速度更快，渠道更多。网络上的文件传输频率的加大，将成为病毒传播的另一个重要途径。随着网络速度的提高，数据能在较短时间内传播，同时，其他的网络连接方式(如 QQ 等这些即时工具)也成为了传播病毒的途径。

(6) 病毒的实时检测更困难。对待病毒应以预防为主，尽量避免事后修复。

(7) 网关防毒已成趋势。病毒也很容易从外网向内部局域网传播，因此，通过网关把病毒拒绝于内网外是最好的解决办法，这样可以防止受到感染的病毒文件不向外网传播，避免大面积传染。

2. 网络防病毒系统概述

防病毒软件的大部分产品的防毒系统采用层次化的管理结构，控制台能够监督到整个网络系统的防病毒软件配置和运行情况、病毒活动情况，并且能够进行相应策略的统一调整和管理。一些著名的防病毒厂商能够提供企业防毒全方位解决方案，拥有完整产品线，实现从终端、服务器到网关的全方位防病毒，主要包括：

- 提供文件及存储服务器的病毒防护。
- 提供统一部署的网络桌面防病毒。
- 提供邮件服务器的病毒防护。
- 提供网关级的病毒防护。
- 提供集中统一防病毒策略的监控和管理能力。

大多数防病毒软件，主要是针对服务器、客户端和邮件系统的，采用了统一的、跨平台的防病毒管理。很多软件缺少网关防病毒的部署，而当前大量的网络病毒已将 Internet 作为一种主要的传播途径，在过去一段时间内所发生的几起影响较大的计算机病毒事件中，以 E-mail 为主要传播途径的病毒占大多数，同时 HTTP、FTP 也成为病毒传播的主要通路。因此，我们需要在适当的时候部署网关级病毒防护以完善防毒体系。但另一方面，网关位于网络接口处，其病毒过滤性能将极大地影响企业的网络速度，需要采用硬件防毒系统对进出网络的 HTTP、FTP 及 SMTP、POP3 等流量进行过滤。

如今，自动修补系统漏洞是保持系统更新和防御的最好方法。另外，大量蠕虫与木马病毒的查杀不尽也与操作系统漏洞有极大的关系，一个没有打上相应补丁的系统，安装再完善的防毒软件也无能为力。所以，任何防毒软件想要取得理想效果，还必须配合系统补丁分发来实现，否则企业网络防毒体系会失效。

6.4 传统网络安全产品及选型

6.4.1 防火墙

1. 防火墙产品选型

防火墙的主要性能参数是指影响网络防火墙包处理能力的参数。在选择网络防火墙时，应主要考虑网络的规模、网络的架构、网络的安全需求、在网络中的位置，以及网络端口的类型等要素，选择性能、功能、结构、接口、价格都最为适宜的网络安全产品。防火墙的参数主要参考以下几种：

1) 系统性能

防火墙性能参数主要是指网络防火墙处理器的类型及主频、内存容量、闪存容量、存储容量和类型等数据。一般而言，高端防火墙的硬件性能优越，处理器应当采用 ASIC(专用集成电路)架构或 NP(网络处理器)架构，并拥有足够大的内存。

2) 接口

接口数量关系到网络防火墙能够支持的连接方式，通常情况下，网络防火墙至少应当提供 3 个接口，分别用于连接内网、外网和 DMZ 区域。如果能够提供更多数量的端口，则还可以借助虚拟防火墙实现多路网络连接。而接口速率则关系到网络防火墙所能提供的最高传输速率，为了避免可能的网络瓶颈，防火墙的接口速率应当为 1000 Mb/s 甚至更高。

3) 并发连接数

并发连接数是衡量防火墙性能的一个重要指标，是指防火墙或代理服务器对其业务信息流的处理能力，是防火墙能够同时处理的点对点连接的最大数目，反映出防火墙设备对多个连接的访问控制能力和连接状态跟踪能力，该参数值直接影响到防火墙所能支持的最大信息点数。

提示：低端防火墙的并发连接数都在 1000 个左右。而高端设备则可以达到数万甚至数 10 万的并发连接。

4) 吞吐量

防火墙的主要功能就是对每个网络中传输的每个数据包进行过滤，因此需要消耗大量的资源。吞吐量是指在不丢包的情况下单位时间内通过防火墙的数据包数量。

防火墙作为内外网之间的唯一数据通道，如果吞吐量太小，就会成为网络瓶颈，给整个网络的传输效率带来负面影响。因此，考察防火墙的吞吐能力有助于更好地评价其性能表现。这也是测量防火墙性能的重要指标。

5) 安全过滤带宽

安全过滤带宽是指防火墙在某种加密算法标准下的整体过滤功能，如 DES(56 位)算法或 3DES(168 位)算法等。一般来说，防火墙总的吞吐量越大，其对应的安全过滤带宽越高。

6) 支持用户数

根据防火墙的用户数限制分，为固定限制用户数和无用户数限制两种。前者如 SOHO 型防火墙，一般支持几十到几百个用户不等，而无用户数限制大多用于大的部门或公司。这里的用户数量和前面介绍的并发连接数并不相同，并发连接数是指防火墙的最大会话数(或进程)，而每个用户可以在一个时间里产生很多的连接。

当我们在考虑防火墙产品选型的时候，应更多地从企业网络安全现状和需求出发，并结合防火墙性能指标来选型，特别是某些用户系统为涉密系统，因此只能选择国产产品。通常防火墙支持外部攻击防范、内网安全、流量监控、网页过滤、邮件过滤等功能，能够有效地保证网络的安全；采用状态检测技术，可对连接状态过程和异常命令进行检测；提供多种智能分析和管理手段，支持邮件告警，支持多种日志，提供网络管理监控，协助网络管理员完成网络的安全管理；支持 AAA(认证、授权、计费的简称)、NAT(网络地址转换)等技术，可以确保在开放的 Internet 上实现安全的、满足可靠质量要求的网络；支持多种 VPN 业务，如 L2TP VPN、IPSec VPN、GRE VPN、动态 VPN 等，可以构建 Internet、Intranet、Remote Access 等多种形式的 VPN；提供基本的路由能力，支持 RIP/OSPF/路由策略；支持丰富的 QoS 特性，提供流量监管、流量整形及多种队列调度策略。防火墙性能参考如表 6.1 所示。

表 6.1　防火墙性能参考

防火墙技术	性能参考指标
防火墙安全过滤能力	是否支持状态检测包过滤技术，按照时间段进行过滤；是否支持应用层报文过滤协议(ASPF)
是否提供多种攻击防范技术	包括多种 DoS/DDoS 攻击防范、ARP 欺骗攻击的防范、提供 ARP 主动反向查询、TCP 报文标志位不合法攻击防范、超大 ICMP 报文攻击防范、地址/端口扫描的防范、ICMP 重定向或不可达报文控制功能、Tracert 报文控制功能、带路由记录选项 IP 报文控制功能、静态和动态黑名单功能、MAC 和 IP 绑定功能，支持智能防范蠕虫病毒技术
是否支持细粒度内容过滤能力	支持邮件过滤，提供 SMTP 邮件地址过滤、SMTP 邮件标题过滤、SMTP 邮件内容过滤、HTTP URL 过滤、HTTP 内容过滤

防火墙技术	性能参考指标
是否支持多种安全认证	提供基于 PKI /X.509 的证书认证功能；支持 RSA SecurID 动态口令认证；在 PPP 线路上支持 CHAP(挑战握手认证协议)和 PAP(密码认证协议)；支持 USB Key 方式存储数字证书、配置信息以及用户名密码；支持用户身份管理，不同身份的用户拥有不同的命令执行权限；支持用户视图分级，不同级别的用户赋予不同的管理配置权限；支持与 Radius 服务器配合，实现对接入用户的验证、授权和计费；另外，OSPF、RIP2 具有 MD5 认证功能，确保所交换路由信息的可靠性
强大灵活的管理功能	是否提供各种日志功能、流量统计和分析功能、各种事件监控和统计功能、邮件告警功能
全面的 NAT 应用支持	是否提供多对一、地址池、ACL 控制等地址转换方式，在一个接口上支持多个不同的地址转换服务，通过内部服务器可以向外提供 FTP、Telnet 和 WWW 等服务，实现公网和私网混合地址解决方案。支持多种应用协议，如 FTP、H323、RAS、HWCC、SIP、ICMP、DNS、ILS、PPTP、NBT 的 NAT ALG 功能
支持 VPN	支持 L2TP VPN、GRE VPN、IPSec VPN 等多种 VPN 功能

2. 常见国内产品的简单介绍

国内的安全产品越来越多，特别是防火墙产品，国内属于涉密系统的用户只能选择国产的、并取得了产品涉密资质认证的安全产品。在国内，比较领先的安全厂商，主要有启明星辰、天融信、华为、锐捷、冠群金辰等。下面介绍国产华为和天融信的防火墙产品。

1) 华为防火墙

(1) 华为 USG2000 系列防火墙：USG2000 系列是专门面向中小企业、连锁机构、营业网点、SOHO 企业推出的网络互联设备。适用于中小企业、SOHO 企业，并且集防火墙、VPN、路由器、无线多种设备的多种功能于一体，丰富的功能使管理人员的操作方便。该系列产品提供网络安全功能，检测、防御各种网络攻击行为，不仅支持完整的访问控制和状态防火墙功能，还提供多种攻防防范技术，产品如图 6.3 所示。

图 6.3 华为 USG2000 防火墙产品图

(2) 华为 USG6300 系列云管理防火墙：华为 USG6300 系列是配套华为云管理解决方案的防火墙产品，它支持传统防火墙管理和云管理"双栈"模式，适合为小型企业、企业分支、连锁机构等提供基于云管理的安全上网服务。USG6300 支持业界最多的 6000+应用识别，集传统防火墙、VPN、入侵防御、防病毒、数据防泄漏、带宽管理、上网行为管理等多种安全功能于一身，为企业提供全面、简单、高效的下一代网络安全防护。

防火墙部署在租户侧，租户仅需做上电和接入网络操作，设备启动后自行向云管理平台发起认证注册，实现即插即用。防火墙注册后，与云平台之间创建 NETCONF 安全通道。云管理平台按照设备组自动完成配置批量下发，大大提高了网络配置效率，缩短了开局周期。

云管理网络解决方案引入 GIS(地理信息系统)，基于室内和室外地图对设备位置进行标注，直观展现设备在各区域的分布情况。当设备发生故障时可以第一时间捕获设备位置，提高定位和排障效率。

USG6300 系列防火墙支持传统模式和云模式两种管理模式切换，缩短网络改造升级周期，将网络改造升级对用户业务的影响降到最低，保障用户体验。产品如图 6.4 所示。

图 6.4　华为 USG6300 防火墙产品图

2) 天融信防火墙

(1) 网络卫士防火墙 4000(NGFW4000)：NGFW4000 系列是网络卫士系列防火墙的中端产品，是一款成熟的广受市场认同的主流产品，具有访问控制、内容过滤、防病毒、NAT、IPSec VPN、SSL VPN、带宽管理、负载均衡、双机热备等多种功能，广泛支持路由、多播、生成树、VLAN、DHCP(动态主机配置协议)等协议，适用于网络结构复杂、应用丰富的政府、军工、学校、中型企业等网络环境。采用了多级过滤措施，以基于 OS(操作系统)内核的核检测技术为核心，提供从链路层到应用层的全面安全控制。支持众多网络通信协议和应用协议，如 VLAN、ADSL、PPP、ISL、802.1Q、Spanning tree、IPSec、H.323、MMS、RTSP(实时流传输协议)、ORACLE SQL*NET、PPOE、MS RPC 等协议，适用网络的范围更加广泛，保证了用户的网络应用。同时，方便用户实施对 VOIP、视频会议、VOD 点播及数据库等应用的使用和控制。

(2) 网络卫士防火墙 NGFW4000-UF：NGFW4000-UF 系列是网络卫士系列防火墙的高端产品，是集成防火墙、VPN、SSL-VPN、带宽管理、反病毒、反垃圾邮件等多功能的综合性网关产品，具有高性能、高可靠性、高安全性的特点，普遍适用于银行、电信、教育等大型网络系统，特别适用于网络结构复杂、应用丰富、高带宽、大流量的大中型企业骨干级网络环境。

网络卫士防火墙提供了支持像电信行业网络环境的链路负载均衡功能，即保证多条链路同时工作，分担网络流量，并且相互备份。网络卫士防火墙拥有透明、路由和混合三种工作模式，能够十分容易地布置在政府行业这种公有地址和私有地址混合使用的复杂的网络环境里。

6.4.2　入侵检测

由于网络攻击技术的不断发展，攻击手段的不断丰富，网络攻击所带来的危害越来越严重。网络入侵检测系统作为一种高效、准确和智能化的网络入侵和攻击检测的产品，能实时采集信息系统中的网络数据、系统日志、服务状态、资源使用状况等信息，进行综合分析和比较，判断入侵行为的发生，并采用多种不同手段记录攻击，实时告警，从而起到保护用户网络和信息系统安全的作用。

通常选择入侵检测产品时需要从用户需求和产品的性能考虑，如表 6.2 所示。

表 6.2 网络入侵检测系统性能参数

性能参数	选型参考
入侵检测能力	可识别 30 大类、上千种入侵行为：后门程序攻击，是否识别分布式拒绝服务攻击、远程溢出攻击、账号试探性攻击等行为
是否具有核心抓包机制	是否使用专用数据通道完成从网口到分析引擎之间的高速数据交换，实现了数据采集过程的零拷贝技术，可以减轻网络压力
是否具有事件管理能力	能否提供类似 WEB 控制台上为用户提供多角度的入侵警报浏览功能，以及功能强大的搜索引擎。用户可以从大量的警报事件中快速准确地查到所关注的攻击事件
是否具有多样化的报警响应方式	响应措施是否包括数据库记录、主动切断、邮件报警、SNMP(简单网络管理协议)报警、系统日志报警和联动防火墙阻断等方式
大规模网络下的入侵检测能力	是否可以通过分布在用户各个子网中实时采集和分析数据的入侵检测引擎，以及能够对所有检测引擎进行集中管理和配置的控制中心，使整个系统能够对一个大规模用户网络进行入侵检测，从而满足复杂网络环境下用户的需求
部署方式	支持分布式扩展之外，是否提供了多种引擎组合方式，适应不同网络规模和应用环境
协作联动能力	网络入侵检测系统是否支持与主流的多种交换机进行联动，可以在检测到高风险的入侵行为之后迅速关闭交换机端口或封堵指定的 IP 地址来切断攻击源；网络入侵检测系统支持标准 SNMP，用户可以使用通用网管产品对其进行统一管理
规则库升级	是否支持能够根据网络攻防技术的最新发展推出最新的入侵规则升级包，并使产品具备对最新攻击行为的检测能力
自身安全性	在为用户网络环境提供安全保障的同时，网络入侵检测系统是否具备完善的自身安全性
网络支持参数	是否支持：TCP/IP：10 M、100 M、1000 M 的网络带宽；具有百兆网络入侵检测系统数量；千兆网络入侵检测系统数量
检测效率	100 M 网络环境下漏报率低于 1%；1000 M 网络环境下漏报率低于 5%
抗攻击能力	是否可以抵抗针对 IDS 的 DOS 攻击；IP 碎片重组；抗绕过 IDS 的攻击
响应方式	是否有：日志记录；TCP 连接主动切断；重新配置边缘设备(如交换机、防火墙)；E-mail 告警；SNMP Trap 告警；Syslog 告警

下面对常见的入侵检测系统产品作简单的介绍。

在企业网络安全产品部署中，使用较多的是国内安全厂商的安全产品，其中入侵检测产品厂商也很多，各有各的优势，其中领跑国内安全市场的天融信、华为、冠群金辰、锐捷等，产品的种类繁多。以天融信和锐捷的产品为例对其进行简单说明。

1．网络卫士入侵检测系统 TopSentry

(1) 具有多重检测技术，综合使用误用检测、异常检测、智能协议分析、会话状态分析、实时关联检测等多种入侵检测技术，保证 IDS 检测准确性，极大地降低了漏报率与误报率。

(2) 具有多层加速技术，有专用的高速硬件平台、底层抓包加速引擎、多线程分散式重组引擎、高效的流定位及状态型的协议分析技术、无缝集成的优化智能模式匹配算法。

(3) 具有强大的病毒蠕虫检测能力，能实时跟踪当前最新的蠕虫事件，针对当前已经发现的蠕虫攻击及时提供相关事件规则；对于存在系统漏洞但尚未发现相关蠕虫事件的情况，通过分析漏洞来提供相关的入侵事件规则，最大限度地解决蠕虫发现滞后的问题。网络卫士入侵检测系统内置 600 条以上的蠕虫检测规则。

(4) 具有 SSL 加密访问检测技术，通过解码基于 SSL 加密的访问数据，分析、检测 SSL 加密访问中的攻击行为，从而可以保护内部提供 SSL 加密访问的重要服务器的安全。

(5) 具有强大的报文回放能力，能够完整记录多种应用协议(HTTP、FTP、SMTP、POP3、Telnet 等)的内容，并按照相应的协议格式进行回放，清楚再现入侵者的攻击过程，重现内部网络资源滥用时泄漏的保密信息内容。

2．RG-IDS 入侵检测系列(见图 6.5)

(1) 具有基于状态的应用层协议分析技术。状态协议分析技术基于对已知协议结构的了解，通过分析数据包的结构和连接状态，检测可疑连接和事件，极大地提高了检测效率和准确性。该项技术不仅能准确识别所有的已知攻击，还可以识别未知攻击，并使采用 IDS 躲避技术的攻击手段彻底失效。

(2) 性能高。采用高效的入侵检测引擎，综合使用虚拟机解释器、多进程、多线程技术，配合专门设计的高性能的硬件专用平台，能够实时处理高达两千兆的网络流量。

(3) 提供行为描述代码。用户可以非常方便地使用我们公司提供的"行为描述代码"自行创建符合企业要求的新的特征签名，扩大检测范围，个性化入侵检测系统。

(4) 采用分布式结构。采用先进的多层分布式体系结构，包括控制台、事件收集器、传感器，这种结构能够更好地保证整个系统的可生存性、可靠性，也带来了更多的灵活性和可伸缩性，适应各种规模的企业网络的安全和管理需要。

图 6.5　RG-IDS 入侵检测系统产品图

(5) 全面检测。检测准确率高，且能够识别一千多种攻击特征，如预攻击探测、拒绝服务攻击、针对各种服务漏洞的攻击、针对 Windows 和 Unix 网络的攻击、网络连接事件等。强大的行为描述代码可支持任意自定义安全事件。

(6) 可靠性高。RG-IDS 是软件与硬件紧密结合的一体化专用硬件设备。硬件平台采用严格的设计和工艺标准，保证了高可靠性；独特的硬件体系结构大大提升了处理能力、吞吐量；操作系统经过优化和安全性处理，保证系统的安全性和抗毁性。

(7) 可用性高。RG-IDS 的所有组件都支持 HA(高可用性集群)冗余配置，保证提供不间断的服务。

(8) 部署隐秘。RG-IDS 支持安全的部署模式为隐秘配置。

(9) 响应灵活。RG-IDS 提供了丰富的响应方式，如向控制台发出警告，发提示性的电子邮件，向网络管理平台发出 SNMP 消息，自动终止攻击，重新配置防火墙，执行一个用户自定义的响应程序等。

(10) 误报率低。RG-IDS 采用基于状态的应用层协议分析技术，同时允许用户灵活地调节签名的参数和创建新的签名，大大降低了误报率，提高了检测的准确性。

(11) 简单易用。RG-IDS 安装简单，升级方便，查询灵活，并能生成适合各级管理者任意需要的多种格式的报告。

6.4.3 统一威胁

1. 统一威胁管理定义

2004 年 9 月美国著名的 IDC(互联网数据中心)提出将防病毒、入侵检测和防火墙安全设备命名为统一威胁管理(United Threat Management，UTM)，受到信息安全领域业界的重视，开阔了市场的新思路。

统一威胁管理(UTM)安全设备是由硬件、软件和网络技术组成的具有一项或多项安全功能的集合体。它将多种安全特性集成于一个硬设备里，构成一个标准的统一管理平台。UTM 设备的基本功能包括了网络防火墙、NIDS(网络入侵检测系统)或 IDP(入侵检测和防御)和网关防病毒功能，如图 6.6 所示。UTM 安全设备也可能包括其他特性，比如安全管理、日志、策略管理、服务质量(QoS)、负载均衡、高可用性(HA)和报告带宽管理等。

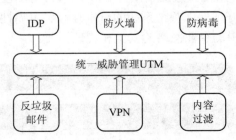

图 6.6　UTM 功能集合

2. UTM 技术

UTM 将多项安全技术有机地集合在一起，在不降低网络性能的情况下，提供了网络层和内容层的安全保护。以下为一些典型的 UTM 技术：

1) 完全性内容保护(CCP)

完全性内容保护(Complete Content Protection，CCP)提供对 OSI 模型从第 1 层到第 7 层的网络威胁的实时保护。这种技术超过防火墙的状态检测和深度包检测技术。它具备在千兆网络环境中，实时将网络层数据负载重组为应用层对象(如文件和文档)的能力，而且重组之后的应用层对象可以通过动态更新病毒和蠕虫特征来进行扫描和分析。CCP 还可探测其他各种威胁，包括不良 Web 内容、垃圾邮件、间谍软件。

2) ASIC 加速技术

ASIC(专用集成电路)芯片是 UTM 产品的一个关键组成部分，提供了千兆位级实时的应用层安全服务(如防病毒和内容过滤)的平台，专门为网络骨干和边界上高性能内容处理设计的体系结构。ASIC 芯片集成了硬件扫描引擎、硬件加密和实时内容分析处理能力，提供防火墙、加密/解密，特征匹配和启发式数据包扫描，以及流量整形的加速功能。

3) 专有的操作系统(OS)

专用 OS 提供了精简的、高性能防火墙和内容安全检测平台。基于内容处理加速模块的硬件加速，加上智能排队和管道管理，OS 使各种类型流量的处理时间达到最小，从而给用户提供最好的实时系统，有效地实现防病毒、防火墙、VPN、反垃圾邮件、IDP 等功能。

4) 紧密型模式识别语言 (CPRL)

紧密型模式识别语言(Compact Patten Recognition Language，CPRL)是针对完全的内容防护中大量计算程式所需求的加速而设计的。状态检测防火墙、防病毒检测和入侵检测的功能要求，引发了新的安全算法包括基于行为的启发式算法。通过硬件与软件的结合，加上智能型检测方法，CPRL 识别的效率得以提高。

5) 动态威胁管理检测技术(DTPS)

动态威胁防御系统(Dynamic Threat Prevention System，DTPS)是由针对已知和未知威胁而增强检测能力的技术。DTPS 将防病毒、IDS、IPS 和防火墙等各种安全模块无缝集成在一起，将其中的攻击信息相互关联和共享，以识别可疑的恶意流量特征。DTPS 还通过将各种检测过程关联在一起，跟踪每一安全环节的检测活动，并通过启发式扫描和异常检测引擎检查，提高整个系统的检测精确度。

3. 常见的 UTM 产品

国内市场上，比较常见的 UTM 产品的厂商有天融信、安氏领信(LinkTrust)、Watchgurad、卓尔等。下面以 LinkTrust UTM 为例介绍 UTM 产品。

(1) LinkTrust Unified Threat Management(缩写为 LinkTrust UTM)是北京安氏领信科技发展有限公司开发出的一款集防火墙、防病毒、VPN、内容过滤、反垃圾邮件、IPS/IDS、带宽管理、网络准入认证等技术大成于一身的主动防御系统。

(2) LinkTrust UTM 可以采用多种部署方式，如作为一体化的安全防护解决方案；作为防病毒网关；作为邮件过滤网关；作为 IPS 网关；作为 VPN 网关等。

(3) 比如采用网关部署方式，采用业界领先的病毒流扫描检测技术、病毒检测引擎和多种应用协议防护技术，可对来自于 WEB、邮件和 FTP 中所携带的病毒和蠕虫进行检查并做出实时反应。

6.4.4　桌面安全管理系统

桌面安全管理(又称终端安全管理)为企业级用户提供全面高效的计算机设备管理手段，监控企业内 IT 环境的变化，保障计算机设备正常运行，大幅度降低维护成本，帮助企业用户管理好计算机设备。

为了提高企业或单位的竞争力，现今几乎所有的办公环境都已实现了计算机化，它们在网络中共同或独立地处理任务。随着计算机数量的快速增长，网络也变得越来越复杂，管理员不仅要处理单机问题，还要处理复杂的网络问题。如果每一个问题的出现都需要管理员亲自到现场去维护，显然会使他们感到工作繁重，最终导致效率低下。另外，企业或单位的敏感信息以及员工的行为需要得到有效的控制：一是杜绝员工的非许可行为，如工作时间不允许处理工作以外的事情；二是对敏感信息的操作监视和外泄控制，如不得将信息通过外设拷贝或传输到企业外部，对敏感文档执行了不该执行的操作等。因此，如何针对日益增加的计算机进行远程清查、控制和管理，使得管理员不用到现场就可以解决终端发生的众多问题，是桌面管理非常值得关注的问题。一般企业级桌面安全管理系统包含以下几个部分的功能。

1．高效的终端管理

(1) 自动发现和收集终端计算机资产，使企业清楚知道并统一管理 IT 资产；

(2) 强大的 IT 资产管理功能，帮助您详细统计所有终端软硬件的信息，及时掌握全网 IT 软硬件资源的每一个细节；

(3) IT 人员迅速方便地解决终端的故障，提高对可疑事件的定位精度和响应速度；

(4) 一站式管理，提高终端管理的效率，降低维护成本。

2．可信软件统一分发

(1) 缩短软件项目的实施部署周期，降低项目成本及维护软件的复杂性；

(2) 支持各种办公、设计、绘图、聊天、下载等软件的部署；

(3) 软件分发任务可即时或按自定义的计划时间向指定客户端计算机进行分发；

(4) 完整、清晰的任务执行情况反馈，帮助您及时了解软件分发详情。

3．主动防御

(1) 根据应用程序控制的策略进行强制访问控制，杜绝病毒/木马感染和黑客攻击；

(2) 可信代码鉴别，仅通过鉴别的程序文件才能运行，最大限度保障系统安全；

(3) 程序控制强度分三级，适应不同公司的需求；

(4) 轻松放行以及阻止系统已安装软件的运行；

(5) 灵活的程序放行操作，可自定义放行程序。

4．终端接入控制

(1) 对内网的网络资源和外网的网站的访问进行管理和限制，保护内网重要信息资源；

(2) 未经拨号认证的终端机器无法连接到网络，杜绝未授权机器带来的各种威胁；

(3) 支持带宽控制，有效控制网络带宽的使用；

(4) 支持时间控制，可规定网络带宽的使用时间。

5．远程维护与管理

(1) 可远程管理各个终端计算机，简单、方便、快捷、高效；

(2) 远程监视目标计算机桌面，实时监控目标计算机的操作；

(3) 请求远程协助，足不出户就可以远程解决客户端计算机存在的问题；

(4) 远程文件传送，方便各种文件的流转。

6．文档保险柜

(1) 在硬盘中开辟私密存储空间，存放个人的私密资料，保护个人隐私；

(2) 支持各种数据资料文件；

(3) 最大容量支持 2000 GB，最大限度满足需求；

(4) 高强度加密算法加密保护数据资料；

(5) 更新、重装操作系统不影响文档保险柜存放的数据。

7．终端行为审计

(1) 监督审查终端系统中所有影响工作效率及信息安全的行为，达到非法行为"赖不掉"的效果；

(2) 支持用户登录、设备访问、网络访问、数据文件访问、打印、运行程序等行为的审计；

(3) 丰富的日志管理报表，可按用户、时间、事件类型查询出所需的日志记录。

8．终端设备控制

(1) 控制终端计算机各种设备的使用，防止有意或无意地通过物理设备接口将敏感数据泄露，起到了"出不去"的作用；

(2) 支持软驱、光驱、打印机、调制解调器、串口、并口、1394(串行的数字接口)、红外通信口、蓝牙等；

(3) 对于 USB 端口的设备进行了分类管控。

目前市场上的桌面管理系统有联想网御、H3C 等桌面安全管理系统。

6.5　网络安全方案设计

某集团公司需要为企业建立整体的安全保护系统，主要目标是解决企业网络边界的安全、边界接入安全、防病毒和相关业务的安全，为了说明一些问题，以简单的案例形式讲解该部分内容。

6.5.1　网络安全需求

1．企业管理业务的需要

某集团公司的信息化发展很快，怎样有效地利用现有软、硬件和网络资源，简化工作流程，提高管理工作效率，实现办公自动化和信息资源共享，是当前该集团公司各管理部门的迫切需求。该集团公司现有网络中的应用系统包括下列主要内容：

- 包括财务信息系统、人力资源信息系统在内的企业 ERP 系统；

- 生产信息系统；
- 企业信息平台(EIP)；
- 协同办公系统(OA)；
- XX 报警信息系统；
- 营销信息系统；
- Web 门户网站信息服务；
- 视频会议系统，等等。

该集团公司大部分的业务开展都是基于网络的，因此，如何有效保障网络及应用系统正常地运行关系到该集团公司日常经营管理业务的有效开展。

2. 企业生产的需要

该集团公司下属企业拥有众多的、基于计算机管理的大型生产设备，在生产的过程中，会产生大量的生产数据和文档资料，在确保数据的安全、保密的前提下，实现数据资料有效的存储、传输和共享，是该集团公司当前信息化建设的需要。因此，建立一个安全、稳定、高效的信息系统平台，是当前刻不容缓的任务。

3. 信息安全等级保护的需要

该集团公司是国家重点单位，企业的经济建设、信息数据的安全等，这些都与企业和国家的利益相关，所以信息化建设必须符合国家信息安全等级保护审查的要求。

4. 网络信息安全需求的具体内容

通过对该集团公司目前信息化网络系统的调研、分析，以及结合该公司的未来发展，该集团公司的网络安全需求主要体现在以下方面：

(1) 物理设备的安全需求。

物理设备的安全问题主要为如何有效地保证中心机房的安全建设，才能有效地保证其中的设备放置和运行的物理安全。

(2) 网络边界安全的需求。

规划建设后，该集团公司的信息网络系统将由很多业务安全域组成。在划分安全域后，其中以财务部门为首的重要部门所涉及的安全域为重要安全域，需要进行重点防护，各个子网间的边界安全问题也十分重要；集团与外部(非内部网，如 Internet 网络)网络相连接，需要隔离不安全因素。最终保证企业网络，以及内部的边界安全。

(3) 防范病毒的需求。

病毒是严重威胁企业计算机信息系统安全的存在，影响企业业务的持续运行、用户数据的安全性等，而且新病毒的暴发会毁掉一个病毒防御机制不健全的网络，因此，需要建立完整的网络防病毒系统。

(4) 网络入侵行为的审计的需求。

为了有效地监控网络入侵行为的发生，需要对内部和外部的入侵行为进行详细的记载，同时产生预警。

(5) 接入安全的需求。

为了有效地保证企业网络的身份可信，以及资源访问控制管理的需要，需要为企业员工建立统一的身份认证，要求在接入网络的时候进行身份认证，同时检查员工的主机是否符合企业安全策略，不符合的主机需要重新修复后方可进入资源区，否则进入修复区或者拒绝接入。

(6) 网络传输安全的需求。

对于连接集团公司和子公司的广域网来说，应采用安全的加密传输的方式进行连接，形成一个广域的"内部网"(虚拟私有网络，即 VPN)。同时，对于重要部门的计算机，当在彼此之间传输文件时，也尽可能采用加密传输的方式。

(7) 安全管理规范建设。

明确"技术和管理并重"的原则，信息及网络的安全不仅是技术问题，更是一个管理问题，安全管理在信息系统安全中占有很重要的地位。该集团公司应加强网络安全管理规范的建设，在设立专门的管理机构的基础上，制定全面的管理制度，确保制定的管理策略能够得到正确执行，所有安全技术措施能够发挥作用。

6.5.2　设计原则

通过"用户行为、终端、接入控制、服务资源、边界安全"的安全保障体系架构，达到全网安全有效防御，高效地保障企业业务安全运作。

1．网络信息安全保障体系的设计原则

根据集团公司的实际情况和网络技术的发展现状，在制定网络技术方案时，主要遵循以下原则：整体性原则、符合国家标准原则、适度安全原则、经济合理性原则、一致性原则、系统可扩展性原则、全面规划原则。

2．网络信息安全保障体系的建设目标

通过安全保证体系的建设，将会使集团公司的信息化业务网络变成一个安全的、透明化、可管理、可控制、可持续、稳定的系统。

(1) 设全局的、统一的安全管理平台，保证网络信息整体应用系统的安全和数据资产的安全，数据资产可以包括文字、图片、视音频、图表和其他结构化与非结构化的数字信息。

(2) 故障发生的频率应显著降低，发现安全威胁、定位威胁、排除威胁的能力和速度应该大幅度提高，以便降低安全体系的总成本。

(3) 从单一的被动安全模式，变成了主动防护与管理的立体安全结构。

(4) 建立可信身份的网络环境，集中身份认证、权限控制与行为审计为一体的"区域控制，统一认证"，降低了安全风险。

(5) 集中的告警管理、安全策略管理、安全事件管理来确保整个 IT 环境的安全性，使得其稳定可靠地运行，极大地降低了管理维护成本。

(6) 安全制度建设，强化安全管理，安全责任落实到人，确保企业信息的真正安全。

6.5.3　网络安全方案简介

具体而言，在整个信息化系统实现信息安全的技术和防御体系上，可有物理防御、网络防御、主机/设备防御、数据防御、应用防御等几个层次的防御体系。集团公司企业管理信息化系统建设要在这五个层次的防御体系下，分别采用相应的技术手段和管理制度，来

保护整个信息化系统的安全。

该集团公司的网络信息安全的整体解决方案如图 6.7 所示。

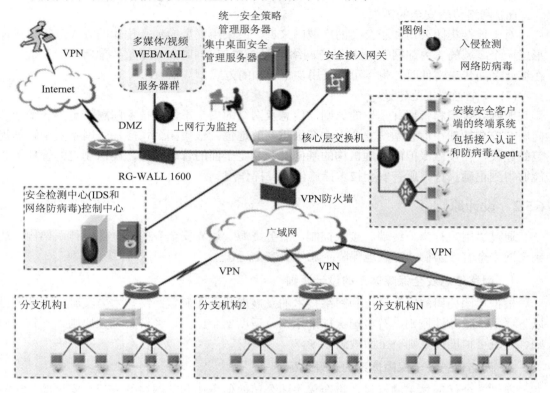

图 6.7　网络信息安全整体解决方案图示

在图 6.7 中可以看到网络安全解决方案应该在整个网络基础设施上采用集成化保护，而不能只考虑某些专用安全性设备。需要在各种网络产品上都集成安全性能，从而确保整个网络实现立体的集成化的安全防御，可以实现包括路由器、防火墙和交换机在内的三层的集成化的安全防御。

(1) 第一层为可信网络环境，采用"安全接入网关"完成安全接入。

为了保证网络环境的可信，需要确定身份，同时建立终端的安全管理，在接入认证通过后，同时检查用户终端系统是否满足预先设定的安全策略，由统一安全策略管理服务器和桌面安全服务器完成策略更新和修复工作，时时保证用户终端的安全性和可信性。为了解决问题，选用了南京联创的 T-GATE 和桌面管理等安全组件完成。对移动存储设备，实现授权管理，可以以授权移动存储设备禁止使用、正常使用、加密使用或在一定范围内使用等权限，保证数据安全共享。对于外设端口，如果不是经常使用就将其直接关闭，待需要时再重新打开，减小数据泄密的风险。

(2) 第二层为核心防御，安全防护由路由器和 VPN 实现。

VPN 能提供安全的广域网连接，是网络安全的核心屏障，也解决了远程传输的数据安全。

路由器提供 Internet/外联网等公共信息网的广域连接，与 DNS 服务器、WWW 服务器和 E-mail 服务器等一起位于防火墙的外部，这些服务器作为对外开放的一部分，对内部和外部用户提供相应的服务，其本身也成为公共信息网的一部分。为了对这些服务器提供有效的安全保障，防止外部的用户对服务器进行非法操作，对服务器的内容进行删除、修改等破坏，必须对外部访问所有的操作进行严格的控制。利用路由器所具有的防火墙功能，可限制外部用户对各服务器所进行的操作，从而可防止各服务器受到来自外部的破坏。

(3) 第三层为边界防御，安全防护由防火墙保障。

防火墙将企业内部网和外部完全分开，它是内部各网络子系统对外的唯一出口。通过使用防火墙隔离内、外网络，进一步地保障了内部网络的安全。

防火墙对所有的访问都可提供完整的记录，包括非法入侵尝试。防火墙实现了从网络层到应用层的安全保护，可通过对数据包源点地址、目的地址、TCP 端口号和包长等因素对通信进行控制，禁止任何非法访问。

公司企业管理信息化系统建设在网络建设中采用了高性能的防火墙，可以实现边界防御的作用，已选用锐捷的 RG-WALL1600，带有 VPN 功能。

(4) 第四层为区域防御，安全防护由入侵检测系统和局域网交换机提供。

入侵防御系统作为动态安全技术之一，提供了实时的入侵检测，并能做出记录、报警、阻断等反应，提供了更为积极的防御手段。作为防火墙之后的第二道闸门，入侵防御系统已经成为整体安全方案中重要的一部分。

核心交换机应该部署 IDS 和防火墙模块，对复杂的内部网进行有效的安全监控，是抵御外部攻击防止的第三道屏障，也是防止内部攻击的有力手段。

另外交换机具有 MAC 地址过滤功能，因此可根据需要对交换机的每个端口进行定义，只允许特定 MAC 地址的工作站通过特定的端口进行访问，与连接防火墙的端口进行通信。由于 MAC 地址的唯一性和不可配置特性，这种控制实际上是从硬件上对特定的机器进行控制，与对 IP 地址的过滤相比，这种防护具有更高的安全性。

公司企业管理信息化系统建设在网络建设中采用了入侵检测系统，可以基本上实现区域防御的作用。

(5) 第五层为病毒防御，病毒安全防护采用了网络防病毒系统。

在网络防病毒系统中，以 KILL 的网络防病毒系统为主，安装了用户端的客户防病毒，通过中心管理平台统一管理整个企业的网络病毒防御策略的分发和升级。

该集团公司企业管理信息化系统建设，通过以上几层安全保护的技术手段，使网络系统实现网络连接、应用服务可靠的安全控制，可有效地防止外部和内部的非法访问，具有很高的安全性。

◆ ◆ ◆ 本 章 小 结 ◆ ◆ ◆

本章介绍了自然威胁、人为威胁以及网络威胁等网络安全现状，从现状分析得到应该采取管理、技术的安全策略。关于网络安全技术，除常见的防火墙、IDS 和网络防病毒外，还有相关的网络产品，其中管理 VPN 和 UTM 也属于其中的一类，由于安全技术种类繁多，本章主要对网络准入控制及相关产品、防火墙技术及相关产品、网络入侵检测技术及相关产品、网络防病毒技术及相关产品、统一威胁管理及相关产品、网络传输安全及相关产品作了详细的讲解。

习题与思考

1．举例说明常见的网络安全现状有哪些，结合目前最新的现状给以说明。

2．解决网络安全问题的时候，通常有哪些安全管理和安全技术？请说明安全管理应该如何建设，并结合目前最新的技术说明网络安全技术有哪些。

3．调查和调研目前有哪些主流的安全厂商。

4．入侵检测技术有哪些具体技术？请举例说明。

5．调研 UTM 技术和目前的 UTM 产品有哪些。

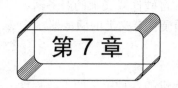

网络应用服务器

【内容介绍】

在很多大中型网络中，都有一个非常重要的核心设备，那就是服务器，它在提供对内对外的各种服务中起着关键的作用。本章介绍服务器的概念、作用与分类，服务器的技术、服务器的架构，服务器的性能要求及配置要点、产品造型等知识。

7.1　服务器基础知识

7.1.1　服务器简介

服务器英文名称为 Server，指的是在网络环境中为客户机(Client)提供各种服务的、特殊的专用计算机系统，在网络中承担着数据的存储、转发、发布等关键任务，是各类网络中不可或缺的重要组成部分。从应用角度来看，服务器也是一种计算机，只不过是为其他计算机服务的特殊的计算机。不过，也不能把服务器单纯地理解为计算机，服务器具有许多不同于普通计算机(工作站)的特性。

服务器是指在网络环境下运行相应应用软件，为网上用户提供共享信息资源和服务的设备。服务器是网络的中枢和信息化的核心，具有高性能、高可靠性、高可用性、I/O 吞吐能力强、存储容量大、联网和网络管理能力强等特点。

这里需要分清两个概念的"服务器"，即硬件意义上的"服务器"和软件意义上的"服务器"。硬件意义上的服务器是指服务器的 CPU、内存、硬盘等看得见、摸得着的硬件系统。而软件意义上的服务器更多地指服务器中运行的软件部分，如将运行 Web 服务的服务器称为 Web 服务器，将运行 FTP 服务的服务器称为 FTP 服务器。软件意义上的服务器不是独立的，如 Web 服务器和 FTP 服务器可以存在于同一台服务器中。

当然，硬件意义上的服务器和软件意义上的服务器也有联系。软件意义上的服务器必须运行于一台或多台硬件意义上的服务器之上，不能脱离硬件而存在。

在这里区分两种意义服务器的用意在于使大家能够明白，我们常说的 Web 服务器、文件服务器、FTP 服务器、打印服务器、E-mail 服务器等，实际上指的是在服务器上运行某些软件，进而能够提供某些服务，而不是服务器的硬件本身就拥有这些功能。同一台硬件意义上的服务器，安装不同的服务端软件后，就会变成不同的软件意义上的服务器。而且，由于在同一台服务器上可以安装若干不同的服务端,因此,同一台硬件意义上的服务器,可以是几台软件意义上的服务器。在本章中,服务器更多的是指硬件意义上的服务器。

7.1.2 服务器的作用

服务器在网络中具有非常重要的地位,这种地位是与其所提供的各种服务的重要程度密不可分的。总的来讲,服务器主要用于提供数据存储和网络服务。

1. 数据存储

服务器中储存了大量关键的用户数据,如用户账户和密码、用户的电子邮件,以及其他重要信息和数据文件。服务器一旦瘫痪,后果是非常严重的。

如果服务器上的数据由于硬件或软件故障被破坏,那么后果就更为严重了。后果的严重性视服务器的重要性而定。如果其中储存的是非常重要的数据,如银行、证券的交易数据,而且没有及时备份,那么损失会是非常惨重的,损失的金钱数以百万计。

2. 网络服务

各种各样的网络服务,如 WWW、FTP、E-mail、Chat、即时信息、BBS(网络论坛)、Proxy(代理服务器)等各种服务都是由服务器提供的,服务器一旦瘫痪,则相关的服务立即停止。例如,当代理服务器出现故障时,局域网内的用户将无法访问互联网,互联网的一切服务(如站点浏览、聊天、电子邮件、软件下载等)都将中断。而如果局域网中的域控制器瘫痪,则所有的局域网用户将无法通过域名解析方法访问局域网中的资源。

7.2 服务器的分类

对于计算机网络中的服务器,可以根据以下的不同标准来分类。

7.2.1 根据网络规模划分

1. 工作组级服务器

工作组级服务器也称为 PC 级服务器,用于联网计算机的数量在几十台左右、对处理速度和系统可靠性要求不是很高的小型网络。工作组级服务器的硬件配置相对比较低,如果资金比较紧张,勉强可以由高配置的 PC 来代替。从外形来看,工作组级服务器类似于 PC,如图 7.1 所示。

对于中小型企业,接触最多的就是工作组级服务器,它的稳定性、可扩展性能及容错冗余性能较差,仅适用于没有大型数据库数据交换、网络日常工作流量不大的情况。

2. 部门级服务器

部门级服务器用于联网计算机在百台左右、处理速度和系统可靠性高一些的网络,其硬件配置相对较高,一般都支持双路 CPU(通常可达到 4 路)以上的对称处理器结构。其可靠性比工作组级服务器要高一些。绝大多数部门级服务器提供文件和打

图 7.1 工作组级服务器

印共享的服务，还提供全面的 Internet/Intranet 服务。另外，部门级服务器还具有一定的可扩展性，如可方便地进行硬盘存储空间的扩展，可进行 RAID(独立磁盘冗余阵列)管理，可与外部存储系统进行连接等。与工作组级服务器相比，部门级服务器无论在外形(见图 7.2)还是性能上都要高一些。

图 7.2 部门级服务器

通常情况下，如果应用不复杂，例如没有大型的数据库需要管理，那么采用工作组级服务器就可以满足要求。

3. 企业级服务器

企业级服务器属于高档服务器，普遍可支持 2～8 个处理器，拥有独立的双 PCI 通道和内存扩展板设计，具有高内存带宽、大容量热插拔硬盘、双千兆网卡、热插拔电源、超强的数据处理能力和集群性能等。

企业级服务器除了具有部门级服务器的全部特性外，还具有高度的容错能力、优良的扩展性能、故障预报警和在线诊断功能，并且其 RAM、PCI、CPU 等具有热插拔性能。企业级服务器适用于需要处理大量数据、对数据处理速度和可靠性要求极高的金融、证券、交通、邮电、通信行业或大型企业。

7.2.2 根据处理器架构划分

1. CISC 架构服务器

CISC(Complex Instruction Set Computer，复杂指令集计算机)是从计算机诞生以来人们一直沿用的一种 CPU 处理方式。早期的桌面软件是按 CISC 设计的，并一直延续到现在，所以，微处理器(CPU)厂商一直在走 CISC 的发展道路，包括 Intel、AMD，还有其他一些现在已经更名的厂商，如 TI(德州仪器)、Cyrix 以及 VIA(威盛)等。在 CISC 微处理器中，程序的各条指令是按顺序串行执行的，每条指令中的各个操作也是按顺序串行执行的。顺序执行的优点是控制简单，但计算机各部分的利用率不高，执行速度慢。CISC 架构的服务器主要以 IA-32 架构(Intel Architecture，英特尔架构)为主，而且多数为中低档服务器所采用。

2. RISC 架构服务器

RISC(Reduced Instruction Set Computer，精简指令集计算机)的指令系统相对简单，它

只要求硬件执行很有限且最常用的那部分指令,大部分复杂的操作则使用成熟的编译技术,由简单指令合成。目前在中高档服务器中普遍采用这一指令系统的 CPU,特别是高档服务器全都采用 RISC 指令系统的 CPU。

如果企业的应用都是基于 Windows 2003、Windows 2008、Windows 2012 平台的应用,那么基本上选择基于 IA 架构(CISC 架构)的服务器。如果企业的应用主要是基于 Linux 操作系统,那么也选择基于 IA 结构的服务器。如果应用必须是基于 Solaris 的,那么服务器只能选择 SUN 服务器。如果应用基于 AIX(IBM 的 UNIX 操作系统),那么只能选择 IBM UNIX 服务器(RISC 架构服务器)。

3. VLIW 架构服务器

VLIW(Very Long Instruction Word,超长指令集架构)也叫作 IA-64 架构,采用了先进的 EPIC(清晰并行指令)设计。每时钟周期(例如 IA-64)可运行 20 条指令,而 CISC 通常只能运行 1~3 条指令,RISC 能运行 4 条指令,可见 VLIW 要比 CISC 和 RISC 强大得多。VLIW 的最大优点是简化了处理器的结构,删除了处理器内部许多复杂的控制电路,这些电路通常是超标量芯片(CISC 和 RISC)协调并行工作时必须使用的,VLIW 的结构简单,也能够使其芯片制造成本降低,价格低廉,能耗少,而且性能也要比超标量芯片高得多。目前基于这种指令架构的微处理器主要有 Intel 的 IA-64 和 AMD 的 x86-64 两种。近几年来,随着 PC 技术的迅速发展,IA 架构服务器与非 IA 架构的服务器之间的技术差距已经大大缩小,从服务器市场的整体应用看,在网络的更多服务节点上工作的是 IA 架构的服务器。IA 架构服务器是基于 PC 机的体系结构,使用 Intel 或与其兼容的处理器芯片的服务器。由于 IA 架构的服务器是基于 PC 机的体系结构,所以又把 IA 架构的服务器称为 PC 服务器。目前,网络的终端用户机基本上是 PC 机,使得 IA 架构服务器与用户机的亲和度极高,在网络上得到了广泛的应用。但是 RISC 架构服务器在大型、关键的应用领域中仍然居于非常重要的地位。

7.2.3 根据外形划分

1. 台式服务器

台式服务器也称为塔式服务器,如图 7.3 所示。有的台式服务器采用大小与普通立式计算机大致相当的机箱,有的采用大容量的机箱,像个硕大的柜子。低档服务器由于功能较弱,整个服务器的内部结构比较简单,所以机箱不大,都采用台式机箱结构。这里所介绍的台式不是平时普通计算机中的台式,立式机箱也属于台式机范围,目前这类服务器在整个服务器市场中占有相当大的份额。

2. 机架式服务器

机架式服务器的外形看来不像计算机,而像交换机,如图 7.4 所示。有 1U(1U=1.75 英寸)、2U、4U 等规格。机架式服务器安装在标准的 19 英寸机柜里面。这种结构的多为功能型服务器。

图 7.3 台式服务器

图 7.4 机架式服务器

对于信息服务企业(如 ISP/ICP/ISV/IDC)而言，选择服务器时要考虑服务器的体积、功耗、发热量等物理参数，因为信息服务企业通常使用大型专用机房统一部署和管理大量的服务器资源，机房通常设有严密的保安措施、良好的冷却系统、多重备份的供电系统，所以机房的造价相当昂贵。如何在有限的空间内部署更多的服务器直接关系到企业的服务成本，通常选用机械尺寸符合 19 英寸工业标准的机架式服务器。机架式服务器也有多种规格，例如 1U(4.45 cm 高)、2U、4U、6U、8U 等。通常 1U 的机架式服务器最节省空间，但性能和可扩展性较差，适合一些业务相对固定的使用领域。4U 以上的产品性能较高，可扩展性好，一般支持 4 个以上的高性能处理器和大量的标准热插拔部件。其管理也十分方便，厂商通常提供相应的管理和监控工具，适合访问量大的应用。但其体积较大，空间利用率不高。

3．机柜式服务器

一些高档企业服务器由于内部结构复杂，内部设备较多，有的还具有许多不同的设备单元或几个服务器都放在一个机柜中，所以这种服务器也叫机柜式服务器，如图 7.5 所示。

图 7.5 机柜式服务器

4．刀片式服务器

刀片式服务器是一种 HAHD(High Availability High Density，高可用高密度)的低成本服务器平台，是专门为特殊应用行业和高密度计算机环境设计的，其中每一块"刀片"实际上就是一块系统母板，类似于一个独立的服务器。在这种模式下，每一个母板运行自己的系统，服务于指定的不同用户群，相互之间没有关联。不过可以使用系统软件将这些母板集合成一个服务器集群。在集群模式下，所有的母板可以连接起来提供高速的网络环境，可以共享资源，为相同的用户群服务，如图 7.6 所示为刀片式服务器。

图 7.6　刀片式服务器

7.3　服务器主要技术与指标

7.3.1　服务器 CPU

服务器 CPU，顾名思义，就是在服务器上使用的 CPU(Center Process Unit，中央处理器)。我们知道，服务器是网络中的重要设备，要接受少至几十人、多至成千上万人的访问，因此对服务器具有大数据量的快速吞吐、超强的稳定性、长时间运行等严格要求。所以说 CPU 是计算机的"大脑"，是衡量服务器性能的首要指标。

1. CISC 型 CPU

CISC 是指英特尔生产的 X86(intel CPU 的一种命名规范)系列 CPU 及其兼容 CPU(其他厂商如 AMD、VIA 等生产的 CPU)，它基于 PC 机(个人电脑)体系结构。这种 CPU 一般都是 32 位的结构，所以我们也把它称为 IA-32 CPU(IA：Intel Architecture，Intel 架构)。CISC 型 CPU 目前主要有 Intel 的 CPU 和 AMD 的 CPU 两类。

2. RISC 型 CPU

RISC 是在 CISC(Complex Instruction Set Computer)指令系统基础上发展起来的。有人对 CISC 机进行测试表明，各种指令的使用频度相当悬殊，最常使用的是一些比较简单的指令，它们仅占指令总数的 20%，但在程序中出现的频度却占 80%。复杂的指令系统必然增加微处理器的复杂性，使处理器的研制时间长，成本高，并且复杂指令需要复杂的操作，必然会降低计算机的速度。基于上述原因，20 世纪 80 年代 RISC 型 CPU 诞生了，相对于 CISC 型 CPU，RISC 型 CPU 不仅精简了指令系统，还采用了一种叫作"超标量和超流水线结构"，大大增加了并行处理能力(并行处理是指一台服务器有多个 CPU 同时处理。并行处理能够大大提升服务器的数据处理能力。部门级、企业级的服务器应支持 CPU 并行处理技术)。

也就是说，架构在同等频率下，采用 RISC 架构的 CPU 比 CISC 架构的 CPU 性能高很多，这是由 CPU 的技术特征决定的。

在微型机 CPU 领域，出于兼容性的考虑，CPU 厂家在设计时充分融合了两种设计方式的特点，内核和外围部分采用了两种不同的设计方法。比如， Intel 自从 Pentium Pro 开始对于 x86(IA32)、x86-64(EM64T/AMD64)类型的 CPU，都采用内核 RISC，外围用硬件电路将 CISC 代码动态翻译成 RISC。AMD 的也差不多，都是内核采用 RISC，外围采用 CISC。

而现在广泛使用的 Itanium(IA64)类型的 CPU、Intel 的 true64 CPU，和 HP、Compaq、DEC 联合开发，是真正的 RISC CPU，但 EPIC 类型 RISC 不是真正的 RISC CPU，有些时候甚至不把它称为 RISC 处理器，而就叫它 EPIC CPU。

在 Intel 现在生产的 CPU 中，Pentium 4、Pentium D 和 Celeron(赛扬)是面向 PC 的，Xeon(至强)、Xeon MP 和 Itanium(安腾)是面向工作站和服务器的。其中 Itanium 是与其他 CPU 完全不同的 64 位 CPU，设计时并没有考虑将其用于现有的 Windows 应用。其他的处理器虽然在最高工作频率、FSB(前端总线频率)和缓存容量等方面各有不同，但内部设计基本相同，同时可保证软件兼容。Pentium 4(Celeron)和 Xeon(至强)的最大差别是 Xeon 能构建多处理器系统，而 P4 不行。P4 组建的系统中只能用一个 CPU，Xeon 可以用 2 块 CPU 组建双处理器系统(见图 7.7)，而 Xeon MP 可以用 4 块以上 CPU 组建系统。MP 即 Multi Processing Platform(多处理器平台)。

图 7.7 Intel Xeon 处理器

目前在中高档服务器中普遍采用这一指令系统的 CPU，特别是高档服务器全都采用 RISC 指令系统的 CPU。RISC 指令系统更加适合高档服务器的操作系统 UNIX，现在 Linux 也属于类似 UNIX 的操作系统。RISC 型 CPU 与 Intel 和 AMD 的 CPU 在软件和硬件上都不兼容。

从当前的服务器发展状况看，以"小、巧、稳"为特点的 IA 架构(CISC 架构)的 PC 服务器凭借可靠的性能、低廉的价格，得到了更为广泛的应用。值得一提的是，虽然 CPU 是决定服务器性能最重要的因素之一，但是如果没有其他配件的支持和配合，CPU 也不能发挥出它应有的性能。

7.3.2 服务器内存

服务器内存也是内存(RAM)，它与普通 PC 机的内存在外观和结构上没有什么明显实质性的区别，主要是在内存上引入了一些新的特有的技术，如 ECC(Error Checking and

Correcting，错误检查和纠正)、ChipKill、Register 等，具有极高的稳定性和纠错性能。

1. ECC

在普通的内存上，常常使用一种技术，即 Parity，同位检查码(Parity check code)被广泛地使用在检错码(error detection code)上，它们增加一个检查位给每个字符，并且能够检测到一个字符中所有奇(偶)同位的错误，但 Parity 有一个缺点，当计算机查到某个 Byte 有错误时，并不能确定错误在哪一位，也就无法修正错误。基于上述情况，产生了一种新的内存纠错技术，那就是 ECC，ECC 本身并不是一种内存型号，也不是一种内存专用技术，它广泛应用于各种领域的计算机指令中，是一种指令纠错技术。ECC 的主要功能是发现并纠正错误，它比奇偶校正技术更先进的方面主要在于它不仅能发现错误，而且能纠正这些错误，纠正这些错误之后计算机才能正确执行下面的任务，确保服务器的正常运行。

2. Chipkill

Chipkill 技术是 IBM 公司为了弥补目前服务器内存中 ECC 技术的不足而开发的，是一种新的 ECC 内存保护标准。我们知道 ECC 内存只能同时检测和纠正单一位错误，但如果同时检测出两位以上的数据有错误，则一般不能进行纠正。目前 ECC 技术之所以在服务器内存中被广泛采用，一则是因为在这以前其他新的内存技术还不成熟，再则是一般来说，在目前的服务器中同时出现多位错误的现象很少发生，正因为这样才使得 ECC 技术得到了充分的认可和应用，使得 ECC 内存技术成为几乎所有服务器上的内存标准。

但随着基于 Intel 处理器架构的服务器的 CPU 性能在以几何级的倍数提高，而硬盘驱动器的性能同期只提高了少数的倍数，因此为了获得足够的性能，服务器需要大量的内存来临时保存 CPU 上需要读取的数据，这样大的数据访问量就导致单一内存芯片上每次访问时通常要提供 4(32 位)或 8(64 位)字节以上的数据，一次性读取这么多数据，出现多位数据错误的可能性会大大地提高，而 ECC 又不能纠正双个位以上的错误，这样就很可能造成全部数据的丢失，导致系统崩溃。IBM 的 Chipkill 技术利用内存的子结构方法来解决这一难题。内存子系统的设计原理是这样的，单一芯片，无论数据宽度是多少，针对一个给定的 ECC 识别码，它最多影响一个位。举例来说，如果使用 4 位宽的 DRAM(动态随机存取内存)，4 位中的每一位的奇偶性将分别组成不同的 ECC 识别码，这个 ECC 识别码是用单独的一个数据位来保存的，也就是说保存在不同的内存空间地址。因此，即使整个内存芯片出了故障，每个 ECC 识别码也将最多出现一位坏数据，而这种情况完全可以通过 ECC 逻辑修复，从而保证内存子系统的容错性，保证了服务器在出现故障时，有强大的自我恢复能力。采用这种内存技术的内存可以同时检查并修复 4 个错误数据位，服务器的可靠性和稳定得到了更加充分的保障。

3. Register

Register 即寄存器或目录寄存器，我们可以把它在内存上的作用理解成书的目录，有了它，当内存接到读写指令时，会先检索此目录，然后再进行读写操作，这将大大提高服务器的内存工作效率。带有 Register 的内存一定带有 Buffer(缓冲)，并且目前能见到的 Register 内存也都具有 ECC 功能，其主要应用在中高端服务器及图形工作站上，如 IBM Netfinity 5000。

由于服务器内存在各种技术上相对兼容机来说要严格得多，所以它强调的不仅是内存的速度，而是它的内在纠错技术能力和稳定性。

服务器内存和 PC 机内存一样，内存的频率可以用工作频率和等效频率两种方式表示，工作频率是内存颗粒实际的工作频率，但是由于 DDR(双倍速率同步动态随机存储器)内存可以在脉冲的上升和下降沿都传输数据，因此传输数据的等效频率是工作频率的两倍；而 DDR2 内存每个时钟能够以四倍于工作频率的速度读/写数据，因此传输数据的等效频率是工作频率的四倍。例如 DDR 200、266、333、400 的工作频率分别是 100 MHz、133 MHz、166 MHz、200 MHz，而等效频率分别是 200 MHz、266 MHz、333 MHz、400 MHz；DDR2 400、533、667、800 的工作频率分别是 100 MHz、133 MHz、166 MHz、200 MHz，而等效频率分别是 400 MHz、533 MHz、667 MHz、800 MHz。第三代 DDR3 服务器内存频率有 2400 MHz，2133 MHz，1866 MHz，1600 MHz，1333 MHz 等。第四代 DDR4 服务器内存频率有 2133 MHz、2400 MHz、2666 MHz、2933 MHz、3200 MHz 等。第五代 DDR5 服务器内存频率有 3600 MHz、4200 MHz、4400 MHz、4800 MHz、5200 MHz、5600 MHz、6000 MHz 等。目前主要的服务器内存品牌有 Kingmax、现代、三星、Kingstone、IBM、VIKING、NEC 等，前面四种在市面上较为常见，而且质量也能得到较好的保障。

7.3.3 服务器硬盘

对用户来说，储存在服务器上的硬盘数据是最宝贵的，因此硬盘的可靠性是非常重要的。为了使硬盘能够适应大数据量、超长工作时间的工作环境，服务器一般采用高速、稳定、安全的 SCSI 硬盘。但现在随着硬盘技术的发展，普通 SATA 硬盘也可以运用在中低端服务器中，当然高端服务器还是使用 SAS 硬盘(SCSI 硬盘的进化版本)。

同普通 PC 机的硬盘相比，服务器上使用的硬盘具有如下四个特点。

1．速度快

服务器使用的硬盘转速快，可以达到每分钟 7200 或 10 000 转，甚至更高；它还配置了较大(一般为 2 MB 或 4 MB)的回写式缓存；平均访问时间比较短；外部传输率和内部传输率更高，采用 Ultra Wide SCSI、Ultra2 Wide SCSI、Ultra160 SCSI、Ultra320 SCSI 等标准的 SCSI 硬盘，每秒的数据传输率分别可以达到 40 MB、80 MB、160 MB、320 MB。

2．可靠性高

因为服务器硬盘几乎是 24 小时不停地运转，承受着巨大的工作量，硬盘如果出了问题，后果不堪设想。所以，现在的硬盘都采用了 S.M.A.R.T 技术(自监测、分析和报告技术)，同时硬盘厂商都采用了各自独有的先进技术来保证数据的安全。为了避免意外的损失，服务器硬盘一般都能承受 $300g$ 到 $1000g$ 的冲击力。

3．多数使用 SCSI 接口或 SAS 接口

多数服务器采用了数据吞吐量大、CPU 占有率极低的 SCSI 硬盘。SCSI 硬盘必须通过 SCSI 接口才能使用，有的服务器主板集成了 SCSI 接口，有的安有专用的 SCSI 接口卡，一块 SCSI 接口卡可以接 7 个 SCSI 设备，这是 IDE 接口所不能比拟的。

4．可支持热插拔

热插拔(Hot Swap)是一些服务器支持的硬盘安装方式，可以在服务器不停机的情况下拔出或插入一块硬盘，操作系统自动识别硬盘的改动。这种技术对于 24 小时不间断运行的服

务器来说是非常必要的。

服务器硬盘按照接口分类可分为以下几种：

(1) SAS：该盘分为两种协议，即 SAS1.0 及 SAS2.0 接口，SAS1.0 接口带宽为 3.0 Gb/s，转速有 7.2 kr、10 kr、15 kr。该盘现已被 SAS2.0 接口盘取代，该盘尺寸有 2.5 英寸及 3.5 英寸两种。SAS2.0 接口传输带宽为 6.0 GB/s，转速有 10 kr/min 和 15 kr/min 两种，常见容量为 73.6 GB、146 GB、300 GB、600 GB、900 GB。常见转速为 15 000 r/min。

(2) SCSI 传统服务器旧传输接口，转速为 10 kr/min、15 kr/min。但是由于受到线缆及其阵列卡和传输协议的限制，该盘片有固定的插法，例如要顺着末端接口开始插第一块硬盘，没有插硬盘的地方要插硬盘终结器等。该盘现已经完全停止发售，且只有 3.5 英寸版。常见转速为 10 000 r/min。

(3) NL SAS：该盘片为近线 SAS，由于 SAS 盘价格高昂，容量大小有限，LSI 等厂家就采用通过二类最高级别检测的 SATA 盘片进行改装，采用 SAS 的传输协议，SATA 的盘体 SAS 的传输协议，形成市场上一种高容量低价格的硬盘。市场上现在单盘的最大容量为 3 TB。尺寸分为 2.5 英寸及 3.5 英寸两种。

(4) FDE/SDE：前者为 IBM 研发的 SAS 硬件加密硬盘，该盘体性能等同于 SAS 硬盘，但是由于本身有硬件加密系统，可以保证涉密单位数据不外泄，该盘主要用于高端 2.5 英寸存储及 2.5 英寸硬盘接口的机器上。SED 盘与 FDE 大致相同，但其生产厂家不一样。

(5) SSD：该盘为固态硬盘，与个人 PC 机不同的是该盘采用一类固态硬盘检测系统，并采用 SAS2.0 协议进行传输，该盘的性能几乎是个人零售 SSD 硬盘的数倍以上。服务器业内主要供货的产品单盘均在 300 GB 以下。

(6) FC 硬盘：FC 硬盘主要用于以光纤为主要传输协议的外部 SAN 上，由于盘体双通道，又是 FC 传输，带宽为 2 GB、4 GB、8 GB 三种，传输速度快，在 SAN 上，FC 磁盘数量越多，IOPS(同写同读并发连接数)越高。

(7) SATA 硬盘：使用 SATA 接口的硬盘又叫串口硬盘，是 PC 机的主流发展方向，因为其有较强的纠错能力，错误一经发现便能自动纠正，这样大大地提高了数据传输的安全性。新的 SATA 使用了差动信号系统 "differential-signal-amplified-system"。这种系统能有效地将噪声从正常信号中滤除，良好的噪声滤除能力使得 SATA 只要使用低电压操作即可，和 Parallel ATA 高达 5 V 的传输电压相比，SATA 只要 0.5 V(500 mV)的峰峰值电压即可操作于更高的速度之上。

7.3.4 应急管理端口

EMP(Emergency Management Port，应急管理端口)是服务器主板上所带的一个用于远程管理服务器的接口。远程控制机可以通过 Modem(调制解调器)与服务器相连，控制软件安装于控制机上。远程控制机通过 EMP Console 控制界面可以对服务器进行下列工作：

(1) 打开或关闭服务器的电源。

(2) 重新设置服务器，甚至包括主板 BIOS 和 CMOS 的参数。

(3) 监测服务器内部情况，如温度、电压、风扇情况等。

以上功能可以使技术支持人员在远地通过 Modem(调制解调器)和电话线及时解决服务器的许多硬件故障。这是一种很好的实现快速服务和节省维护费用的技术手段。

7.3.5　RAID 技术

RAID(Redundant Array of Independent Disks，独立磁盘冗余阵列)有时也简称磁盘阵列(Disk Array)。

简单地说，RAID 是把多块独立的硬盘(物理硬盘)按不同的方式组合起来形成一个硬盘组(逻辑硬盘)，提供比单个硬盘更高的存储性能和数据备份技术，如图 7.8 所示为 RAID 磁盘阵列。组成磁盘阵列的不同方式称为 RAID 级别(RAID Levels)。数据备份的功能是用户数据一旦发生损坏后，利用备份信息可以使损坏数据得以恢复，从而保障了用户数据的安全性。在用户看起来，组成的磁盘组就像是一个硬盘，用户可以对它进行分区、格式化等操作。总之，对磁盘阵列的操作与单个硬盘一样。不同的是，磁盘阵列的存储速度要比单个硬盘高很多，而且可以提供自动数据备份。

RAID 卡就是用来实现 RAID 功能的板卡，通常是由 I/O 处理器、SCSI 控制器、SCSI 连接器和缓存等一系列零组件构成的。不同的 RAID 卡支持的 RAID 功能不同，可支持 RAID 0、RAID 1、RAID 3、RAID 4、RAID 5、RAID 10 不等。RAID 卡可以让很多磁盘驱动器同时传输数据，而这些磁盘驱动器在逻辑上又是一个磁盘驱动器，所以使用 RAID 可以达到单个磁盘驱动器几倍、几十倍甚至上百倍的速率。RAID 卡的外观如图 7.9 所示。

图 7.8　RAID 磁盘阵列

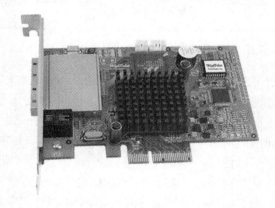

图 7.9　RAID 卡

RAID 技术具有两大特点，一是速度快，二是安全性高。RAID 技术经过不断地发展，现在已拥有了从 RAID 0 到 RAID 6 七种基本的 RAID 级别。另外，还有一些基本 RAID 级别的组合形式，如 RAID 10(RAID 0 与 RAID 1 的组合)、RAID 50(RAID 0 与 RAID 5 的组合)等。不同的 RAID 级别代表着不同的存储性能、数据安全性和存储成本。最为常用的 RAID 形式见表 7.1。

影响 RAID 级别的选择的因素主要有三个：可用性(数据冗余)、性能和成本。如果不要求可用性，则选择 RAID 0 能够获得最佳性能。如果可用性和性能相对于成本而言更为重要，则根据硬盘数量选择 RAID 1。如果可用性、成本和性能都同样重要，则根据一般的数据传输和硬盘的数量选择 RAID3、RAID5。

表 7.1　RAID 介绍

RAID 级别	RAID 0	RAID 1	RAID 3	RAID 5	RAID 10
别名	条带	镜像	专用奇偶位条带	分布奇偶条带	镜像阵列条带
容错性	没有	有	有	有	有
冗余类型	没有	复制	奇偶校验	奇偶校验	复制
热备盘选项	没有	有	有	有	有
读性能	高	低	高	高	中间
随机写性能	高	低	最低	低	中间
连续写性能	高	低	低	低	中间
需要的磁盘数	一个或多个	只需 2 个或 $2n$ 个	三个或更多	三个或更多	只需 4 个或 $4n$ 个
可能容量	总磁盘容量	只能用磁盘容量的 50%	$(n-1)/n$ 的磁盘容量，其中 n 为磁盘数	$(n-1)/n$ 的磁盘容量，其中 n 为磁盘数	磁盘容量的 50%
典型应用	无故障的迅速读写，要求安全性不高，如图形工作站等	随机数据写入，要求安全性高，如服务器、数据库存储领域	连续数据传输，要求安全性高，如视频编辑，大型数据库	随机数据传输要求安全性高，如金融、数据库、存储等	要求数据量大、安全性高，如银行、金融等领域

7.3.6　SMP 技术

　　SMP(Symmetrical Multi-Processing, 对称多处理)技术是指在一台计算机上汇集了一组处理器(多个 CPU)，各 CPU 之间共享内存子系统以及总线结构。它是相对非对称多处理技术而言的、应用十分广泛的并行技术。在这种架构中，一台计算机不再由单个 CPU 组成，而同时由多个处理器运行操作系统的单一复本，并共享内存和一台计算机的其他资源。虽然同时使用多个 CPU，但是从管理的角度来看，它们的表现就像一台单机一样。系统将任务队列对称地分布于多个 CPU 之上，从而极大地提高了整个系统的数据处理能力。所有的处理器都可以平等地访问内存、I/O 和外部中断。在对称多处理系统中，系统资源被系统中所有的 CPU 共享，工作负载能够均匀地分配到所有可用的处理器之上。

　　随着用户应用水平的提高，只使用单个的处理器确实已经很难满足实际应用的需求，因而各服务器厂商纷纷通过采用对称多处理系统来解决这一矛盾。在国内市场上这类机型的处理器一般以 4 个或 8 个为主，有少数是 16 个处理器。但是 SMP 结构的机器可扩展性较差，很难采用 100 个以上的处理器，常规的处理器一般是 8 个到 16 个，不过这已经能够满足多数的用户的要求。这种机器的好处在于它的使用方式和微机或工作站的区别不大，编程的变化相对来说比较小，原来用微机工作站编写的程序如果要移植到 SMP 机器上使用，改动起来也相对比较容易。SMP 结构的机型可用性比较差。因为当 4 个或 8 个处理器共享一个操作系统和一个存储器时，一旦操作系统出现了问题，整个机器就完全瘫痪了。而且由于这个机器的可扩展性较差，不容易保护用户的投资。但是这类机型技术比较成熟，相应的软件也比较多，因此现在国内市场上推出的并行机大部分都采用这种配置。PC 服务器中最常见的对称多处理系统通常采用 2 路、4 路、6 路或 8 路处理器。目前 UNIX 服务器可支持最多 64 个 CPU 的系统，如 Sun 公司的产品 Enterprise 10000。SMP 系统中最关键的技术是如何更好地解决多个处理器的相互通信和协调问题。

7.3.7　容错技术

所谓容错是指在硬件或软件出现故障时，仍能完成处理和运算，不降低系统性能，即用冗余的资源使计算机具有容忍故障的能力，这可以通过软件和硬件方法来实现。

1．软件容错方法

软件容错通常是采用多处理器和设计具有容错功能的操作系统来实现的，提供以检查点为基础的恢复机能。每个运行中的进程都在另一个处理机上具有完全相同但并不活动的后备进程，若运行中的进程内发现不能恢复的故障，则用后备进程替换。若操作系统发现原进程故障，则启动后备进程，后备进程从最后一个检查点开始恢复计算。

2．硬件容错方法

由于硬件成本不断下降，而软件成本不断升高，因此硬件容错技术的应用越来越普遍。通常，硬件容错系统应具有以下特性：

(1) 使用双总线体系结构，确保系统的某一部分发生故障时仍能运行，不降低系统性能。

(2) 确保冗余 CPU、内存、通信子系统、磁盘、电源等这些关键部件的可靠性。

(3) 能够进行自动故障检测、故障部件隔离和联机更换故障部件。

7.3.8　服务器集群

简单地讲，服务器集群是相互连接的两个或多个服务器，如图 7.10 所示。但这些相互连接的服务器并不是以多台服务器的形式出现在用户使用和管理界面中，而是通过一个应用程序公共接口，以一台服务器的形式出现的，实际上就是一个虚拟服务器系统。这些集群在一起的服务器一方面提高了服务器性能，另一方面大大方便了服务器的管理。

图 7.10 显示了服务器集群如何使两个或多个服务器(服务器 1～服务器 n)对独立应用程序表现为一

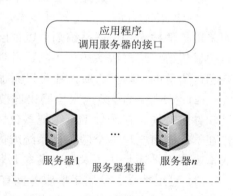

图 7.10　服务器集群的基本结构

个虚拟资源。集群服务器是一组独立的服务器，运行集群服务，并像单个系统一样运作，从而为资源和应用程序提供了高可靠性、可扩展性和可管理性。在某个，甚至某几个服务器由于出现故障或计划停机而无法使用时，通过程序调用，集群中的其他服务器可以承担工作负载。

在很多情况下，人们经常将双机热备份技术与集群技术混为一谈，其实它们具有本质上的区别，区别体现在能否实现并行处理和节点机失效后的任务平滑接管。双机或多机备份技术的原理是一台服务器作主机，其他服务器作备份机(也可以同时工作)，当主机失效时，备份机接管。这种工作模式存在三个主要问题：

(1) 主机发生故障时，备份机不能实现平滑接管，即应用系统会中断；

(2) 备份机平时可能不做任何工作(互援备份方式不是这样)，造成资源浪费；

(3) 不具备负载均衡、并行处理的能力。集群系统使用的是它的高可用性，而不是容错性。还有一类就是容错服务器，它使用高度的硬件冗余，加上特定的软件，对任意单个的硬件或软件故障，提供了近于即时的恢复功能，但它不支持并行处理，与集群也存在本质的区别。

目前对集群技术需求最迫切，发展也最快的领域主要有 Web 应用、VOD(视频点播技术)应用、科学计算、数据库应用等领域。集群服务不保证不停顿的操作，但它为大多数执行关键任务的应用程序提供了足够的可靠性。因为集群服务可监视应用程序和资源，自动将多数故障状态识别出来并加以恢复，所以使用集群技术，可以为管理工作负荷提供更大的柔性，并提高整个系统的可用性。

还可以使用集群增强可伸缩性。服务器集群可在当前性能级别支持更多用户，或通过向多个服务器分散工作负载来提高当前数量的用户的应用程序性能。可伸缩集群服务器还有一个附带作用，即多个服务器的额外冗余性有助于提高系统的可用性。

服务器集群技术与其他服务器扩展技术相比，具有较强优势。如与广泛采用的 SMP 技术相比，集群技术更易于实现，它开发周期短，而且造价低。虽然节点之间数据传输的速度比 SMP 总线低，但是它的可扩展性远远超过了 SMP，在一个集群中可以很轻松地支持 256 个以上的 CPU。同时，由于各节点之间使用了松散耦合的方式连接，可以在系统正在运行的情况下方便地更换或添加节点，因此它在这方面也优于目前的 SMP 技术。综合起来看，使用集群技术的好处主要有以下几个方面：

(1) 扩展能力强。其他扩展技术，通常仅能支持几十个 CPU 的扩展，扩展能力有限。而采用集群技术的集群系统则可以扩展到包括成百上千个 CPU 的多台服务器，扩展能力具有明显优势。集群服务还可不断进行调整，以满足不断增长的应用需求。当集群的整体负载超过集群的实际能力时，还可以添加额外的节点。

(2) 实现方式容易。服务器集群技术相对其他扩展技术来说更加容易实现，主要是通过软件进行的。在硬件上可以把多台性能较低、价格便宜的服务器，通过集群服务集中连接在一起即可实现整个服务器系统成倍，甚至几十、几百倍的增长。无论是从软硬件构成成本上来看，还是从技术实现成本上来看都比其他扩展方式低。

(3) 可用性高。使用集群服务拥有整个集群系统资源的所有权。如磁盘驱动器和 IP 地址将自动地从有故障的服务器上转移到可用的服务器上。当集群中的系统或应用程序出现故障时，集群软件将在可用的服务器上，重启失效的应用程序，或将失效节点上的工作分配到剩余的节点上。在切换过程中，用户只是觉得服务暂时停顿了一下。

(4) 管理方便。可以使用集群管理器来管理集群系统的所有服务器资源和应用程序，就像它们都运行在同一台服务器上一样。可以通过拖放集群对象，在集群里的不同服务器间移动应用程序，也可以通过同样的方式移动数据，还可以通过这种方式来手工地平衡服务器负荷、卸载服务器，从而方便地进行维护。同时，还可以从网络的任意地方的节点和资源处监视集群的状态。当失效的服务器连回来时，将自动返回工作状态，集群技术将自动在集群中平衡负荷，而不需要人工干预。

7.4　服务器虚拟化

服务器的虚拟化是指将服务器物理资源抽象成逻辑资源，让一台服务器变成几台甚至上百台相互隔离的虚拟服务器。我们不再受限于物理上的界限，而是将 CPU、内存、磁盘、I/O 等硬件变成可以动态管理的"资源池"，从而提高资源的利用率，简化系统管理，实现服务器整合，让 IT 对业务的变化更具适应力。

服务器虚拟化主要分为三种：一虚多、多虚一和多虚多。一虚多是一台服务器虚拟成多台服务器，即将一台物理服务器分割成多个相互独立、互不干扰的虚拟环境。多虚一就是将多个独立的物理服务器虚拟为一个逻辑服务器，使多台服务器相互协作，处理同一个业务。另外还有多虚多，就是将多台物理服务器虚拟成一台逻辑服务器，然后再将其划分为多个虚拟环境，即多个业务在多台虚拟服务器上运行。

7.4.1　服务器虚拟化的优点

1．降低能耗

整合服务器通过将物理服务器变成虚拟服务器减少物理服务器的数量，可以大量节省电力和冷却成本。根据中心里服务器和相关硬件的数量，企业可以从减少能耗与制冷需求中获益，从而降低成本。

2．节省空间

使用虚拟化技术大大节省了所占用的空间，减少了数据中心里服务器和相关硬件的数量。在实施服务器虚拟化之前，管理员通常需要额外部署服务器来满足不时之需，利用服务器虚拟化，可以避免这种额外部署工作。

3．节约成本

使用虚拟化技术大大削减了采购服务器的数量，同时相对应的占用空间和能耗都变小了，每台服务器每年大约可节约 500 到 600 美金。

4．提高基础架构的利用率

通过将基础架构资源池化并打破应用一台物理机的界限，虚拟化技术大幅提高了资源利用率。通过减少额外硬件的采购，企业可以大幅节约成本。

5．提高稳定性

使用虚拟化技术能够提高可用性，带来具有透明负载均衡、动态迁移、故障自动隔离、系统自动重构的高可靠服务器应用环境。通过将操作系统和应用从服务器硬件设备隔离开，病毒与其他安全威胁无法感染其他应用。

6．减少宕机事件

迁移虚拟机服务器虚拟化的一大功能是支持将运行中的虚拟机从一个主机迁移到另一个主机上，而且这个过程中不会出现宕机事件。有助于虚拟化服务器实现比物理服务器更长的运行时间。

7．提高灵活性

通过动态资源配置提高 IT 对业务的灵活适应力，支持异构操作系统的整合，支持旧应用系统的持续运行，减少迁移成本，提供一种简单便捷的灾难恢复解决方案。

7.4.2 常见的服务器虚拟化软件

1．Citrix XenServer

Citrix XenServer 作为一种开放的、功能强大的服务器虚拟化解决方案，可将静态的、复杂的数据中心环境转变成更为动态的、更易于管理的交付中心，从而大大降低数据中心成本。XenServer 是市场上唯一一款免费的、经云验证的企业级虚拟化基础架构解决方案，可实现实时迁移和集中管理多节点等重要功能。

2．Windows Server 2012 Hyper-V

Hyper-V 采用微内核的架构，兼顾了安全性和性能的要求。Hyper-V 底层的 Hypervisor 运行在最高的特权级别下，微软将其称为 ring -1(而 Intel 则将其称为 root mode)，而虚拟机的 OS 内核和驱动运行在 ring 0 下，应用程序运行在 ring 3 下，这种架构就不需要采用复杂的 BT(二进制特权指令翻译)技术，可以进一步提高安全性。

3．VMware ESX Server

VMware ESX Server 为适用于任何系统环境的企业级的虚拟计算机软件。大型机级别的架构提供了空前的性能和操作控制。它能提供完全动态的资源可测量控制，适合各种要求严格的应用程序的需要，同时可以实现服务器部署整合，为企业未来成长所需扩展空间。

7.5 网络服务器选型

7.5.1 用户网络服务器性能要求分析

在网络中，服务器承担着数据的存储、转发、发布等关键任务，是各类基于客户机/服务器(C/S)模式网络中不可缺少的重要组成部分。其实对于服务器硬件并没有一定硬性的规定，特别是在中、小型企业，它们的服务器可能就是一台性能较好的 PC 机，不同的只是其中安装了专门的服务器操作系统而已，从而使这台 PC 机就担当了服务器的角色，称为 PC 服务器。

归纳起来，服务器的性能方面的特点可以总结为四性，即可扩展性、可用性、可管理性和可利用性，也就是我们常见到的服务器"SUMA"。

1．可扩展性

因为网络不可能长久不变，如果没有一定的可扩展性，当用户一旦增多或是网络需要扩充设备时，服务器就不能满足需求了。

2．可用性

作为一台服务器的首要要求就是它必须可靠，因为服务器所面对的是整个网络的用户，而不是本机登录用户，只要网络中有用户，服务器就不能中断工作。

3．可管理性

为了保持高的可扩展性，通常服务器需要具备一定的可扩展空间和冗余件(如磁盘矩阵位、PCI 和内存条插槽位等)；同时服务器还必须具备一定的自动报警功能，并配有相应的冗余、备份、在线诊断和恢复系统等，以备出现故障时及时恢复服务器的运作。

4．可利用性

服务器要为大量用户提供服务，没有高的连接和运算性能是不可行的。

7.5.2 服务器选购指南

1．选购策略

选择 PC 服务器的时候首先应该从自己实际的需求出发，预测自己在一两年后的需求变化并做出清楚的需求分析，然后再从以下几个方面做出选择。

通过对两三家厂商同等档次的产品进行比较做出选择。应从产品特点(MAP)、产品质量、服务质量、厂商信誉等几个方面比较，由于市场竞争激烈，一般来说厂商之间的价格差异不会太大，并且由于产品除主要配置外，附件及扩展能力方面也会影响价格，所以不能一味追求价格低。确定品牌及型号后，接下来应选择经销商。一般来说，从厂商认证的二级经销商中选择经销商比较保险，因为如果发现问题，厂商可协助解决，产品及部件质量也有保障。在比较不同经销商的报价时，要首先确定经销商可以提供什么增值服务。因为有些时候，经销商能提供厂商标准服务以外更周到的服务，在谈定价格的时候应该明确所有的细节问题。

综上所述，用户在选择 PC 服务器产品时，必须认真考虑以下几个因素：系统最好是业界著名的品牌；必须有规格齐全的产品系列；整个系统应该具备优秀的可管理性；在数据保护方面应该具备先进的技术；售后服务和技术支持体系必须完善。

2．PC 服务器选购标准

在确定 PC 服务器的级别后，就应该着重权衡它的各项性能指标了。PC 服务器通常有几个方面的性能指标，即可靠性、可管理性、可用性、可扩展性及安全性。

(1) 服务器的可靠性是指服务器可提供的持续非故障时间。故障时间越少，服务器的可靠性越高。如果客户应用服务器来实现文件共享和打印功能，只要求服务器在用户工作时间段内不出现停机故障，并不要求服务器每时每刻都无故障运转，PC 服务器中的低端产品就完全可以胜任。对于银行、电信、航空之类的关键业务，即便是短暂的系统故障，也会造成难以挽回的损失。因此需要选择可靠性高的服务器。可以说，可靠性是服务器的灵魂。其性能和质量直接关系到整个网络的系统可靠性。所以，用户在选购时必须把服务器的可靠性放在首位。

(2) 服务器的可管理性是 PC 服务器的标准性能，也是 PC 服务器优于 UNIX 服务器的重要区别。Windows Server 2008 和 2012 的工作界面与 Windows 其他操作系统保持一致，而且还与各类基于 Windows 系统的应用软件兼容。这些都为 PC 服务器在可管理性方面提供了极大方便。同时 PC 服务器还为系统提供了大量的管理工具软件，安装软件为管理员安装服务器或扩容(增加硬盘、内存等)服务器提供了极大的方便，这个过程就像安装 PC 一样简单。

(3) 重要的企业应用都追求高可用性服务器，希望系统全年 24 小时不停机、无故障运行。有些服务器厂商采用服务器全年停机时间占整个年度时间的百分比来描述服务器的可用性。一般来说，服务器的可用性是指在一段时间内服务器可供用户正常使用的时间的百分比。服务器的故障处理技术越成熟，向用户提供的可用性就越高。提高服务器可用性有两个方式：减少硬件的平均故障间隔时间和利用专用功能机制。该机制可在出现故障时自动执行系统或部件切换以免或减少意外停机。然而不管采用哪种方式，都离不开系统或部件冗余，当然这也提高了系统成本。

(4) 服务器的可扩展性是 PC 服务器的重要性能之一。由于工作站或客户的数量增加是随机的，为了保持服务器工作的稳定性和安全性，就必须充分考虑服务器的可扩展性能。首先，在机架上要为硬盘和电源的增加留有充分余地，一般 PC 服务器的机箱内都留有 3 个以上的硬驱动器间隔，可容纳 4～6 个硬盘可热插拔驱动器，甚至更多。若 3 个驱动器间隔全部占用则至少可容纳 18 个内置的驱动器。另外还支持 3 个以上可热插拔的负载平衡电源 UPS。其次，主机板上的插槽种类齐全，而且数量充足。

(5) 安全性是网络的生命，而 PC 服务器的安全就是网络的安全。为了提高服务器的安全性，服务器部件冗余就显得非常重要。因为服务器冗余性是消除系统错误、保证系统安全和维护系统稳定的有效方法，所以冗余是衡量服务器安全性的重要标准。某些服务器在电源、网卡、SCSI 卡、硬盘、PCI 通道都实现设备完全冗余，同时还支持 PCI 网卡的自动切换功能，大大优化了服务器的安全性能。当然，设备部件冗余需要两套完全相同的部件，也大大提高了系统的造价。

这几个方面是所有类型的用户在选购 PC 服务器时通常要重点考虑的几个方面。此外，品牌、价格、服务、厂商实力等因素也是重点考虑的因素。

3. 购买服务器时应注意的配置参数

(1) CPU 和内存的类型。处理器主频在一定程度上决定着服务器的性能，服务器应采用专用的 ECC 校验内存，并且应当与不同的 CPU 搭配使用。

(2) 芯片组与主板。即使采用相同的芯片组，不同的主板设计也会对服务器性能产生重要影响。

(3) 网卡。网卡应当连接在传输速率最快的端口上，并最少配置一块千兆网卡。对于某些有特殊应用的服务器(如 FTP、文件服务器或视频点播服务器)，还应当配置两块千兆网卡。

(4) 硬盘和 RAID 卡。硬盘的读取/写入速率决定着服务器的处理速度和响应速率。除了在入门级服务器上可采用 IDE 硬盘外，通常都应采用传输速率更高、扩展性更好的 SCSI 硬盘。对于一些不能轻易中止运行的服务器而言，还应当采用热插拔硬盘，以保证服务器的不停机维护和扩容。

(5) 磁盘冗余。采用两块或多块硬盘来实现磁盘阵列，网卡、电源、风扇等部件冗余可以保证部分硬件损坏之后，服务器仍然能够正常运行。

(6) 热插拔。热插拔是指带电进行硬盘或板卡的插拔操作，可实现故障恢复和系统扩容。

4．多处理器服务器选购的策略

首先，处理器的选择与主要操作系统平台和软件的选择密切相关。你可以选择 SPARC、PowerPC 等处理器，它们分别应用于 SunSolaris、IBM AIX 或 Linux 等操作系统上。大多数用户出于价格和操作系统方面的考虑也采用 Intel 处理器。其次，还要选择合适的内存。大多数多处理器系统目前都支持 ECC 校验的 DDR SDRAM。

◆ ◆ ◆ 本 章 小 结 ◆ ◆ ◆

本章主要介绍网络服务器的分类以及它的体系结构，服务器在结构上与 PC(个人电脑)相比有相似的地方，但也有很多部件在性能上有很大的差别。本章重点介绍了如 CPU、内存、硬盘、RAID、SMP、服务器集群等方面的知识。另外，本章还介绍了有关服务器的选型。服务器的不断应用和发展，尤其是 64 位 CPU、采用多核处理器的服务器已经成为市场主流，从而把服务器性能提升到一个全新水平。

习题与思考

1. 简述服务器在网络中的地位。
2. 简述 CISC 和 RISC 的区别。
3. 服务器与普通 PC 有何不同？
4. 简述内存中的 ECC、ChipKill 技术。
5. 简述服务器的对称多处理器技术、集群技术、高性能存储技术和内存技术。
6. 为什么在一般情况下服务器增大内存要比增加处理器对应用更有效？
7. 如何选购服务器产品？

第8章

网络存储方案设计

【内容介绍】

随着网络技术的不断发展，企业的各类应用系统和数据存储量也越来越大，而且企业对数据访问的速度、可用性、可管理性等要求变得非常突出，所以网络存储和备份技术的需求变得更加重要。本章主要讲解网络存储备份技术的基本概念、存储技术、备份技术及方案设计。通过本章的学习，读者可以掌握存储技术和方案设计。

8.1　网络存储技术

随着网络技术的不断发展，不管是因特网，还是企业或机关单位在网络上的数据量都在快速增长，因此，对数据访问的速度、可用性、可管理性、安全性等都有了新的要求，网络存储技术需要不断提高。目前国内企业的核心业务系统对存储资源缺乏有效的管理手段。这和存储系统在整个 IT 系统中的地位是不相符的。存储系统的性能，往往是 IT 平台的性能瓶颈，可是，用户没有管理工具来从应用的角度检测系统的性能表现、定位性能瓶颈、找出优化方案。存储系统中的数据，是整个系统当中最重要的部分，可是用户同样没有管理工具来确认其存储的安全有效，来及时发现故障隐患。存储资源，已成为 IT 系统当中最紧迫的资源，应用数据量快速增长，但存储空间总处于紧张状态，而目前的管理工具无法帮助用户分析业务增长和空间消耗之间的关系，无法在不同的应用系统间灵活方便地调配存储资源。

目前的网络存储技术主要有 SAN、NAS 和 iSCSI，SAN 主要基于光纤通道和光交换技术，以面向数据块存取形式完成；NAS 基于 TCP/IP 协议以文件的存取形式完成；iSCSI 则将 SAN 和 NAS 两种技术的优点融合，通过把面向数据块的 SCSI 协议封装在 TCP/IP 协议数据包中，完成基于 IP 网络的传输交换和数据存取。而 DAS 存储技术，属于传统的存储技术，目前也是应用最为广泛的一种，非常适合数据量不大的应用服务器。

8.1.1　DAS 存储技术

DAS(Direct Attached Storage，直接附加存储)也可称为 SAS(Server-Attached Storage，服务器附加存储)，是指将存储设备通过 SCSI 接口或光纤通道直接连接到一台服务器(或主机)上，作为服务器(或主机)的硬件组成部分。DAS 产品包括存储器件和集成在一起的简易服务器(或主机)，其中存储器件主要包括硬盘驱动器阵列、CD 或 DVD 驱动器、磁带驱动器或可移动的存储介质，存储设备主要为磁盘、磁带、磁盘阵列或磁带库，可用于实现涉及文件存取及管理的所有功能。

DAS 适用于以下几种环境：

(1) 适用于存储容量要求不高、服务器数量很少的中小企业的应用服务。

(2) 服务器在地理分布上很分散，通过 SAN(存储区域网络)或 NAS(网络直接存储)在它们之间进行互连非常困难，或者成本过高，而采用 DAS 也可以解决问题。

(3) 存储系统必须与应用服务器相连接。

(4) 许多数据库应用和应用服务器需要独立存储、便于搬迁、更改方便，而且要求直接连接到存储器上。

但是这种存储技术也有它自身的缺点，主要表现为存储设备直接挂接在服务器上，所以其扩展能力非常有限；另外，数据存储任务也由服务器承担，使得服务器的性能受到影响，也十分不利于存储设备的增加和存储更复杂的多媒体数据流；存储设备分散，不便于进行监控；容易造成存储空间的浪费等缺点。

8.1.2　SAN 存储技术

1．SAN 概述

SAN(Storage Area Networking，存储区域网)是一种专用网络，用于将多个应用服务器系统连接到存储设备和子系统。SAN 不同于一般的网络，而是位于网络应用服务器后端，为连接服务器、磁盘阵列和磁带库等存储设备而建立的高性能数据传输网络，可以被看作是负责存储传输的后端网络，而位于应用服务器前端的数据网络负责正常的 TCP/IP 传输，如图 8.1 所示。

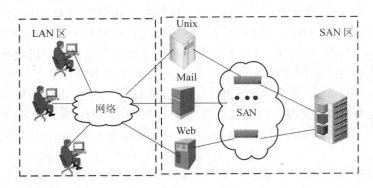

图 8.1　SAN 存储技术示意图

SAN 实际是一种专门为存储建立的独立于 TCP/IP 网络之外的专用网络。目前一般的 SAN 提供 2 Gb/s 到 4 Gb/s 的传输速率，同时 SAN 网络独立于数据网络存在，因此存取速度很快，另外 SAN 一般采用高端的 RAID 阵列，使 SAN 的性能在几种专业存储方案中傲视群雄。

SAN 由于其基础是一个专用网络，因此扩展性很强，不管是在一个 SAN 系统中增加一定的存储空间还是增加几台使用存储空间的服务器都非常方便。通过 SAN 接口的磁带机，SAN 系统可以方便高效地实现数据的集中备份。

目前常见的 SAN 有 FC-SAN 和 IP-SAN，其中 FC-SAN 通过光纤通道协议转发 SCSI 协议，IP-SAN 通过 TCP 协议转发 SCSI 协议。

SAN 专注于企业级存储的特有问题。当前企业存储方案所遇到的两个问题是：数据与应用系统紧密结合所产生的结构性限制，以及目前小型计算机系统接口(SCSI)标准的限制。SAN 中，存储设备通过专用交换机连接到一群计算机上，在该网络中提供了多主机连接，允许任何服务器连接到任何存储阵列，让多主机访问存储器和主机间互相访问一样方便，这样不管数据置放在哪里，服务器都可直接存取所需的数据。同时，随着存储容量的爆炸性增长，SAN 也允许企业独立地增加它们的存储容量。

SAN 可以将存储网络中的所有存储设备及子系统视为一个大的、单一的存储池，允许它们按照要求被测试、格式化、重新捆绑或进行映射，然后按要求将它分配给服务器。能够被连接到 SAN 上的设备数目取决于所使用的技术，通过 SAN 交换机的级联可轻易地扩充网络的存储容量。SAN 最主要的优点之一在于多个应用服务器可以访问所有 SAN 上的设备或子系统，因而可以支持高可用性的群集应用系统。

2. SAN 存储技术的组成

SAN 存储技术主要包括下列设备：

(1) 服务器(Server)：连接到存储设备的 PC 服务器、小型机等，如 IBM P750 等。

(2) 存储设备(Storage)：包括用于数据存储的光纤磁盘阵列和用于数据备份的磁带库。光纤磁盘阵列包括多块硬盘(FC 硬盘或 SATA 硬盘)，同时最少带有一个阵列控制器，并且带有一个或多个光纤通道接口。磁带库是通过磁带来进行数据备份的设备，当前一般采用的是线性磁带开放(LTO)技术，小型的磁带库一般有 1～20 个槽位和 1～2 个驱动器。如 EMC CLARiiON CX700 属于数据中心存储级别，它具有 8 个前端连接、8 个后端磁盘连接，最多可支持 240 个驱动器(光纤驱动器：36 GB、73 GB、146 GB、300 GB；ATA：250 GB)、8 GB 标准缓存，或 HDS Thunder 9585V 光纤磁盘阵列和 IBM Lto 3583 扩展磁带库(7.2 TB)。

(3) 连接设备(SAN fabric)：光纤通道交换机、光纤线以及 GBIC 模块等设备。光纤通道交换机是将连在其上的所有设备(如服务器和磁盘阵列等)串成一个光纤通道仲裁环(Fiber Channel Arbitrated Loop)，在光纤中采用 FC_AL 协议，在光纤通道交换机中内置了定时调整、自动故障监测和自动旁路有故障设备等功能，并支持 SNMP 网管技术(如 IMB2109 F16 光纤交换机等)。GBIC 千兆位接口转换器(Gigabit Interface Converter)是处理光信号和电信号的转换器。

(4) 光纤通道卡(HBA)：连接光纤通道与服务器和磁盘阵列的设备，与以太网卡的功能比较类似，如 Qlogic 2340 等。

(5) 管理软件(Software)：光纤磁盘阵列的存储管理软件和相关厂商的备份管理软件。磁盘管理软件如 EMC 的 Navisphere 磁盘管理套件，备份软件如 VERITAS Backup Server 或 EMC Legato NetWorker。

3. SAN 存储技术的优点

SAN 存储技术主要有下述优点：

(1) 由于 SAN 采用光纤通道技术和交换技术，所以易于扩展，也具有高可用性和高性能，可以确保企业的关键业务运行的连续性。

(2) 由于采用了光纤技术，支持单模和多模，所以传输距离远，多达几十公里。

(3) 由于 SAN 具有很高的环路带宽，提升了主机系统的存储带宽；又由于大量的数据存在于高速的 SAN 存储池中，减轻了服务器与客户机之间的通信带宽，所以传输速率高。

(4) 可采用 LAN-Free 的数据备份方式，将备份数据通过 SAN 的高速网络传输到磁带库，仅有少量的控制信息通过网络进行传输，大大节省了网络带宽资源，所以备份效率高。

(5) 支持服务器的异构平台，可以确保企业网络的灵活发展。

(6) 可通过 4 项技术确保数据安全性，即可通过光纤交换机的分区(ZOONING)功能实现交换机端口的访问控制；可通过磁盘阵列的 LUN masking 实现 LUN 一级的安全隔离；通过软件实现文件共享访问控制。

(7) 通过配置、备份恢复管理软件，实现集中管理和远程管理。

4．SAN 的不足

基于 SAN 的存储技术已经逐渐推广到信息化建设的硬件平台上，SAN 取代了基于服务器的存储模式，形成了以数据存储为中心的网络平台结构。SAN 具有很好的性能、管理更为集中、具有很好的扩展能力。但是在具体实施过程中还存在一些问题：

(1) 企业原有的存储设备(如 SCSI 的磁盘阵列)要想接入 SAN 中，有一定的难度，即使花费大量成本，仍然不能对其有效管理。

(2) 不同品牌的光纤通道卡(HBA 卡)接入 SAN 时，出现性能不稳定的现象。

(3) SAN 本身缺乏统一的标准，不同厂商的存储管理软件只能管理自己的存储设备，不能管理其他厂商的存储设备，不能有效地发挥功能。比如 EMC 的整个套件能够实现功能强大的容灾技术。

(4) 由于 SAN 的技术普及时间较短，集成商的技术支持的水平跟不上，而原厂商的维护费用又相当昂贵，导致 SAN 的应用范围缩小。

5．SAN 的应用场合

SAN 可以提供灵活、高性能和扩展的存储环境，能够支持在服务器和存储设备之间传输大块数据。特别适于以下应用场合：

(1) 对响应时间、可用性和可扩展性要求高的关键业务数据库的应用。

(2) 对性能、数据完整性和可靠性要求高的场合。SAN 能对数据集中存储备份，以保证关键数据的安全，可极大地提高企业容灾备份的可用性和可靠性。

(3) 需要海量数据存储的场合。例如数字图书馆、企业或组织的数据中心。

(4) 需要服务器及其连接设备之间提供光纤通道高性能的、可扩展的、远距离的存储访问的场合。

8.1.3　NAS 存储技术

1．NAS 存储技术的概念

NAS(Network Attached Storage，网络附属存储)是传统网络文件服务器技术的发展延续，是专用的网络文件服务器，是代替传统网络文件服务器市场的新技术新产品；是一种将分布、独立的数据整合为大型、集中化管理的数据中心，以便于对不同主机和应用服务器进行访问的技术。它在局域网中，按照 TCP/IP 协议进行通信，提供文件的 I/O(输入/输出)方式进行数据传输。在局域网环境下，NAS 已经完全可以实现不同平台之间的数据级共享，比如 NT、UNIX 等平台的共享，而且 NAS 本身能够支持多种协议(如 NFS、CIFS、FTP、HTTP 等)。

NAS 连接需要专用的 NAS 服务器，NAS 服务器一般由存储硬件、操作系统以及其上的文件系统等几个部分组成，以提供方便的存储服务，如图 8.2 所示。

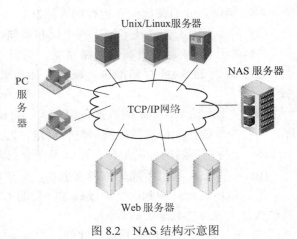

图 8.2　NAS 结构示意图

2. NAS 存储技术的特点

NAS 实际上是一个带有瘦服务器的存储设备，有自己的核心，如 CPU、内存、操作系统、磁盘系统，而磁盘阵列只是一个存储介质，其作用相当于一个专用的文件服务器。这种专用存储服务器不同于传统的通用服务器，仅仅提供文件系统功能，只用于存储服务，大大降低了存储设备的成本。为方便在存储设备和网络之间以最有效的方式发送数据，NAS 专门优化了系统硬软件体系结构，使用多线程、多任务的网络操作系统内核。与传统的 DAS 存储服务器相比，NAS 有响应速度快和数据传输速率较高的优势。

NAS 技术特点概括如下：

(1) 有专用的存储设备。与传统以服务器为中心的存储系统相比，数据不再通过服务器转发，而是直接在客户机和存储设备之间传送。这样，服务器仅起控制管理的作用，因而具有更快的响应速度和更高的数据带宽。另外，对服务器的要求降低，可大大降低服务器成本，这样就有利于高性能存储系统在更广的范围内普及应用。

(2) 协议独立、性能高。NAS 具有较好的协议独立性，支持 UNIX、Netware、Windows 2000/2003 Server、OS/2 的数据访问，客户端也不需要任何专用的软件，可以方便地利用现有的管理工具进行管理。

与传统的存储服务器不同，NAS 专用服务器能在不增加复杂度、管理开销、降低可靠性的基础上，使得存储容量增加，具有非常好的可扩展性。由于不需要服务器提供更多的硬件及服务，使得服务器的可靠性和 I/O 性能大大提高，并能充分利用网络带宽资源，有较大的数据吞吐量。

(3) 即插即用。NAS 可以通过集线器或交换机方便地接入到 TCP/IP 网络上，是一种即插即用的网络设备，为用户提供了易于安装、易于使用和管理、可靠性高和可扩展性好的网络存储解决方案。

(4) 支持软件 RAID。目前也有一些简单、廉价的 NAS 系统采用了以软件构建 RAID 的方式，当系统负荷较重的时候，将在 NAS 系统中出现处理器性能瓶颈现象，会导致传输速率的明显下降。

(5) 可管理性。管理员可以通过任何工作站,采用 IE 或其他浏览器远程管理 NAS 设备。

3．NAS 的产品的分类模式

目前市场上的 NAS 产品基本上可以分成两种模式:专业存储厂商 NAS 产品和主机厂商 NAS 产品。

(1) 专业存储厂商的 NAS 产品是真正的 NAS 产品,因为它们都在 NAS 引擎的微码中内置了 NFS(网络文件系统)和 CIFS(通用网络文件系统)的支持,是真正的专业网络文件服务器:NAS。目前主要专业 NAS 厂商有 EMC 和 NETAPP,EMC 的 NAS 产品基于其高可靠性、高性能,其主要面对的是商业用户;NETAPP 的 NAS 产品由于自身特点主要面向中低端用户。

(2) 主机厂商 NAS 产品不是真正的 NAS 产品,基本都是采用两台 NT(或 UNIX)服务器做 NAS 的引擎,实际是包装过的传统网络文件服务器,因此对 CIFS(NFS)支持较好,但对 NFS(CIFS)采用的是模拟方式,因此在性能上没有很好的扩充性,无法满足大规模文件共享的需求。

8.1.4　iSCSI 存储技术

1．iSCSI 的概念

2003 年 2 月 11 日,IETF(Internet Engineering Task Force,互联网工程任务组)通过了 iSCSI(Internet SCSI)标准,这项由 IBM、思科共同发起的技术标准,经过几年来的不断完善,终于得到 IETF 的认可。

iSCSI 技术是一种基于 IP 存储理论的新型存储技术,可以说是 SAN 和 IP 技术融合的新技术发展。该技术是将广泛应用的 SCSI 接口技术与 IP 网络技术结合,使得我们可以在 IP 网络上构建 SAN 存储区域网。

2．iSCSI 存储技术的剖析

iSCSI(internet SCSI)标准协议定义了通过 TCP/IP 网络接收、发送数据块级(block)的存储数据的规则和方法。发送端通过把数据和 SCSI 指令封装成 IP 包,然后通过 TCP/IP 网络进行传输;接收端收到这些 IP 包后对其进行解析得到数据和 SCSI 指令,然后执行得到的 SCSI 指令并对接收到的数据进行操作;最后再由接收端把返回的数据和 SCSI 再次封装成 IP 包并发回发送端。如图 8.3 所示,由 iSCSI 客户端和服务端构成了 iSCSI 存储网络。

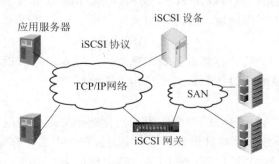

图 8.3　iSCSI 示意图

从目前的技术来看, iSCSI 技术还只是实现 SAN 架构的一种技术, 在性能、扩展性、兼容性等方面还无法与 FC SAN 相比。通常我们将 iSCSI 视为"IP SAN", 而将基于光纤通道的 SAN 视为"FC SAN"。

8.1.5 云存储

云存储是在云计算(Cloud Computing)概念上延伸和发展出来的一个新的概念, 是一种新兴的网络存储技术, 是指通过集群应用、网络技术或分布式文件系统等功能, 将网络中大量各种不同类型的存储设备通过应用软件集合起来协同工作, 共同对外提供数据存储和业务访问功能的一个系统。当云计算系统运算和处理的核心是大量数据的存储和管理时, 云计算系统中就需要配置大量的存储设备, 那么云计算系统就转变成为一个云存储系统, 所以云存储是一个以数据存储和管理为核心的云计算系统。简单来说, 云存储就是将储存资源放到云上供人存取的一种新兴方案。使用者可以在任何时间、任何地方, 通过任何可联网的装置连接到云上, 从而方便地存取数据。

云存储系统的结构模型由 4 层组成, 如图 8.4 所示。

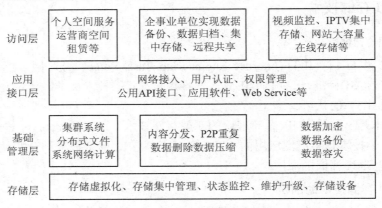

图 8.4　云存储系统结构图

1. 云存储的结构

1) 存储层

存储层是云存储最基础的部分。存储设备可以是 FC 光纤通道存储设备, 可以是 NAS 和 iSCSI 等 IP 存储设备, 也可以是 SCSI 或 SAS 等 DAS 存储设备。云存储中的存储设备往往数量庞大且分布于不同地域。彼此之间通过广域、互联网或者 FC 光纤通道网络连接在一起。

存储设备之上是一个统一存储设备管理系统, 可以实现存储设备的逻辑虚拟化管理、多链路冗余管理, 以及硬件设备的状态监控和故障维护。

2) 基础管理层

基础管理层是云存储最核心的部分, 也是云存储中最难以实现的部分。基础管理层通过集群、分布式文件系统和网格计算等技术, 实现云存储中多个存储设备之间的协同工作, 使多个的存储设备可以对外提供同一种服务, 并提供更大、更强、更好的数据访问性能。

CDN(内容分发网络)、数据加密技术保证云存储中的数据不会被未授权的用户所访问,同时，通过各种数据备份及容灾技术和措施可以保证云存储中的数据不会丢失，保证云存储自身的安全和稳定。

3) 应用接口层

应用接口层是云存储最灵活多变的部分。不同的云存储运营单位可以根据实际业务类型，开发不同的应用服务接口，提供不同的应用服务。比如视频监控应用平台、IPTV 和视频点播应用平台、网络硬盘应用平台，远程数据备份应用平台等。

4) 访问层

任何一个授权用户都可以通过标准的公共应用接口来登录云存储系统，享受云存储服务。云存储运营单位不同，云存储提供的访问类型和访问手段也不同。

云存储对使用者来讲，不是指某一个具体的设备，而是指一个由许许多多个存储设备和服务器所构成的集合体。使用者使用云存储，并不是使用某一个存储设备，而是使用整个云存储系统带来的一种数据访问服务。所以严格来讲，云存储不是存储，而是一种服务。

2．云存储的分类

云存储可分为以下三类：

1) 公共云存储

像亚马逊公司的 Simple Storage Service(S3)和 Nutanix 公司提供的存储服务一样，它们可以低成本提供大量的文件存储。供应商可以保持每个客户的存储、应用都是独立的，私有的。其中以 Dropbox 为代表的个人云存储服务是公共云存储发展较为突出的代表，国内比较突出的代表的有搜狐企业网盘、百度云盘、乐视云盘、移动彩云、金山快盘、坚果云、酷盘、115 网盘、华为网盘、360 云盘、新浪微盘、腾讯微云等。

公共云存储可以划出一部分用作私有云存储。一个公司可以拥有或控制基础架构，以及应用的部署，私有云存储可以部署在企业数据中心或相同地点的设施上。私有云可以由公司自己的 IT 部门管理，也可以由服务供应商管理。

2) 内部云存储

这种云存储和私有云存储比较类似，唯一的不同点是它仍然位于企业防火墙内部。到 2016 年为止，可以提供私有云的平台有 Eucalyptus、3A Cloud、minicloud 安全办公私有云、联想网盘等。

3) 混合云存储

这种云存储把公共云和私有云/内部云结合在一起。主要用于按客户的要求访问，特别是需要临时配置容量的时候。从公共云上划出一部分容量配置一种私有或内部云可以帮助公司面对迅速增长的负载波动或高峰。尽管如此，混合云存储带来了跨公共云和私有云分配应用的复杂性。

3．云存储的优势

云存储的优势主要表现在下述几个方面：

1) 节约成本

从短期和长期来看，云存储最大的特点就是可以为小企业降低成本。因为如果小企业想要在他们自己的服务器上存储数据，那就必须购买硬件和软件，这样一来成本会非常高。接着，企业还要聘请专业的 IT 人士，对这些硬件和软件进行维护，并且还要更新这些设备和软件。

通过云存储，服务器商可以为成千上万的中小企业提供服务，并可以划分不同消费群体服务。它可以让一个初创公司拥有最新、最好的存储成本，来帮助初创公司减少不必要的成本预算。相比传统的存储扩容，云存储架构采用的是并行扩容方式，当客户需要增加容量时，可按照需求采购服务器，简单增加即可实现容量的扩展；新设备仅需在安装操作系统及云存储软件后，打开电源接上网络，云存储系统便能自动识别，自动把容量加入存储池中完成扩展。扩容环节无任何限制。

2) 更好地备份本地数据并可以异地处理日常数据

如果你所在办公场所发生自然灾害，由于你的数据是异地存储，因此它将是非常安全的。即使自然灾害让你不能通过网络访问到数据，但是数据依然存在。如果问题只出现在你的办公室或者你所在的公司，那么你可以用笔记本电脑来访问重要数据和更新数据，在恶劣条件下依然能正常工作。

在以往的存储系统管理中，管理人员需要面对不同的存储设备，不同厂商的设备均有不同的管理界面，使得管理人员要了解每个存储的使用状况(容量、负载等)，这些工作复杂而繁重。而且，传统的存储方式在硬盘或是存储服务器损坏时，可能会造成数据丢失；而云存储则不会，如果硬盘坏掉，数据会自动迁移到别的硬盘，大大减轻了管理人员的工作负担。对云存储来说，再多的存储服务器，在管理人员眼中也只是一台存储器，可以通过一个统一管理界面监控每台存储服务器的使用状况，使得维护变得简单。

3) 更多地访问和更好地竞争

公司员工不再需要通过本地网络来访问公司信息，这可以让公司员工甚至是合作商在任何地方访问他们需要的数据。

因为中小企业不需要花费上千万美元来打造最新技术和最新应用来创造最好的系统，所以云存储为中小企业和大公司竞争铺平道路。事实上，对于很多企业来说，云存储为小企业带来的利益比大企业更多，原因就是大企业能够打造自己的数据存储中心。

8.1.6　几种存储技术之间的简单比较

在网络存储方案设计中，我们需要仔细考虑如何选择存储技术，主要从用户的存储需求和成本等多方面考虑，以确定选用什么样的存储技术性能高、成本更低。因此，我们需要了解几种技术之间的异同。

DAS 是传统的存储技术，应用广泛，其代表是磁盘阵列。DAS 的主要优势在于简单易用，部署方便，但是相对于 NAS、SAN 和 iSCSI，DAS 的缺点是很突出的：DAS 磁盘空间浪费多，而 NAS、SAN 和 iSCSI 浪费的磁盘空间则很少；DAS 不易扩容，容量受限于磁盘控制器，只能再加一台磁盘阵列或其他存储进行扩容；如果用光纤盘阵列，连接距离可以很远，但价格昂贵，若使用 SCSI 或 IDE 接口，连接距离只有几米；磁盘阵列没有将存储和计算分开，要求前端服务器具有比较强的处理能力。

NAS 甚至可理解为通过以太网提供服务的一种技术，在磁盘阵列上加上文件系统。NAS 的主要优势在于：简单易用，可通过 WEB 界面管理；价格便宜，共享方便，可以支持多种协同；扩容方便，可动态给不同用户分配或更改存储空间；对前端服务器要求不高，文件的管理、缓存在 NAS 上实现，成本相对降低。但是 NAS 对数据库的支持不如磁盘阵列和 SAN，而且共用局域网带宽资源，性能相对会下降很多。

SAN 属于高端存储，价格昂贵，高端一点的 SAN，费用可达百万元以上，而相同容量的 NAS 价格可能在 10 万元以下。SAN 的优点很多：性能很好，建设专用存储网，和公司局域网不交叉，网络带宽高；对数据库的支持很好，几乎没有应用限制；扩容方便，如果采用虚拟化存储技术，可透明无限扩容；存储利用率高，可动态分配空间。但 SAN 也有和磁盘阵列相同的缺陷：投资成本高；文件的处理在服务器上实现，对前端服务器性能要求高，等等。

云储存的好处在于：第一，存储管理可以实现自动化和智能化，所有的存储资源被整合到一起，客户看到的是单一存储空间；第二，云存储提高了存储效率，通过虚拟化技术减少了存储空间的浪费，可以自动重新分配数据，提高了存储空间的利用率，同时具备负载均衡、故障冗余功能；第三，云存储能够实现规模效应和弹性扩展，降低运营成本，避免资源浪费。

8.2　灾难备份与恢复

8.2.1　灾难备份与恢复概述

网络操作系统通常都附带了备份程序，但是，随着数据的不断增加和系统要求的不断提高，附带的备份程序根本无法满足日益增长的需求。因此，要做到可靠地备份企业的大量数据，必须有专门的备份软件、硬件设备，并需要制订相应的灾难备份方案和恢复计划。

在存储备份设计中，我们需要选择合适的备份方式，常用的三种备份方式如下。

1．全备份(Full Backup)

所谓全备份，就是采用磁带对整个系统进行(包括系统和数据)完全备份。这种备份方式的好处是很直观，容易被人理解。而且当数据发生丢失时，只要用一次全备份的磁带(即灾难发生前最近的全备份磁带)，就可以恢复丢失的数据。但它也有不足之处，首先，由于每天都要对系统进行完全备份，因此大量的数据被重复备份，而且这些被重复备份的数据占用了大量的磁带空间，这增加了用户的成本；其次，由于需要备份的数据量相当大，因此备份时间较长，干扰业务运行。

2．增量备份(Incremental Backup)

增量备份是指只对在上一次备份后增加的和修改过的数据进行备份。这种备份的优点很明显：没有重复的备份数据，节省磁带空间，又缩短了备份时间。但它的缺点在于当发生灾难时，恢复数据比较麻烦。比如，如果系统在星期四的早晨发生故障，那么现在就需要将系统恢复到星期三晚上的状态。这时，管理员需要找出星期一的完全备份磁带进行系统恢复，然后再找出星期二的磁带来恢复星期二的数据，最后再找出星期三的磁带来恢复星期三的数据。很明显，这比第一种策略要麻烦得多。另外，在这种备份下，各磁带间的关系前后关联，每一次的备份都不能丢失，否则都会导致磁带之间的关联关系脱节，使数据无法完全恢复。

3．差异备份(Differential Backup)

差异备份就是只对在上一次全备份之后新增加的和修改过的数据进行备份。管理员先在星期一进行一次系统完全备份；在接下来的几天里，再将当天所有与星期一不同的数据(增加的或修改的)备份到磁带上。差异备份无需每天都做系统完全备份，因此备份所需时间短，并节省磁带空间，它的灾难恢复也很方便，系统管理员只需两份磁带，即系统全备份的磁带与发生灾难前一天的差异备份磁带，就可以将系统完全恢复。

为了制订灾备恢复计划，需要对灾难备份和恢复制订详细的流程和设计方案，即建立灾难备份专门机构、分析灾难备份需求、制订灾难备份方案、实施灾难备份方案、制订灾难恢复计划、保持灾难恢复计划持续可用。下面分别对这 6 个方面进行讲解。

8.2.2　建立灾难备份专门机构

实施灾难备份应由董事会或高级管理层决策，指定高层管理人员组织实施。由科技、业务、财务、后勤支持等与灾难备份相关的部门组成专门机构，其主要职责如下：

(1) 分析灾难备份需求，制订灾难备份方案；

(2) 确定工程预算，监督工程实施；

(3) 明确各部门的职责，协调各部门关系；

(4) 对灾难恢复计划定期进行测试和评估；

(5) 对测试和评估的结果进行审核和存档并做出相应的改进。

8.2.3　分析灾难备份需求

重要信息系统灾难备份需求分析应包括对数据处理中心的风险分析和对重要信息系统的业务分析，以确定灾难恢复目标。

1．数据处理中心风险分析

(1) 分析数据处理中心的风险，如物理安全、数据安全、人为因素、已有的备份和恢复系统、基础设施脆弱点、数据处理中心位置、关键技术点等。

(2) 明确防范风险的技术与管理手段。

(3) 确定需要采取灾难恢复的类型、灾备中心距离、数据备份方式和频率等。

2．业务分析

(1) 分析各项业务停业将造成的损失，考虑流失客户、损失营业额、企业形象、法律纠纷、社会安定因素等。

(2) 分析每项业务停顿的最大容忍时间。

(3) 分析各项业务的恢复优先级。

(4) 分析各项业务的相关性。

(5) 分析可接受的交易丢失程度。

3．确定灾难恢复目标

(1) 确定恢复业务品种范围及优先级。

(2) 确定灾难备份中心及服务界面的恢复时限。

(3) 确定需要恢复的服务网点和服务渠道。

8.2.4　制订灾难备份方案

灾难备份方案参考国家《信息系统灾难恢复规范》的标准分为 6 个等级。一个完整的灾难备份方案的设计应基于灾难备份需求分析所得出的各业务系统的灾难恢复目标，它可能涉及 6 个级别的应用，并且需要考虑技术手段、投资成本、管理方式等多方面因素，主要内容包括以下几项。

1．数据备份方案

根据灾难备份需求分析所确定的业务恢复时间和交易丢失程度确定对数据备份的要求。根据应用的重要级别、最大停顿时间、数据传输量、最大数据丢失度、数据相关性、应用相关性确定数据备份的方案。

2．备份处理系统

灾难备份应根据重要信息系统灾难备份需求配置相应的备份处理系统。

(1) 根据数据备份方案确定相应的数据备份所需的主机、存储、网络、系统、软件等。

(2) 根据灾难恢复应用对主机系统、磁盘系统、磁带备份、打印及外围设备的需求确定硬件配置；根据服务界面的范围、备份网络拓扑结构、网络传输速率需求、网络切换方式、网络恢复时间要求以及本地的网络通信状况确定网络配置。

3．灾难备份中心建设

灾难备份中心是配备了各种资源以在灾难发生时接替数据处理中心运行的计算机处理中心，重要信息系统可采用自行建设、联合建设和租用商业化灾难备份中心的模式。

4．规程与管理制度

重要信息系统需要制定有关灾难备份与灾难恢复的各项规程和管理制度，同时修改数据处理中心原有规程和管理制度以确保灾难成功恢复，这些规程和制度包括数据备份日常管理制度、备份数据保存制度、灾难备份切换流程、灾难备份系统变更管理规程以及人力资源规程等。

8.2.5　实施灾难备份方案

实施灾难备份方案的主要目标是按照所制订的灾难备份方案，完成灾难备份工作。实施过程中，要严格按照灾难备份方案的要求和内容进行，要落实相应的规章制度，要应用灾难备份方案，建设并运行灾难备份中心。

8.2.6　制订灾难恢复计划

制订灾难恢复计划的主要目的是规范灾难恢复流程，使重要信息系统在灾难发生后能够快速地恢复数据处理系统运行和业务运作；同时重要信息系统可以根据灾难恢复计划对其数据处理中心的灾难恢复能力进行测试，并将灾难恢复计划作为相关人员的培训资料之一。

1．制订原则

(1) 完整性：灾难恢复预案(以下称预案)应包含灾难恢复的整个过程，以及灾难恢复所需的尽可能全面的数据和资料；

(2) 易用性：预案应运用易于理解的语言和图表，并适于在紧急情况下使用；

(3) 明确性：预案应采用清晰的结构，对资源进行清楚的描述，工作内容和步骤应具体，每项工作应有明确的责任人；

(4) 有效性：预案应尽可能满足灾难发生时进行恢复的实际需要，并同步更新实际系统和人员组织；

(5) 兼容性：灾难恢复预案应与其他应急预案体系有机结合。

2．制订过程

灾难恢复预案制订的过程如下：

(1) 起草：参照《信息系统灾难恢复规范》的附录 B 灾难恢复预案框架，按照风险分析和业务影响分析所确定的灾难恢复内容，根据灾难恢复等级的要求，结合组织其他相关的应急预案，撰写出灾难恢复预案的初稿。

(2) 评审：组织应对灾难恢复预案初稿的完整性、易用性、明确性、有效性和兼容性进行严格的评审。评审应有相应的流程保证。

(3) 测试：应预先制订测试计划，在计划中说明测试的案例。测试应包含基本单元测试、关联测试和整体测试。测试的整个过程应有详细的记录，并形成测试报告。

(4) 修订：根据评审和测试结果，对预案进行修订，纠正在初稿评审过程和测试中发现的问题和缺陷，形成预案的报批稿。

(5) 审核和批准：由灾难恢复领导小组对报批稿进行审核和批准，确定为预案的执行稿。

8.2.7 保持灾难恢复计划持续可用

在灾难恢复计划制订后，为保证计划的可用性和完整性，需要进行灾难恢复预案的教育、培训和演练，制订变更管理流程、定期审核并演练制度。

1．工作底稿

对重要信息系统现有的数据处理中心信息处理系统配置、恢复时间、恢复范围等进行确定以形成工作底稿，详细列出数据处理中心需要进行灾难备份的主机、附属设备、系统软件、数据库软件、应用软件、网络设备配置清单；同时列出数据处理中心服务对象的终端设备、网络及附属设备的硬件配置、系统版本和应用软件清单。

2．变更流程

重要信息系统应建立变更机制以控制数据处理中心和灾难备份中心的变更，所有的变更对灾难恢复计划的影响均应得到评估。这些变更包括操作系统变化、新增应用软件、硬件配置更改、网络配置或路由更改等。因此，需要制订完善的变更管理流程，保证灾难恢复计划的修改与变更事项同步进行。

3．维护和评估

灾难恢复计划需要由各相关部门定期进行审核和更新以保证其完整和有效(分内部审核、外部审计)，灾难应变小组负责人负责组织审核工作，各相关部门应积极参与。内部审核工作应至少每六个月进行一次，审核的结果应报主管领导，并对不足之处加以改善。

外部审计机构可以接受主管部门委托，对重要信息系统的内部控制状况进行审计，也可以接受聘请对重要信息系统的内部控制做出审计评价；外部审计机构发现重要信息系统内部控制的问题和缺陷，应当及时向主管部门报告。

4．测试和演练

灾难恢复计划常常因为错误的假设、疏忽或设备及人员的变更而不可用，因此需要经常测试以保证其及时和有效。测试的另一目的是让灾难恢复队伍和有关的人员熟悉灾难恢复计划。

8.2.8　典型的灾备产品介绍

1．EMC CX-3 产品简介

EMC 在企业级的灾备系统中占的份额比较大，为了对 EMC 有一个初步的认识和了解，将对 EMC CX-3 产品做一个简单的介绍。

CLARiiON 是一种全光纤通道存储系统，其设计旨在提供中端存储市场中最快的性能、最高的可用性和最低的采购成本。在已经取得巨大成功的 CX300/500/700 的基础上，EMC 于 2006 年 5 月 8 日推出了新一代的 CLARiiON 产品——CX3 UltraScale 系列网络存储系统。它具有如下特点：

1) 最高的可用性

CLARiiON 结构提供最高的可用性。所有组件都实现全面冗余并可热交换。全光纤通道技术允许客户随时随地扩展其存储容量。他们可以在不关闭应用或者现有存储能力的情况下，添加其他驱动器或者驱动器架(DAE，磁盘阵列机壳)。

中端存储配置发展得很快，且变得日益复杂，这是因为较大的系统具有更多的驱动器，并且磁盘驱动器的密度越来越大。UltraPoint 是新一代的 CLARiiON 技术，随着客户将系统向新级别扩展，它可确保 CLARiiON 继续提供最高级别的可靠性和可用性。

UltraPoint 技术将新的点对点光纤通道 DAE 设计与 FLARE 操作环境中新的故障检测和隔离功能结合在一起。UltraPoint 将后端故障探测和隔离的精确度具体到了单个驱动器的级别。这一技术将使 CLARiiON CX 系列能够：

(1) 在单个磁盘驱动器级别执行故障检测和隔离操作，因此可以采取纠错措施。

(2) 在驱动器进入联机状态之前检验驱动器——在加电时，在更换驱动器时，以及在增加容量时检验。

2) 最好的端到端 4 Gb/s 性能，最大的可扩展性

功能强大的 EMC CLARiiON CX3 UltraScale 系列网络存储系统以更高级别的性能、可扩展性、灵活性和易用性，实现了最大的业务收益。

突破性的 UltraScale 体系结构，可扩展的设计采用了最先进的 PCI Express 系统总线技术，提供端到端的 4 Gb/s 带宽，实现了从 365 GB 到最高 239 TB 的无缝扩展能力，提供了任何其他中端存储系统无法企及的优异性能。

3) 一体式分层存储

使用 CX3 UltraScale 机型，我们可以整合大量不同类型和业务价值级别的数据。它支持用于有最高性能要求的 4 Gb/s (15 kr/min)光纤通道驱动器；对于需要在性能和成本之间

达到最佳平衡的应用，可选择 2 Gb/s 光纤通道(10 kr/min)；对于要求高容量和低成本的第 2 层应用(如基于磁盘的备份)，可选择低成本的 2 Gb/s 光纤通道驱动器(7.2 kr/min)；并可以支持 CX300/500/700 系列所采用的 SATA 驱动器。

4) 使用 EMC CLARiiON 软件简化管理，最大限度地提高生产效率

使用 CLARiiON 系列存储系统，客户还可以获得高级、业界领先的软件带来的好处，最大限度地提高生产效率、简化管理，满足最具挑战性的可用性、保护和迁移要求。可以从一系列功能中选择可供使用的软件，例如下述软件可供软件：

- Navisphere Manager：提供全面的配置、管理和事件通知功能。
- Navisphere Analyzer：提供全面的性能、管理和趋势分析。
- CLARalert：提供持续的系统监控、呼叫总部和远程诊断功能。
- PowerPath：提供路径故障切换以实现连续数据存取，并提供动态负荷均衡功能。
- SnapView：提供信息的时间点视图以实现无中断备份和克隆。
- MirrorView：通过远程同步和异步镜像提供灾难防护。
- SAN Copy：允许在不同的阵列(如 CLARiiON、Symmetrix®、HP StorageWorks)之间进行本地或远距离数据移动。
- VisualSAN/VisualSRM：提供数据保护、共享存储存取、SAN 管理功能。
- Replication Manager 系列：管理复制过程(主机和复制软件)以集成 SnapView 和 SANCopy 操作。
- 无中断升级(NDU)：CLARiiON 的设计还可以实现在线升级存储软件和 FLARE™ 操作系统。这意味着客户在需要实现业务连续性或灾难恢复的软件功能时，可以在不中断业务运行的情况下为存储系统增添上述软件。

2. EMC CX 软件系统特性简介

1) SANCopy

SANCopy 是一种 CLARiiON 软件的应用程序，安装在 CLARiiON 系统上。客户可以使用 SANCopy 移动信息，而不用考虑主机操作系统或应用程序。这对于内容分发，即将应用程序或支持应用程序数据移动到分布式环境以提高性能来说，是十分重要的。目前，SANCopy 运行于 CLARiiONCX-3、CX-3、FC4700、CX400 和 CX600 存储系统上。它相当于一个通过 SAN(或 LAN/WAN)基础结构在系统间移动数据的工具，从而不再需要占用宝贵的服务器 CPU 周期和 LAN 带宽(假如通过 SAN)。

2) SnapView

通过某个时间点的数据镜像，可用来实现 Non-disruptive Backup、建立测试环境、数据仓库等多种功能。"基于指针"的快照：

(1) 初始状态：应用直接访问"源"数据；

(2) 12:00 时建立"快照"，应用可以开始访问"快照"；

(3) 建立"快照"后发生对"源"数据的第一次写操作，原始"源"数据被转而保存到"Save Area"，数据块被刷新；

(4) 应用仍然可以访问 12:00 时刻的系统数据，12:00 之后被覆盖的数据并没有丢失，而是保存到了"Save Area"中。发生数据访问时，访问被自动定向到原始的卷或"Save Area"中。

3) Mirror View

Mirror View 软件提供远程数据镜像，容灾解决方案。它能在不同地点的两台阵列之间实现生产数据的复制和生产系统的切换。MirrorView 软件全面兼容 FC4700、CX-3、CX-3 阵列。将 MirrorView 和 SnapView 结合使用可以营建非常典型且强大的 "Mission Critical" 应用环境。

4) Non-disruptive Upgrade(NDU)

NDU 可在线升级存储软件和微代码(如 Clariion 的 OS)。NDU 和 PowerPath 配合使用，可以对存储系统的核心软件、层次软件及其他软件包进行无缝升级，升级的过程中允许 CX-3 继续 I/O 流程。NDU 功能可通过 Navisphere 浏览器界面或 CLI 命令行界面调用。

5) Access Logix

Access Logix 可提供数据保护、共享、多种操作系统主机环境中的数据安全保护。通过 Access Logix 的实施，可以保证逻辑卷的私有性，即主机只能访问其拥有访问权的卷而不能访问未经授权的卷。

(1) Access Logix 确保唯有授权服务器才能访问特定卷(LUN)：

- 基于存储的产品不占用主机循环；
- 对服务器、操作系统和应用透明；
- 通过 Navisphere 实现集中简化管理。

(2) Access Logix 保护数据，阻止未授权访问：

- 服务器只能访问授权卷；
- 访问控制通过 CLARiiON 系统进行而非通过每个连接的服务器；
- 多个服务器集群可以共享多个卷。

6) EMC ControlCenter Navisphere

用于 Clariion 系统的设备、性能、数据复制管理等。可实现基于 WEB 的管理，任何时间和地点都能安全地完成管理任务。Navisphere 的可扩展性可以轻松地满足增加 Clariion 阵列的需要。Navisphere 被集成在 EMC Control Center/Open Edition 中，ECC/OE 的其他软件工具可以进一步帮助完成存储网络、性能、资源管理等任务。

8.3 存储备份解决方案

8.3.1 存储与备份需求分析

某市某局已建成"两套网络、两个平台、一个核心数据库"的信息化体系结构，各种应用系统全部采用集中管理模式，运行、存储于某市某局中心机房内。随着某市局数字征稽的建设，信息化工作进一步推进，各项业务对信息系统的依赖性也随之增加，特别是某局征费数据直接关系某市交通建设资金的筹集，责任重大，属国家秘密，因此数据处理的安全性、高可靠性和高可用性就尤为关键。该局中心机房支撑着某市某局业务正常运行的主要信息处理系统，且核心网络交换设备都集中在某市某局中心机房内，主要信息处理系统为实时联网征费系统、IC 卡系统、银行代征费系统、吨位核定系统、征费报表系统、农用车辆(含摩托车)征费系统、电子稽查信息系统、网站宣传系统、办公 OA 系统、网上审批/服务系统、财务信息系统等。该中心机房内部所有设备一旦出现主线通信线路损坏或者不可抗力等因素影响，使中心机房受到严重破坏，无法正常运转，造成征收中断甚至数据丢失，将会给全市征收工作带来严重后果，造成巨大的经济损失和不可估量的社会影响，还可能形成社会不稳定因素。因此，是否有业务连续性计划以及异地灾难备份系统就显得十分关键，应及早准备，将可能风险化解到最小。因此异地灾备(异地存储备份)中心建设就变得十分迫切和有必要。

根据对业务系统以及相应数据的划分和分析，各种业务及其数据的备份策略如表 8.1 所示。

表 8.1 备 份 策 略

序号	业务重要性	业务系统名称	使用存储	归档介质	本地数据保护策略	远端数据保护策略	网络备份策略	服务器备份
1	关键	联网征费	高端	磁带	快照+SATA	实时异步	热备份或温备份	热备份或温备份
2	重要	IC 卡	高端	磁带	SATA	实时异步	热备份或温备份	温备份
3	重要	银行代征费	高端	磁带	SATA	实时异步	热备份或温备份	温备份
4	重要	财务信息	高端	磁带	SATA	实时异步	热备份或温备份	温备份
5	重要	信息安全平台	中端	磁带	SATA	实时异步	热备份或温备份	温备份
6	一般	吨位核定	中端	SATA和磁带	无	实时异步	温备份或冷备份	冷备份
7	一般	电子稽查	中端	磁带	无	实时异步	温备份或冷备份	冷备份
8	一般	OA	中端	磁带	无	实时异步	温备份或冷备份	冷备份

8.3.2 方案设计目标

1. 各种支撑系统 RTO、RPO 目标

根据策略的制定以及目前某市某局业务需要，各支撑系统根据业务的不同要求，对停机时间和数据丢失的忍受程度是不一样的。此次容灾备份要求的联网征费业务系统是关键的业务支撑系统，它们所存储的数据需要得到最大的保护，所以容灾备份系统对数据中心联网征费业务系统数据将进行最大保护，不允许有超过半小时的数据丢失，也就是 RPO(恢复点目标) = 0.5 小时。在出现灾难发生情况影响数据中心系统运行时，需要及时启动灾备中心系统，保证业务的连续性。根据不同业务的要求和支撑系统的启动所需时间，数据中心所有关键业务支撑系统向灾备中心恢复目标的时间应少于 4 个小时，也就是 RTO(恢复时间目标) < 4 h。

2．可靠性目标

对于联网征费系统等关键应用，如果发生故障或发生宕机现象，会对业务造成严重的影响。所以，在系统设计中要采用相应的、恰当的技术手段以保障服务的可靠性。这次灾备系统的建设应从系统结构、技术措施、设备性能、系统管理等方面着手，确保系统运行可靠和稳定，达到最大的平均无故障时间。

3．成熟度目标

在这次灾备系统的建设中，所采用的技术和产品的成熟度对系统的成功建设具有至关重要的作用。任何一种技术或产品都需要经过一定时间的使用，才能够逐渐稳定，达到最佳的运行效果。我们建议在系统的建设中采用已成功使用五年以上，并且在国内具有十个以上的成功案例的产品和技术。

4．切换的目标

由数据中心向灾备中心进行系统切换是由不同的原因引起的，所以对切换的要求有一定的差别。对于数据中心由于灾难或重大故障造成的生产系统瘫痪，将要求联网征费系统及其他业务系统全部切换至灾备中心，并且需要在灾备中心稳定运行相应较长的一段时间，在数据中心恢复后再切换回数据中心。对于由某个支撑系统故障而发生的切换，只需对单个支撑系统进行切换，应保证以最快的时间恢复系统，再切换回数据中心。另外对系统切换演练或系统维护升级发生的切换，应在对业务影响最小的情况下实施，从切换至容灾系统到切换回生产系统应在 6 个小时之内完成，即 RTO < 6 h。

5．灵活性目标

根据业务的发展，业务支撑系统会不断变化。这就要求整个系统架构设计适应业务系统的变化，拥有最大的灵活性，即首先需要支持不同主机平台接入，如 UNIX 平台、Windows 平台等多种操作系统。其次需要能够根据各业务支撑系统对系统资源的占用情况进行灵活的分配，如磁盘空间资源按需调配，达到最大的资源利用率。

6．可扩充性目标

按照目前的要求，有多个关键业务支撑系统会进行容灾保护，随着业务的增长，这些支撑系统的用户数和数据量都会有很大的增长。同时随着新的业务需求，将会有新的业务支撑系统运行。所以数据中心和灾备中心的系统平台架构都需要具有很好的可扩充性以满足业务的发展。系统的可扩充性包括了处理能力和存储容量对业务系统变化的支持。

7．可操作性目标

某局 IT 系统相当庞大，对于容灾备份系统的操作要求尽量简单。并且系统平台要求尽量简洁，易于灾备监控和管理。

8．安全性目标

某局 IT 系统的数据安全性是非常重要的，在系统设计中，应考虑信息资源的共享安全机制，数据存取的权限控制等。

8.3.3　远程存储备份方案设计

1．选择 CX3-80 作为容灾的存储设备

CX3-80 是 EMC 最新一代全 4 Gb/s 光纤通道磁盘阵列，主机端口数量是 8 个，前后端

口速率和内部传输通道都提升为 4 Gb/s,缓存增大到 16 GB,扩展能力提高到最大 480 块磁盘。更重要的是,CX3-80 采用了全新设计的 UltraScale 高带宽内部体系结构,实现了内部数据的无阻塞交换。使用新一代全 4 Gb/s 光纤存储,保证了技术的先进性和产品的生命周期。

同时灾备中心存储设备对性能的要求较高。灾备中心存储设备的作用不仅仅是生产系统的备份,同时还可提供业务查询等多项服务。使用 CX3-80,各业务系统在不做其他优化的情况下能够提高业务处理速度。

2. 新增核心阵列作为灾备系统的生产阵列

考虑到目前使用 EMC 存储 EVA3000,主机端口数量(4 个)和缓存(2 GB)有限,容灾传输距离远,带宽有限,如直接用 EVA3000 做异步数据复制,会造成存储资源不足,相应速度减慢,对规费征收业务运行产生影响。因此在容灾系统方案设计上选择新建独立存储系统的方式,即新增加一台 CX3-80 光纤通道磁盘阵列,通过主机 MirrorDisk 卷管理软件,生成征收数据卷的镜像,并利用此镜像卷做远程数据复制和灾难备份。

新增的磁盘阵列同时可为综合执法总队和交委信息系统提供存储空间。

3. 采用 MirrorView/A 异步容灾方式

某市某局拟在几百公里外的某地区建设灾难备份中心,实现核心业务系统的灾难备份。该灾备系统应能实现备份中心与数据中心之间的互相容灾,即当数据中心出现故障或不可用时,灾备中心将及时恢复数据中心的业务,承担数据中心的各项生产职能,并确保灾备中心与数据中心之间生产数据的完整性、一致性,以及业务可恢复性。

根据某市某局的实际情况和发展需要,我们对其灾备系统建设方案如图 8.5 所示。

在图 8.5 中,选用了 EMC 的产品,主要说明如下:

(1) 在数据中心配置一台 EMC CLARiiON CX3-80 存储系统作为生产存储平台。CX3-80 提供 8 个主机端口,配置 3TB 容量和 MirrorView 复制软件,可以满足本地数据访问和远程数据复制的需要。

(2) 在灾备中心配置一台 EMC CLARiiON CX3-80 存储系统作为备份存储平台。CX3-80 提供 8 个主机端口,配置 3TB 容量和 MirrorView 复制软件,可以满足本地数据访问和远程数据复制的需要。

(3) 数据中心的 CX3-80 同灾备中心的 EMC CX3-80 存储系统之间采用 EMC MirrorView 软件实现业务数据的复制,在数据中心的 IT 系统出现本中心无法自愈的故障时,整个生产系统可无缝切换至备份中心,实现最高可用的企业核心存储数据平台。整个 EMC 的灾备方案的特点是:支持异步容灾,数据丢失时间不超过 4 个小时,可实现两个互相容灾备份的业务数据中心,多平台支持、可扩展和易于管理操作的容灾平台。

(4) 数据中心和容灾中心为各自独立的 SAN Fabric,两地之间的网络连接采用的是基于 SDH 协议的网络连接。通过支持 FC-SW 对 TCP/IP 的协议转换器 MP-1620,利用现有的网络资源,实现光纤通道和 IP 协议的转换,完成两地存储设备之间的数据传输。

(5) EMC MirrorView 软件支持同步、异步等多种远程磁盘镜像工作方式,根据征收业务对数据 RTO = 4 小时的要求,以及现有通信线路实际情况,采用 MirrorView 异步工作方式。

(6) 根据对多种远程复制技术的比较,最终选定基于磁盘阵列的远程数据复制方式,在数据中心配置核心存储设备 CX3-80，在灾备中心同样配置备份存储设备 CX3-80，通过 CX3-80 的 MirrorView 远程复制软件功能，实现异步数据复制。CX3-80 配置 8 个光纤通道主机端口及 16 GB 缓存，目前可以满足主要业务系统数据访问对性能的要求。

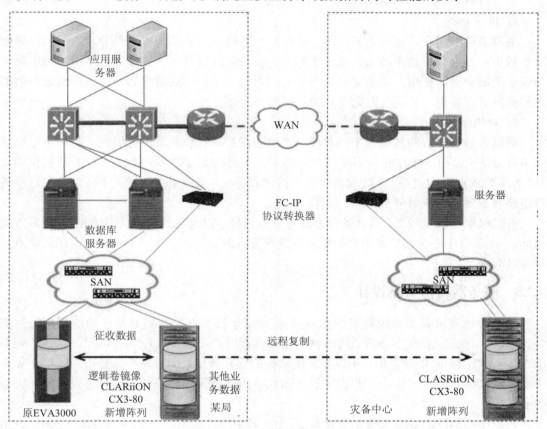

图 8.5　灾备系统结构图

8.3.4　备份方案设计

1．局域网现状分析及解决方案

1) 现状分析

某市某局网络中心机房是所有二级部门或主要单位的网络汇聚点，中心由华为 6 系列作为核心交换机，各二级单位通过光纤链路或租用电路与中心相连。

基于对目前局域网络情况的分析，这是容灾网络结构中薄弱的一个环节，因为灾备中心和二级单位都只与主网络中心有网络通路连接。这些单位要与灾备中心建立永久性连接非常困难，如果一旦主网络中出现问题，如核心交换机或其连接的光纤连接出现灾难性故障，将无法保障这些单位对网络的使用。

2) 解决方案

如发生因主网络中心发生灾难性故障，而无法与二级单位进行网络连接的情况，最好的解决方案是保证这些单位与备份中心有数据连接通路。

可采用租用电路作为备份链路连接灾备中心，或通过穿越 Internet 构建 VPN 专用网络与灾备中心连接。

2. 广域网现状分析及解决方案

1) 现状分析

某局关键应用在广域网上扩展时，这些数据网络的连接通路就显得非常重要。广域网节点较多，且具有跨越距离远、通过支局多等特点，导致其故障率较高、维护相对困难。为保证关键业务的应用，需要建立这些分支节点到灾备中心的数据通路，这样既能对数据连接通路进行备份，又能对数据中心的数据应用进行备份。

2) 解决方案

根据各分支节点的规模大小、对现有资源的保护和管理的习惯延续性，我们可以把这些节点分成两部分。其中市级各单位等可以增加另外的如 DDN、ATM、SDH 等提供的以 2M 为单位的点对点链路，连接灾备中心的接入设备。在业务量大的情况下还能使用这些备份链路对业务进行流量分担。

各二级单位数量较多，具体备份方式可以有两种：VPN 专网和帧中继专网(与现有方式相同)。在备份中心接入设备中将提供对这两种方式的支持。其中 VPN 备份电路的缺点是带宽没有保证。

8.3.5　服务器备份方案设计

根据异地容灾备份系统建设的总体目标(建立包括网络和应用系统在内的应用级容灾备份系统，保证在数据中心的系统或网络出现灾难时，灾备中心继续提供服务，保持业务的连续正常运转)的指导思想，不仅要实现数据的远程异地，而且还要保证应用能够在灾备中心启动，因此主生产中心的数据库服务器和应用服务器所涉及的关键业务也必须在灾备中心运行。

数据中心的核心业务系统是征收系统。在灾备中心应选用一台至少具有 4 个 CPU、8 GB 内存的中高端企业级服务器作为数据库服务器，选用至少一台中端企业级服务器作为应用服务器和 Web 服务器。

为了保证容灾中心备份的应用程序的可用性，建议采用与原系统运行平台一致的 HP 系列主机。根据应用的需求，并结合目前实际需求和未来系统的发展，推荐使用一套 HP RX7620 UNIX 服务器作为灾备中心的应用服务器，另外一套 HP RX7620 UNIX 服务器作为灾备中心数据库服务器。

◆ ◆ ◆ 本 章 小 结 ◆ ◆ ◆

本章重点讲述 DAS、NAS、SAN、iSCSI 和云存储五种网络存储技术，并对五种存储技术进行简单比较。其中 DAS 属于传统的存储技术，应用最为广泛，使用方便，价格便宜，但可扩展性差，空间浪费大；NAS 是基于 TCP/IP 协议的存储技术，比单纯的 DAS 有更多优点，是名副其实的文件服务器，支持多种应用层访问协议，比如 NFS、CIFS 等；SAN 应用于大型企业级存储备份系统，适用于要求高性能、高可靠性的场合，SAN 不同于一般的网络，它是位于网络应用服务器后端，为连接服务器、磁盘阵列和磁带库等存储设备而建立的高性能数据传输网络，可以被看作是负责存储传输的后端网络，而位于应用服务器前端的数据网络负责正常的 TCP/IP 传输；iSCSI 存储技术属于新技术，基于 IP 网络上封装 SCSI 指令和数据，需要相应的 iSCSI 网关或相应的 iSCSI 解析器获得 SCSI 的指令，完成数据存储的传输控制。本章提到了灾难备份方案与恢复计划的流程操作方法，涉及六个方面：建立灾难备份专门机构，分析灾难备份需求，制订灾难备份方案，实施灾难备份方案，制订灾难恢复计划，保持灾难恢复计划持续可用。最后通过具体的方案案例将本章的存储、备份技术全面结合，详细地总结网络存储备份技术和方案应用。

习题与思考

1．画图描述几种存储技术，并说明其优点、缺点及应用场合。

2．灾难备份和恢复的解决方案应从哪几点考虑？请详细说明。

3．调研 EMC、IBM、SUN 等厂商，了解他们目前有哪些新的存储技术、产品和应用案例，并了解厂商如何实施灾备方案。

第9章

网络管理与故障排除

【内容介绍】

网络系统建设完成后，将会面临一个长期而艰巨的任务——网络管理与系统维护。在实施网络管理计划之前，必须系统地学习网络管理的基本知识，熟悉目前关键性的网络管理技术、常见网络管理软件的应用，以及常见网络故障的处理。

9.1 网络管理基础

9.1.1 网络管理的概念

管理的概念具有广泛的适用范围，从广义上讲，任何一个系统都需要管理，根据系统的重要性和复杂性的不同，管理在整个系统中的重要性也不同。网络系统对于管理的依赖程度是随着网络本身的复杂程度而提高的。最初的网络很简单，只有少量的节点，单一的介质和协议，集中于一个地理位置，自然需要的管理也相对简略。而现在的网络以及网上众多的设备，不同的网络操作系统和应用平台，处于不同的地理位置，这就给网络管理提出了更高的要求。

所谓网络管理，是指遵循一定的开放性的标准，应用相关协议和技术，通过某种方式，对网络系统进有效的管理，使其能够正常、高效地运行的一种技术实现。

网络管理技术很早就有，可以说是和网络技术一起诞生的，从有网络的一天就有对网络的管理。但早期的网络系统，对于网络管理的应用十分有限，网络管理没能得到应有的重视。同时由于早期的网管平台功能单一、用户界面较差等原因，网管系统的使用范围也受到影响。

9.1.2 网络管理的目标

网络经营者以及用户对网络的基本要求是：

1．网络应是有效的

也就是说，网络要能准确及时地传递信息。这里所说的网络的有效性(availability)与通信的有效性(efficiency)意义不同。通信的有效性是指传递信息的效率。而这里所说的网络的有效性，是指网络的服务要有质量保证。

2．网络应是可靠的

网络必须保证能够稳定地运转，不能时断时续，要对各种故障以及自然灾害有较强的抵御能力和有一定的自愈能力。

3．现代网络要有开放性

即网络要能够接受多厂商生产的异种设备。

4．现代网络要有综合性

即网络业务不能单一化。要由电话网、电报网、数据网分立的状态向综合业务数字网(ISDN)过渡，并且还要进一步加入图像、视频点播等业务向宽带综合业务数字网(B-ISDN)过渡。

5．现代网络要有很高的安全性

随着人们对网络依赖性的增强，对网络的安全性的要求也越来越高。

6．网络要有经济性

网络的经济性有两个方面，一是对网络经营者而言的经济性，二是对用户而言的经济性。对网络经营者而言，网络的建设、运营、维护等开支要小于业务收入，否则无利可图的网络，其经济性就无从谈起。对用户来说网络业务要有合理的价格，如果价格太高用户承受不起，或虽能承受得起但感到付出的费用超过了业务的价值，那么用户便会拒绝应用这些业务，网络的经济性也无从谈起。

网络管理的根本目标就是满足运营者及用户对网络的上述有效性、可靠性、开放性、综合性、安全性和经济性的要求。

现代计算机网络管理系统主要由四个要素组成：

(1) 若干被管的代理(Managed Agents)；

(2) 至少一个网络管理器(Network Manager)；

(3) 一种公共网络管理协议(Network Management Protocol)；

(4) 一种或多种管理信息库(MIB，Management Information Base)。

其中公共网络管理协议是最重要的部分，它定义了网络管理器与被管代理间的通信方法，规定了管理信息库的存储结构、信息库中关键字的含义以及各种事件的处理方法。目前有影响的网络管理协议是 SNMP(Simple Network Management Protocol)和 CMIS/CMIP(the Common Management Information Service/Protocol)。它们代表了目前两大网络管理解决方案。其中，SNMP 流传最广、应用最多、获得支持也最广泛，已经成为事实上的工业标准。

9.1.3　网络管理的功能

体系结构和管理功能是网络管理系统的关键。ISO 定义了配置管理、故障管理、性能管理、安全管理和计费管理五个网络管理功能域。

1．配置管理

配置管理是最基本的网络管理功能，它负责网络的建立、业务的展开以及配置数据的维护。配置管理功能主要包括资源清单管理、资源开通以及业务开通。资源清单的管理是所有配置管理的基本功能，资源开通是为满足新业务需求及时地配备资源，业务开通是为端点用户分配业务或功能。配置管理建立资源管理信息库(MIB)和维护资源状态，供其他网络管理功能利用。

配置管理是一个中长期的活动，它所管理的是网络增容、设备更新、新技术的应用、新业务的开通、新用户的加入、业务的撤销、用户的迁移等原因所导致的网络配置的变更。网络规划与配置管理关系密切。在实施网络规划的过程中，配置管理发挥最主要的管理作用。

2．故障管理

故障管理保证网络资源的无障碍无错误的运营状态，包括障碍管理、故障恢复和预防保障。障碍管理的内容有告警、测试、诊断、业务恢复、故障设备更换等。预防保障为网络提供自愈能力，在系统可靠性下降、业务经常受到影响的准故障条件下实施。在网络的监测和测试中，故障管理参考配置管理的资源清单来识别网络元素。如果维护状态发生变化，或者故障设备被替换，以及通过网络重组迂回故障时，要与资源 MIB 互通。在故障影响了有质量保证的业务时，故障管理要与计费管理互通，以赔偿用户的损失。

网络发生故障后要迅速进行故障诊断和故障定位，以便尽快恢复业务。为此可以采用事后策略，也可以采用预防策略。事后策略重视迅速修复。预防策略可以采用配备冗余资源的方法，将发生故障的资源迅速地用备用资源替换。另一种预防策略是分析性能下降的趋势，在用户感到服务质量明显下降之前采取修复措施。

3．性能管理

性能管理保证有效运营网络和提供约定的服务质量。在评价和报告网络资源运用状态的同时，保证各种业务的峰值性能。性能管理中的测量结果是规划过程和资源的开通过程的主要的输入，以告知现有的或即将发生的资源不足。与故障管理一样，性能管理在提取它的监视结果和指挥网络控制信息时，依赖配置管理的资源清单。在发现网络性能严重恶化时，性能管理要与故障管理互通。

网络服务质量和网络运营效率有时是相互制约的。较高的服务质量通常需要较多的网络资源(带宽、CPU 时间等)，因此在制定性能目标时要在服务质量和运营效率之间权衡。在必须优先保证网络服务质量的场合，就要适当降低网络的运营效率指标；相反，在强调网络运营效率的场合，就要适当降低服务质量指标。但一般在性能管理中，维护服务质量是第一位的。网络运营效率的提高主要依靠其他的网络管理功能，如网络规划管理、网络配置管理来实现。

4．安全管理

安全管理采用信息安全措施保护网络中的系统、数据以及业务。安全管理与其他管理功能有着密切的关系。安全管理要调用配置管理中的系统服务对网络中的安全设施进行控制和维护。网络发现安全方面的故障时，要向故障管理通报安全故障事件以便进行故障诊断和恢复。安全管理功能还要接收计费管理发来的与访问权限有关的计费数据访问事件通报。

需要明确的是，安全管理系统并不能杜绝所有对网络的侵扰和破坏，它的作用仅在于最大限度地防范，以及在受到侵扰和破坏后将损失尽量降低。具体地说，安全管理系统的主要作用有以下几点：

(1) 采用多层防卫手段，将受到侵扰和破坏的概率降到最低。

(2) 提供迅速检测非法使用和非法初始进入点的手段，核查跟踪侵入者的活动。

(3) 提供恢复被破坏的数据和系统的手段，尽量降低损失。

(4) 提供查获侵入者的手段。

5．计费管理

根据业务及资源的使用记录制作用户收费报告，确定网络业务和资源的使用费用，计算成本。计费管理保证向用户无误地收取使用网络业务应交纳的费用。也进行诸如管理控制的直接运用和状态信息提取一类的辅助网络管理服务。一般情况下，收费机制的启动条件是业务的开通。

计费管理的主要功能：

(1) 计算网络建设及运营成本。主要成本包括网络设备器材成本、网络服务成本、人工费用等。

(2) 统计网络及其所包含的资源的利用率。为确定各种业务各种时间段的计费标准提供依据。

(3) 联机收集计费数据。这是向用户收取网络服务费用的根据。

(4) 计算用户应支付的网络服务费用。

(5) 账单管理。保存收费账单及必要的原始数据，以备用户查询。

9.2　网络管理系统

9.2.1　简单网络管理协议

简单网络管理协议(Simple Network Management Protocal，SNMP)是目前标准的网络管理协议，它的应用简化了网络的管理工作，并且在开放式网络中具有良好的扩展性。很多设备和网络操作系统中都加入了对 SNMP 的支持。

1．SNMP 的发展

国际标准化组织 ISO 在 1979 年开始针对 OSI(开放系统互连)参考模型中七层协议的传输环境建立网络管理标准，并且制定了公共管理信息服务(CMIS)和公共管理信息协议(CMIP)。CMIS 支持管理进程和管理代理之间的通信要求，CMIP 则是提供管理信息传输服务的应用层协议，二者规定了 OSI 系统的网络管理标准。基于 OSI 标准的产品有 AT&T 的 Accumaster 和 DEC 公司的 EMA 等，HP 的 OpenView 最初也是按 OSI 标准设计的。

后来，Internet 工程任务组(IETF)为了管理以几何级数增长的 Internet，决定采用基于 OSI 的 CMIP 协议作为 Internet 的管理协议，并对它作了修改，修改后的协议被称作 CMOT(Common Management Over TCP/IP，通用管理协议)。但由于 CMOT 迟迟未能出台，IETF 决定把已有的简单网关监控协议(SGMP)进一步修改后，作为临时的解决方案。这个在 SGMP 基础上开发的解决方案就是著名的简单网络管理协议(Simple Network Management Protocol，SNMP)，也称 SNMPv1。

SNMPv1 最大的特点是具有简单性，容易实现且成本低。此外，它的特点还有可伸缩性——SNMP 可管理绝大部分符合 Internet 标准的设备；扩展性——通过定义新的"被管理对象"，可以非常方便地扩展管理能力；健壮性(Robust)——即使在被管理设备发生严重错误时，也不会影响管理者的正常工作。

近年来，SNMP 发展很快，已经超越传统的 TCP/IP 环境，受到更为广泛的支持，成为网络管理方面事实上的标准。支持 SNMP 的产品中最流行的是 IBM 公司的 NetView、Cabletron 公司的 Spectrum 和 HP 公司的 OpenView。除此之外，许多其他生产网络通信设备的厂家，如 Cisco、Crosscomm、Proteon、Hughes 等也都提供基于 SNMP 的实现方法。相对于 OSI 标准，SNMP 简单而实用。

如同 TCP/IP 协议簇的其他协议一样，最初的 SNMP 没有考虑安全问题，为此许多用户和厂商提出了修改 SNMPv1、增加安全模块的要求。于是，IETF 在 1992 年雄心勃勃地开始了 SNMPv2 的开发工作。它当时宣布计划中的第二版将在提高安全性和更有效地传递管理信息方面加以改进，具体包括提供验证、加密和时间同步机制以及 GETBULK 操作提供一次取回大量数据的能力等。

最近几年，IETF 为 SNMP 的第二版做了大量的工作，其中大多数是为了寻找加强 SNMP安全性的方法。然而不幸的是，SNMPv2 中涉及的方面依然无法取得一致，从而只形成了现在的 SNMPv2 草案标准。1997 年 4 月，IETF 成立了 SNMPv3 工作组。SNMPv3 的重点是提供安全、可管理的体系结构和远程配置。目前 SNMPv3 已经是 IETF 提议的标准，并得到了供应商们的强有力支持。

2. SNMP 原理

SNMP 是由一系列协议组和规范组成的，它们提供了一种从网络上的设备中收集网络管理信息的方法。从被管理设备中收集数据有两种方法：一种是轮询(Polling-only)方法，另一种是基于中断(Interrupt-based)的方法。

SNMP 使用嵌入到网络设施中的代理软件(Agent)来收集网络的通信信息和有关网络设备的统计数据。代理软件不断地统计数据，并把这些数据记录到一个管理信息库(MIB)中。网络管理员使用网管软件通过向代理的 MIB 发出查询信号就可以得到这些信息，这个过程就叫轮询。为了能全面地查看一天的通信流量和变化率，管理软件必须不断地轮询 SNMP代理，每分钟轮询一次。这样，网络管理员可以使用 SNMP 来评价网络的运行状况，并提示出通信的趋势，如哪一个网段接近通信负载的最大能力或正在使通信出错等。先进的SNMP 网络管理工作站甚至可以通过编程来自动关闭端口或采取其他矫正措施来处理历史的网络数据。

如果只是用轮询的方法，那么网络管理工作站总是在控制之下。这种方法的缺陷在于信息的实时性，尤其是错误的实时性。多久轮询一次、轮询时选择什么样的设备顺序都会对轮询的结果产生影响。轮询的间隔太小，会产生太多不必要的通信量；间隔太大，而且轮询时顺序不对，那么关于一些大的灾难性事件的通知又会太慢，这就违背了积极主动的网络管理目的。

与之相比，当有异常事件发生时，基于中断的方法可以立即通知网络管理工作站，实时性很强。但这种方法也有缺陷，产生错误或自陷需要系统资源。如果自陷必须转发大量的信息，那么被管理设备可能不得不消耗更多的时间和系统资源来产生自陷，这将会影响到网络管理的主要功能。

因此，结合以上两种方法，面向自陷的轮询方法(Trap-Directed Polling)可能是执行网络管理最有效的方法。一般来说，网络管理工作站轮询由在被管理设备中的代理来收集数据，并且在控制台上用数字或图形的表示方法来显示这些数据。被管理设备中的代理可以在任何时候向网络管理工作站报告错误情况，并不需要等到管理工作站为获得这些错误情况而轮询它的时候才报告。

网络管理的 SNMP 模型由四部分组成：

(1) 管理节点(Management Node，MN)；

(2) 管理站(Management Station，MS)；

(3) 管理信息库(Management Information Base，MIB)；

(4) 管理协议(Management Protocol，MP)。

其中，管理节点可以是主机、路由器、网桥、打印机以及任何可以与外界交流状态信息的硬件设备，如图 9.1 所示。

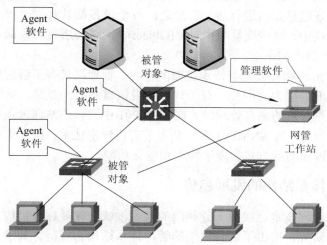

图 9.1　SNMP 管理图

为了便于 SNMP 直接管理，节点必须能运行 SNMP 进程，即 SNMP 代理(SNMP Agent)。每个代理都要维护一个本地数据库，存放它的状态、历史并影响它的运行。所有的计算机以及具有可网管能力的路由器和外部设备都能够满足这个要求。简单管理协议(SNMP)负责在管理软件与被管对象之间传送命令和解释管理操作命令，它保证了管理进程中的数据与具体被管对象中的参数和状态的一致性。

SNMP 管理系统模型图如图 9.2 所示。

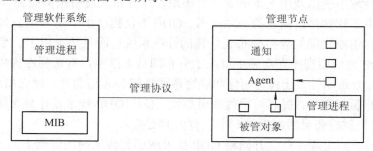

图 9.2　SNMP 管理系统模型图

网络管理由管理站完成，它实际上是一台运行网络管理软件的计算机。管理站运行一个或多个管理进程，它(或它们)通过 SNMP 协议在网络上与代理通信、发送命令以及接收应答。该协议允许管理进程查询代理的本地对象的状态，必要时对其进行修改。许多管理站都具有图形用户界面，允许网络管理者检查网络状态并在需要时采取行动。管理进程和代理之间的信息交换以 SNMP 信息的形式进行，SNMP 信息的负载可以是 SNMPv1 或 SNMPv2 的协议数据单元(PDU)。PDU 表示某一类管理操作(例如取得和设置管理对象)和与该操作有关的变量名称。SNMPv3 规定了可以使用信息头的用户安全模块(LISM)，与安全有关的处理在信息一级完成。

大多数实际网络都采用了多个制造商的设备，为了使管理站能够与所有这些不同设备进行通信，由这些设备所保持的信息必须严格定义。如果一个路由器根本不记录其分级丢失率，那么管理站向它询问时就得不到任何信息。所以 SNMP 极为详细地规定了每种代理应该维护的确切信息以及提供信息的确切格式。SNMP 模型最主要的部分就是定义谁应该记录什么信息以及该信息如何进行通信。总之，每个设备都具有一个或多个变量来描述其状态。在 SNMP 协议中，这些变量叫作对象(Object)。网络的所有对象都存放在一个叫作管理信息库(MIB)的数据结构中。

在 SNMP 中，加密和验证起着特别重要的作用。管理站具有了解它所控制的众多节点的能力以及关闭它们的能力。因此，对于代理来说很重要的一点是，必须弄清楚那些宣称来自管理站的查询是否真的来自管理站。在 SNMPv1 中，管理站通过在每条信息中设置一个明文密钥来证明自身。在 SNMPv2 中，使用了现代加密技术，但大大增加了协议的复杂性。SNMPv3 则通过简明的方式实现了加密和验证功能。

9.2.2　网络管理体系结构的发展趋势

近年来，网络管理技术已成为十分热门的技术领域，许多标准机构、学术论坛或组织都在参加这方面的研究，提出了各种可能的管理体系结构和规范。其中，开放分布式管理是研究的重点，ODP/CORBA/TINA、ODMA 和智能代理技术(IA)可能代表了 TMN (Telecommunication Management Network，电信管理网)未来的发展趋势。

1. ODP/CORBA/TINA

1) ODP 体系结构

开放式分布处理(Open Distributed Processing，ODP)提供了一系列的概念和规则，为开发分布式系统定义了一个基本体系结构，并用五个不同的视点及其语言从不同的角度来描述开放分布式处理系统以及用于下层支持的模型，即分布透明相关概念。ODP 是一个试图解决分布环境下软件接口问题的一项技术。ODP 不仅提出了一个利用公共交互式模型来支持组织内部和组织之间的异型分布式处理的开放系统，而且还提出了一个构造分布式系统的框架。ODP 使应用程序在实施中屏蔽了分布的技术细节，有选择地提供接入透明性、位置透明性、并发透明性、迁移透明性和联合透明性等分布透明性，使应用具有可移植性，可在系统内进行负载平衡，提高可用性和可靠性。使用 ODP 技术设计分布式系统，可以对 TMN 缺乏的可集成性和灵活性提供一个强有力的支持。

ITU-T 第四研究组现在已经开始将 ODP 技术应用到传送网的管理上，一些文章也研究了 ODP 技术如何在 TMN 管理体系结构内应用。这些研究的重点是利用 ODP 的视点语言对 TMN 原有的管理信息建模过程进行改进，使 TMN 的管理信息模型能够与协议无关。

2) CORBA

CORBA(Common Object Request Broker Architecture，公共对象请求代理体系结构)由软件总线 ORB、在 ORB 上的 CORBA 客户方和 CORBA 服务方组成。客户方和服务方共享一个接口，此接口由 IDL(交互式数据语言)描述。IDL 是独立于编程语言的一种描述语言。

CORBA 具有以下优点：支持多种现存语言、可在一个分布式应用中混用多种语言、支持分布对象、提供高度的互通性。CORBA 具有的优点正是 TMN 管理特性结构所缺乏的，所以许多研究机构、工业协会都对 CORBA 在 TMN 中的应用进行了研究。

OMG(Object Management Group，对象管理组织)提出了基于 CORBA 的电信网管系统的体系结构，该体系结构使用 CORBA 的方法来实现基于 OSI 开放接口的 OSI 系统管理概念，目的是重用 ITU-T/OSI 标准的多年的知识和经验，同时保证管理系统能够适应 SNMP、CMIP 和 CORBA 接口的网元系统。

TMF(TeleManagement Forum，电信管理论坛)和 X/Open 联合开展的 JIDM(Joint Inter-Domain Management，联合网域管理)任务组已经开发出 SNMP/CMIP/CORBA 的互通静态规范描述和动态交互式转化方法。静态规范描述转化方法定义了 GDMO/CMIP、SMIPv2/SNMP 和 IDL/CORBA 间的转化；动态交互式转化方法描述一个域内和另一个域内协议间动态的转化方法。

3) TINA

TINA(Telecommunication Information Networking Architecture，电信信息网络体系结构)是应用于分布电信、信息和管理方面的开放软件体系结构。

TINA 包括总体体系结构，进一步划分为计算、业务、网络和管理结构。TINA 总体体系结构将电信系统分成四层：

(1) 电信应用层；

(2) 分布式处理环境层(Distributed Processing Environment，DPE)；

(3) 本地计算与通信环境(Native Computing and Communication Environment，NCCE)；

(4) 硬件资源层。TINA 的各子体系结构分别侧重于研究电信系统的某一方面，同时又相互关联。

TINA 的 DPE 是基于 CORBA 的，所以，目前关于 TMN 和 TINA 结合的研究主要针对于 CORBA 与 TMN 的结合及如何使 TMN 系统向 TINA 演进。

2. ODMA

ODMA(Opportunity Driven Multiple Access，机会驱动多址接入系统)为分布式系统的管理系统和开放分布式系统的管理的规范描述和开发提供一个体系结构。ODMA 是与 ODP 一致的，因此在分布式环境下，OSI 系统管理可以和其他的技术结合使用。ODMA 定义了开发分布式管理的通用框架，它是从 OSI 系统管理和 ODP IDL 等管理范例的特定解释中抽象得出的。

ODMA 框架提供了分布式资源、系统和应用的分布式管理的特定结构。

ODMA 为开发分布式管理提供了一个基于 ODP 的体系结构。它是 OSI 系统管理的扩展，可支持 OSI 系统管理中定界、过滤和全局命名的特性。ODMA 可以看作提供了跨越

TMN 和分布式应用管理的基本体系结构的起点，ODMA 最有可能被 TMN 采纳为其分布式处理和管理的体系结构。

3. 智能代理

智能代理(Intelligence Agent，IA)来源于人工智能(Artificial Intelligence，AI)，特别是分布式人工智能这个领域。给 IA 下一个准确的定义比较困难。在网络管理中一个比较恰当的定义是：IA 是一个有自主性的计算实体，它有一定的智能，能够预先定义激活。

目前，IA 在网络管理中的应用主要分为两个方面：

(1) 利用 IA 的智能对管理信息进行语义处理，并做出决定；

(2) 研究移动代理在网络管理中的应用，这方面的研究可能对网络管理体系结构会产生较大的影响。

9.3 常用网络管理软件及应用

网络管理的需求决定网络管理系统的组成和规模，任何网络管理系统无论其规模大小，基本上都是由支持网络管理协议的网络管理软件平台、网络管理支撑软件、网络管理工作平台和支撑网络管理协议的网络设备组成。其中，网络管理软件平台提供对网络系统的配置、故障、性能及网络用户各方面的基本管理。也就是说，网络管理的各种功能最终会体现在网络管理软件的各种功能的实现上，软件是网络管理系统的"灵魂"，是网络管理系统的核心。

网络管理软件的功能可以归纳为三个部分：体系结构、核心服务和应用程序。

在基本的框架体系方面，网络管理构件需要提供一种通用的、开放的、可扩展的框架体系。为了向用户提供最大的选择范围，网络管理软件应该支持通用平台，如既支持 UNIX 操作系统，又支持 Windows 操作系统。网络管理软件既可以是分布式的体系结构，也可以是集中式的体系结构，实际应用中一般采用集中管理子网和分布式管理主网相结合的方式。同时，网络管理软件是在基于开放标准的框架的基础上设计的，它应该支持现有的协议和技术的升级。开放的网络管理软件可以支持基于标准的网络管理协议，如 SNMP 和 CMIP，也必须能支持 TCP/IP 协议族及其他的一些专用网络协议。

网络管理软件应该能够提供一些核心的服务来满足网络管理的部分要求。核心服务是一个网络管理软件应具备的基本功能，大多数的企业网络管理系统都用到这些服务。各厂商往往通过重要的核心服务来增加自己的竞争力。他们通过改进底层系统来补充核心服务，也可以通过增加可选组件对网络管理软件的功能进行扩充。核心服务的内容很多，包括网络搜索、查错和纠错、支持大量设备、友好操作界面、报告工具、警报通知和处理、配置管理等。

此外，为了实现特定的事务处理和结构支持，网络管理软件中有必要加入一些有价值的应用程序，以扩展网络管理软件的基本功能。这些应用程序可由第三方供应商提供，网络管理构件集成水平的高低取决于网络管理系统的核心服务和厂商产品的功能。网络管理软件中的应用程序主要有高级警报处理、网络仿真、策略管理和故障标记等。

由上面的介绍可以看出：体系结构、核心服务和应用程序三者之间是相互联系、密不可分的。体系结构提供一个系统平台，一个多种资源有机联系的场所；核心服务提供最基本、最重要的服务，就像生活中维持人正常生存的部分；应用程序满足具体的、个性化的需求，如同生活中不同人的不同习惯和爱好。

9.4 Windows 下 SNMP 的 Agent 配置

下面以 Windows Server 2008 为例介绍 SNMP 协议在 Windows 下的安装和配置。

(1) 依次点击"开始"—"管理工具"—"服务器管理器"—"添加功能"—"添加 SNMP 服务"，如图 9.3 和图 9.4 所示。点击安装，稍等一会就能完成安装了。

图 9.3 在服务器管理器中添加功能

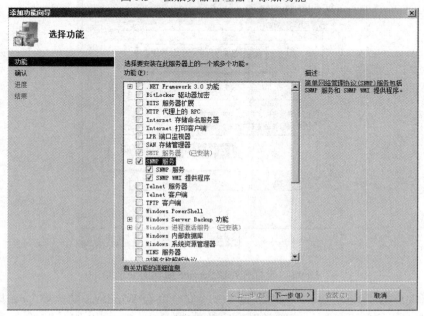

图 9.4 添加 SNMP 服务

(2) 完成安装后点击"开始"—"控制面板"—"服务",找到"SNMP Service 服务",选择"属性"并把启动类型改为自动,然后启动这个服务,如图 9.5 所示。为了使协议有较高的安全性能,在使用时都会自己设定团体名称(删除掉以前的 public,这个团体名称可以理解为密码),在图 9.5 的属性中,点击进入"安全"页面,如图 9.6 所示。

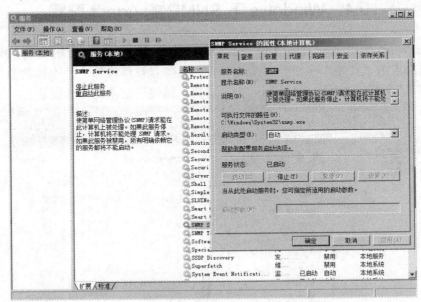

图 9.5　设置 SNMP 服务开机自动启动

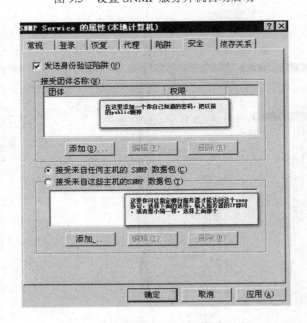

图 9.6　设置 SNMP Service 属性的安全性

(3) 依次点击"开始"—"管理工具"—"安全高级 Windows 防火墙"(如果防火墙启动失败,则在"控制面板"—"服务"中启动"Windows Firewall 服务")—"入站规则",

按照图 9.7 所示的内容修改作用域，到这一步，SNMP 服务就已经安装并配置成功了。

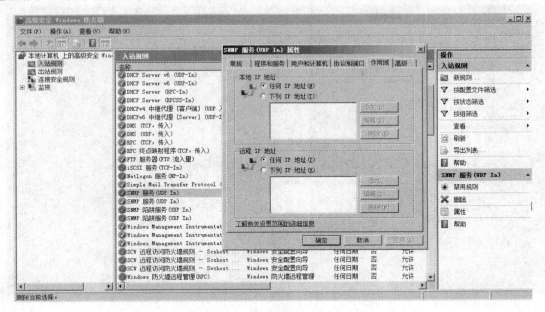

图 9.7 设置防火墙入站规则

9.5 Linux 下 SNMP 的 Agent 配置

下面介绍如何在 Linux 环境下配置 SNMP 服务。

1. 下载 Net-SNMP 的源代码

选择一个 SNMP 版本，比如版本 5.7.1，下载地址为 http://sourceforge.net/projects/net-snmp/ files/ net -snmp /5.7.1/，下载完成之后得到一个文件名为"net-snmp-5.7.1.tar.gz"的压缩包。然后将这个压缩包使用 FTP 传输工具传输到远程的 Linux 服务器上。

2. 对源代码包进行解压缩

使用命令"tar xzvf net-snmp-5.7.1.tar.gz"对下载的源代码包进行解压缩。解压成功后得到一个名为"net-snmp-5.7.1"的文件夹。

3. 通过 configure 来生成编译规则

使用命令"cd net-snmp-5.7.1"进入 net-snmp-5.7.1 目录，net-snmp-5.7.1 目录下的 configure 是可执行文件，如果想指定程序包的安装路径，那么首先建立相应的文件夹来存放安装信息，可以执行"./configure--prefix=/指定的路径名"指令。参数-prefix 用来告诉系统安装信息存放的路径，如果没有指定路径，直接执行./configure，那么程序包会安装在系统默认的目录下，通常在/usr/local 下执行命令"./configure --prefix=/usr/local/snmp --with-mib-modules='ucd-snmp/diskio ip-mib/ipv4InterfaceTable'"。注意，以上的--with-mib- modules=ucd-snmp/diskio 选项，可以让服务器支持磁盘 I/O 监控。如图 9.8 所示，按回车后会出现下面问题，可以直接按回车而不用回答，系统会采用默认信息。

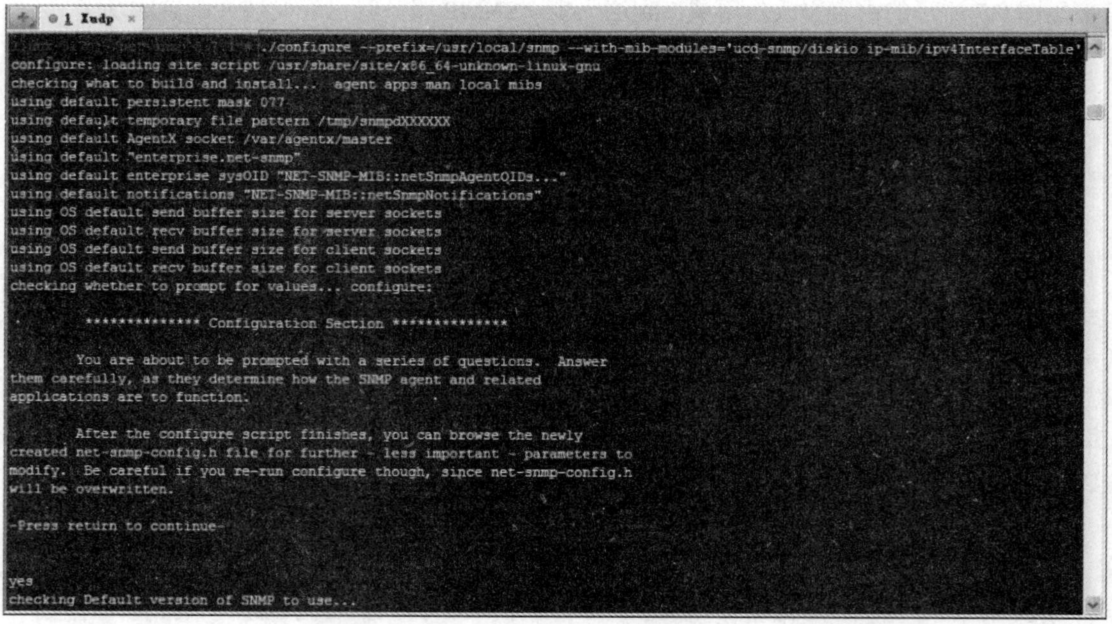

图 9.8 SNMP 配置编译规则

其中日志文件默认安装在/var/log/snmpd.log. 目录下，数据存储目录默认存放在/var/net-snmp 下，以下是对相关选项的说明。

(1) default version of-snmp-version(3)；

(2) System Contact Information (@@no.where)(配置该设备的联系信息)；

(3) System Location (Unknown)(该系统设备的地理位置)；

(4) Location to write logfile (日志文件位置)；

(5) Location to Write persistent(数据存储目录)。

以上几个选项不用输入，选择默认回车即可。

4．编译和安装

在提示符下，执行编译并安装"make && make install"命令，即可安装完毕。

5．配置 snmpd.conf

使用"ls"命令查看/usr/local/snmp 目录下是否存在 etc 目录，如果不存在 etc 目录，就创建一个，创建 etc 目录的命令为"mkdir /usr/local/snmp/etc"。找到 SNMP 源码目录(net-snmp-5.7.1)下的 EXAMPLE.conf 文件。复制 EXAMPLE.conf 文件到/usr/local/snmp/etc 目录，并重命名为 snmpd.conf："cp EXAMPLE.conf /usr/local/snmp/etc/snmpd.conf"。

使用 vi 编辑器打开 snmpd.conf 文件："vi /usr/local/snmp/etc/snmpd.conf"，编辑 snmpd.conf 文件中的内容。snmpd.conf 中要配置的内容如下：

(1) 配置允许网络访问，找到【AGENT BEHAVIOUR】，添加"agentAddress udp:161"配置项，如图 9.9 所示。

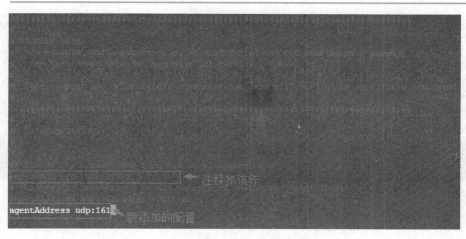

图 9.9　配置允许网络访问

（2）选择 SNMPv2c 协议的版本，找到【ACTIVE MONITORING】，修改如图 9.10 所示。

图 9.10　选择 v2c SNMP 协议的版本

（3）设置访问权限，找到【ACCESS CONTROL】，找到【rocommunity public default -V systemonly】，删除-V systemonly，删除后表示能访问全部，如图 9.11 所示。

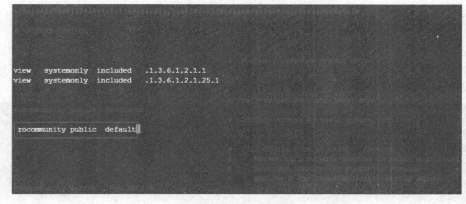

图 9.11　设置访问权限

（4）保存 snmpd.conf 后退出。按下键盘左上角上的【Esc】键退出 vi 编辑器的编辑模式，然后输入命令 ":wq" 保存文件并退出。

经过以上 4 个步骤，针对 SNMP 的 snmpd.conf 文件的配置工作算是全部完成了。

6．启动 SNMP 服务

由于我们刚才修改了 SNMP 的 snmpd.conf 文件，所以在启动 SNMP 服务之前，先使用命令"ps aux | grep snmp | grep -v grep |awk '{print $2}'| xargs kill"关闭 SNMP 的相关服务。

启动 SNMP 服务："/usr/local/snmp/sbin/snmpd -c /usr/local/snmp/etc/snmpd.conf"，如图 9.12 所示。

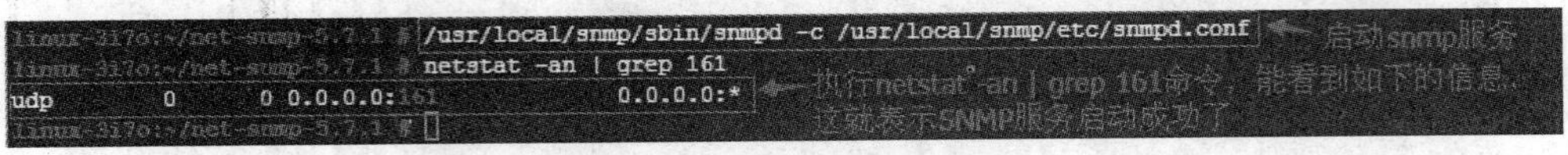

图 9.12　启动 SNMP 服务

7．测试 SNMP

使用命令"snmpget –version"查看当前的安装版本号来验证是否安装成功，如果安装成功，则显示当前的安装版本号，如图 9.13 所示。

图 9.13　测试 SNMP 服务

8．开启 UDP 161 端口的访问权限

完成 snmpd 的配置并且 SNMP 测试通过之后，要确保 Linux 的 iptables 防火墙对外开放了 UDP 161 端口的访问权限，可以使用"iptables －L －n"查看当前 iptables 规则，如图 9.14 所示。

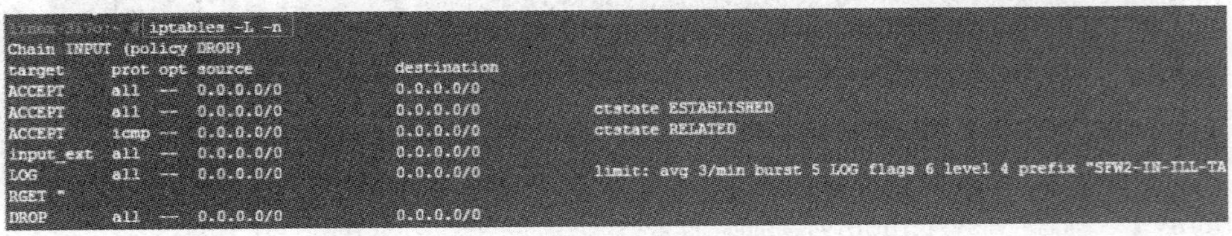

图 9.14　查看端口的访问权限

可以看到，目前 iptables 防火墙并没有对外开放 UDP 161 端口的访问权限，也就是说，此时外面的计算机是无法访问 Linux 下的 SNMP 服务的，可以使用"iptables -I INPUT -p udp --dport 161 -j ACCEPT"命令添加 UDP 161 端口到 iptables 防火墙中，然后执行"iptables save"命令保存防火墙的更改，如图 9.15 所示。

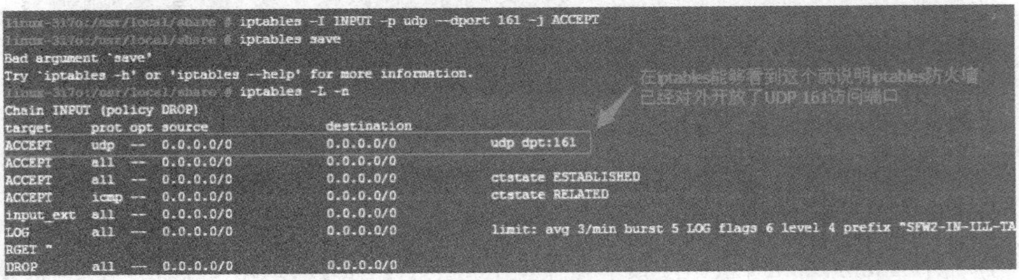

图 9.15　开放 UDP 161 端口的访问权限

我们可以在 Window 系统下使用 Snmputil.exe 工具测试对 Linux 下的 SNMP 访问，测试 Linux 的 UDP 161 端口是否对外开放，如图 9.16 所示。

```
C:\WINDOWS\system32\cmd.exe                                    _ □ ×

E:\开发资料\snmp\snmputil>ipconfig

Windows IP Configuration

Ethernet adapter 本地连接:

        Connection-specific DNS Suffix  . :
        IP Address. . . . . . . . . . . . : 192.168.1.144
        Subnet Mask . . . . . . . . . . . : 255.255.255.0
        Default Gateway . . . . . . . . . : 192.168.1.1

E:\开发资料\snmp\snmputil>snmputil get 192.168.1.229 public .1.3.6.1.2.1.1.5.0
Variable = system.sysName.0
Value    = String linux-3i7o.site
```

图 9.16　在 Windows 下测试

执行 "snmputil get 192.168.1.229　public .1.3.6.1.2.1.1.5.0" 命令返回 192.168.1.229 这台 Linux 服务器的名字，可以看到，Linux 服务器的名称已经正常返回输出到命令行窗口了。

9.6　网络故障处理

9.6.1　网络故障概述

网络故障处理，就是从发现网络故障开始，通过网络测试工具或者诊断工具来获得相关信息，确定故障点，找到故障的根源，从而排除故障，恢复网络正常工作；或者是发现网络规划和配置中的欠佳之处，改善和优化网络的性能；观察网络的运行状况，保障网络通信质量。诊断网络故障的过程应该沿着 OSI 七层模型从物理层开始向上进行，首先检查物理层，然后检查数据链路层，依此类推，设法确定通信失败的故障点，直到系统通信正常为止。

9.6.2　网络故障的分类

网络中可能出现的故障多种多样，往往解决一个复杂的网络故障需要广泛的网络知识与丰富的工作经验。这就是一个成熟的网络管理机构制定有一整套完备的故障管理日志记录机制的原因，同时也是人们率先把专家系统和人工智能技术引进到网络故障管理中来的原因。由于网络故障的多样性和复杂性，网络故障的分类方法也不尽相同。

1．按网络故障性质划分

1）物理故障

物理故障主要是指设备或线路损坏、插头松动、线路受到严重电磁干扰等情况。比如说，网络中某条线路突然中断，这时网络管理人员从监控界面上发现该线路流量突然掉下来或系统弹出报警界面。在这种情况下，应首先用 ping 命令检查线路在网络管理中心这端的端口是否连通，如果不连通，则检查端口插头是否松动，若松动则插紧，再用 ping 命令检查；如果连通则故障解决，然后把故障的特征及其解决步骤详细记录下来。若是线路远离网络管理中心的那端插头松动，则需要通知对方解决。另一种常见的物理故障是网络插头误接。这种情况经常是由没有掌握网络插头规范或没有弄清网络拓扑规划导致的。比如说，只有掌握网线中每根线的颜色和意义，才能做出符合规范的插头，否则就会导致网络连接出错。还有另一种情况，比如两台路由器直接连接，应将一台路由器的出口连接另一台路由器的入口，而这台路由器的入口连接另一台路由器的出口，这时制作的网线就应该满足直连这一特性，否则也会导致网络误接。不过这种网络连接故障往往很隐蔽，要诊断这种故障没有什么特别有效的工具，只能依靠经验丰富的网络管理人员。

2) 逻辑故障

逻辑故障中的一种常见情况就是配置错误，即因网络设备的配置错误而导致的网络异常或故障。造成配置错误的原因包括：路由器端口参数设定有误；路由器路由配置错误以至于路由循环或找不到远端地址；网络掩码设置错误等。比如，网络中某条线路出现故障，发现该线路没有流量，但又可以 ping 通线路两端的端口，这时很可能就是路由配置错误而导致的路由循环。诊断该故障时用 traceroute 工具，可以发现在 traceroute 诊断结果中有两个 IP 地址循环出现。这一般就是线路远端把端口路由又指向了线路近端，导致 IP 包在该线路上来回传递。这时需要更改远端路由器端口配置，把路由设置为正确配置，就能恢复线路。当然处理该故障的所有动作都要记录在日志中。导致另一类逻辑故障的原因就是一些重要进程或端口关闭，以及系统的负载过高。比如，路由器的 SNMP 进程意外关闭或死掉，这时网络管理系统不能从路由器中采集到任何数据，因此网络管理系统失去了对该路由器的控制。还有，当线路中断且没有流量时，发现线路近端的端口 ping 不通，检查后发现该端口处于 down 的状态，说明该端口已经关闭了，因此导致故障。这时只需重新启动该端口就可以恢复线路的连通。路由器的负载过高，表现为路由器 CPU 温度过高、CPU 利用率过高以及内存余量过小等，虽然这种故障不能直接影响网络的连通，但却影响到网络提供服务的质量，同时也容易导致硬件设备的损害。

2. 按网络故障对象的不同划分

1) 线路故障

线路故障最常见的情况就是线路不通，诊断这种故障时，可用 ping 命令检查线路远端的路由器端口是否还能响应，或检测该线路上的流量是否还存在。一旦发现远端路由器端口不通或该线路没有流量，则判断该线路可能出现了故障。这时有几种处理方法。首先是 ping 线路两端路由器端口，检查两端的端口是否关闭。如果其中一端的端口没有响应则可能是路由器端口故障。如果近端端口关闭，则检查端口插头是否松动，路由器端口是否处于 down 的状态；如果远端端口关闭，则要通知线路对方进行检查。这些故障处理之后，线路往往就通畅了。如果线路仍然不通，一种情况可能是线路中间被切断了，需要通知线路的提供商检查线路本身的情况；另一种情况可能就是路由器配置出错，比如路由循环，即远端端口路由又指向了线路的近端，这样线路远端连接的网络用户就不通，这种故障可以用 traceroute 工具来诊断。解决路由循环的方法就是重新配置路由器端口的静态路由或动态路由。

2) 路由器故障

事实上，线路故障中很多情况都涉及路由器，因此也可以把一些线路故障归结为路由器故障。但线路涉及两端的路由器，因此在考虑线路故障时要涉及多个路由器。有些路由器故障仅仅涉及它本身，比较典型的就是路由器 CPU 温度过高、CPU 利用率过高和路由器内存余量太小。其中最危险的是路由器 CPU 温度过高，因为这可能导致路由器烧毁。而路由器 CPU 利用率过高和路由器内存余量过小都将直接影响到网络服务的质量，比如路由器的丢包率会随内存余量的下降而上升。检测这种类型的故障，需要利用 MIB 变量浏览器工具，从路由器 MIB 变量中读出有关的数据，通常情况下网络管理系统有专门的管理进程不断地检测路由器的关键数据，并及时给出报警。要想解决这种故障，只有通过对路由器进行升级、扩内存等方式，或者重新规划网络的拓扑结构。另一种路由器故障就是自身的配置错误，比如配置的协议类型不对、配置的端口不对等。这种故障比较少见，而且没有什么特别的检测方法，大部分靠网络管理人员的经验。

3) 主机故障

主机故障的常见现象就是主机的配置不当。比如，主机配置的 IP 地址与其他主机冲突，或 IP 地址根本就不在子网范围内，这将导致该主机不能连通。还有一些服务的设置故障，比如 E-mail 服务器设置不当导致不能收发 E-mail，或者域名服务器设置不当导致不能解析域名。主机故障的另一种可能是主机安全故障，比如，主机没有控制其上的 finger、rpc、rlogin 等多余服务，而恶意攻击者可以通过这些多余进程的正常服务或 bug 攻击该主机，甚至得到该主机的超级用户权限等。另外，一些主机的其他故障，比如本机硬盘共享不当等，将导致恶意攻击者非法利用该主机的资源。发现主机故障是一件困难的事情，特别是别人恶意的攻击。一般可以通过监视主机的流量或扫描主机端口和服务来检测可能的漏洞。当发现主机受到攻击之后，应立即分析可能的漏洞，并加以预防，同时通知网络管理人员。

9.6.3　网络故障排除流程

在排除故障的时候，最好将故障现象认真仔细地记录下来。在观察和记录时一定要注意细节，排除大型网络故障如此，排除十几台计算机的小型网络故障也如此，因为有时正是一些最小的细节使得整个问题变得明朗化。

1. 识别故障现象

作为管理员，在排故障之前，必须确切地知道网络到底出了什么问题，是不能共享资源，还是找不到另一台计算机，等等。知道出现什么问题并能够及时识别，是成功排除故障最重要的步骤。为了与故障现象进行对比，管理员必须知道系统在正常情况下是怎样工作的，否则不能对问题和故障进行定位。可以从以下几个方面考虑：当故障现象发生时，正在运行什么进程(即操作者正在对计算机进行什么操作)？这个进程以前运行过吗？以前这个进程的运行是否成功？这个进程最后一次成功运行是什么时候？从那时起，发生了哪些改变？

2．对故障现象进行详细描述

当处理由操作员报告的问题时，对故障现象的详细描述显得尤为重要。需要管理员亲自操作刚才出错的程序，并注意出错信息。例如，在使用 Web 浏览器浏览时，无论输入哪个网站都返回"该页无法显示"之类的信息；使用 ping 命令时，无论 ping 哪个 IP 地址都显示超时连接信息等。诸如此类的出错消息会为缩小问题范围提供许多有价值的信息。对此在排除故障前，可以按以下步骤执行：收集有关故障现象的信息；对问题和故障现象进行详细描述；注意细节；把所有的问题都记下来，不要匆忙下结论。

3．列举可能导致错误的原因

网络管理员应当考虑导致无法查看信息的原因可能有哪些，如网卡硬件故障、网络连接故障、网络设备(如集线器、交换机)故障、TCP/IP 协议设置不当等。

注意：不要着急下结论，可以根据出错的可能性把这些原因按优先级别进行排序，一个个先后排除。

4．缩小搜索范围

对所有列出的可能导致错误的原因逐一进行测试，而且不要根据一次测试就断定某一区域的网络运行是否正常。另外，也不要在自己认为已经确定了的第一个错误上停下来，应完成所有测试。

除了测试之外，网络管理员还要注意：千万不要忘记检查网卡、集线器、Modem、路由器面板上的 LED 指示灯。通常情况下，绿灯表示连接正常(Modem 需要几个绿灯和红灯都要亮)，红灯表示连接故障，不亮表示无连接或线路不通。根据数据流量的大小，指示灯会时快时慢地闪烁。同时，不要忘记记录所有观察及测试的手段和结果。

5．隔离错误

经过一番测试后，基本上就能知道故障出现的部位。对于计算机的错误，可以开始检查该计算机网卡是否安装好、TCP/IP 协议是否安装并设置正确、Web 浏览器的连接设置是否得当等一切与已知故障现象有关的内容。接下来就可以排除故障了。

6．故障分析

处理完故障以后，网络管理员还必须搞清楚故障是如何发生的，明确导致故障发生的原因，以及以后如何避免类似故障的发生，并且拟定相应的对策，采取必要的措施，并制定严格的规章制度。

9.6.4　常见网络故障的排除

1．物理层的故障

物理层的故障主要表现在设备的物理连接方式是否恰当；连接电缆是否正确；Modem、CSU/DSU 等设备的配置及操作是否正确。确定路由器端口物理连接是否完好的最佳方法是使用 show interface 命令，检查每个端口的状态，解释屏幕输出信息，查看端口状态、协议建立状态和 EIA 状态。

在同轴网中物理层的故障通常会导致灾难性的网络故障，使用二分法可以很快查找、定位这类故障并予以解决。间歇性故障则是比较难以隔离的，包括以下几种：

(1) 电缆连接问题。可通过目测检查电缆是否正常连接。检查连接性常用的方法是检查 Hub、收发器以及近期生产的网卡上的状态灯。如果是 10Base5 电缆，要仔细检查所有的 AUI 电缆是否牢固地连接，划锁要同时锁牢，有时只要简单地把未接牢的部分重新紧固就能解决很多问题。

(2) 受损的电缆或连接部件。在检查物理层的问题时，要注意受损的电缆、不正确的电缆类型(比如在以太网上使用 RG62 或 RG59)、未打好的 RJ-45 水晶头或未按牢的 BNC 头。对怀疑有问题的电缆可以用一般的电缆测试仪进行测试。

(3) 连接脉冲极性问题。无论是 NIC 还是 Hub 的连接脉冲极性都可以通过测试测出，连接极性故障通常是由电缆的连接错误引起的。

对一个单一的站点来说，典型的故障多发生在坏的电缆、坏的网卡、驱动软件或是工作站设置不正确等问题上。

2．链路层的问题

查找和排除数据链路层的故障，需要查看路由器的配置，检查连接端口共享同一数据链路层的封装情况。每对接口要和与其通信的其他设备有相同的封装。通过查看路由器的配置检查其封装，或者使用 show 命令查看相应接口的封装情况。

如果平均碰撞率大于 10%，就需要进一步测试。如果可能，试着通过减少网段规模(将网络分成小块)并随时检测碰撞的变化以隔离出发生问题的区域。为了追踪碰撞情况，必须知道网络的流量。可以使用背景流量发生器来加入适当的流量(100 帧/秒，100 字节长的流量)，并同时观察网络的统计显示。某些与介质有关的故障是与流量大小成正比的。可以在用控制键改变流量的同时观察碰撞与错误的改变。使用这种方法时要特别小心，因为很容易给网络增加较大的流量。解决与碰撞有关的问题常常是很麻烦的，因为测试的情况在很大程度上取决于观察的位置，同一网段的不同观察点看到的情况有可能不同，因此要多找几个点来观察并留意所发生的变化。

3．网络层故障

排除网络层故障的基本方法是：沿着从源到目标的路径，查看路由器的路由表，同时检查路由器接口的 IP 地址。如果路由没有在路由表中出现，应该通过检查来确定是否已经输入适当的静态路由、默认路由或者动态路由。然后手工配置一些丢失的路由，或者排除一些动态路由选择过程的故障，如 RIP 或者 IGRP(内部网关路由协议)出现的故障。例如，对于 IGRP 路由，选择信息只在同一自治系统号(Autonomous System Number，AS)的系统之间交换数据，此时应查看路由器配置的自治系统号的匹配情况。

4．协议故障

协议故障通常与操作系统中的网络通信协议未安装或者配置错误有关。比如，在局域网络通信时，没有安装 NetBEUI 协议。如果 TCP/IP 协议中的 IP 地址、子网掩码、DNS、网关参数设置不正确，也会导致计算机无法正常上网或使用网络。

总的来说，网络的故障虽然多种多样，但并非无规律可循。随着理论知识和经验技术的积累，故障排除将变得越来越快、越来越简单。严格的网络管理，是减少网络故障的重要手段；完善的技术档案，是排除故障的重要参考；有效的测试和监视工具，是预防、排除故障的有力助手。

✦ ✦ ✦ 本 章 小 结 ✦ ✦ ✦

本章主要介绍网络管理的目标和重要性，并对于目前常见的网络管理协议 SNMP 进行介绍。另外还介绍了常见的几种网络管理软件的应用。针对大、中、小型网络的网络方案的选择和设计进行了简要的介绍，最后针对网络运行环境中可能出现的故障和解决办法进行了介绍，并列举了一些网络故障排除时常用的网络命令。

习 题 与 思 考

1. 网络维护是保障网络正常运行的重要方面，它主要包括哪些方面？
2. 最常用的网络管理协议是什么？
3. 简述 ISO 网管模型和 Internet 网管模型的组成结构。
4. 网络管理方案的设计原则是什么？
5. 网络故障处理的常用方法有哪些？

第 10 章

测试验收与维护管理

【内容介绍】

一个大型的网络工程项目，都是从招投标开始的，中标后按合同规定进行工程建设实施，最后对工程测试进行验收。本章主要介绍网络布线过程和调试、验收过程的要求以及完工以后网络使用过程中的维护和管理的注意事项。

10.1 工 程 测 试

为了保证组网工程的质量，在网络布线施工过程中，需要进行大量的测试工作。布线测试分为连通测试和认证测试两类。连通测试主要监督线缆质量和安装工艺，一般是边施工边测试，保证其发现错线后可以及时修改，它保证组网工程质量、确保施工工期，是相当重要的施工环节。认证测试则是对电缆的安装、电气特性、传输性能、设计、选材以及施工质量进行全面检验，是评价综合布线工程质量的科学手段。

10.1.1 测试网络系统

网络系统的测试主要有两大类，一类是对线路的测试，一类是对网络运行的测试。下面主要介绍对线路的测试。

1. 连通测试

布线是一种一次到位的施工，一经铺设，其主体将不再更改，并且会使用多年，所以全面而细致的检测是非常必要的。

连通测试注重结构化布线的连接性能，不关心结构化布线的电气特性。

连通测试一般是在网络施工过程中，施工人员边施工边测试，对于在施工过程中产生的线缆损伤、接触不良、串线(串扰)、开路、短路等各种问题能及时发现并解决，从而消除布线中存在的隐患，确保线路质量。

某学院校园网中，网络的传输介质主要包括光纤和 UTP 5 类线，其连通测试的方法也是不同的。光纤的连通性测试比较简单，只需在光纤一端导入光线(如手电光)，在光纤的另外一端查看是否有光闪即可。连通性测试的目的是确定光纤中是否存在断点，一般在施工前购买光缆时都采用这种方法进行简易的光缆检测。在 UTP 5 类线的连通性测试中，可用一般万用表的电阻挡测试，是否出现开路、短路、接错线(反接、错对)问题。而对于串扰问题，只有用电缆测试仪(如 Fluke 的 620/DSPl00)才能检查出来。

所谓串扰，就是将原来的两对线分别拆开后又重新组成新的绕对，使相邻线路的信号传输的方向相反，从而使近端串扰(NEXT)急剧增加。EIA/TIA 568A 和 EIA/TIA 568B 连接方式的主要区别体现在双绞线线序排列的顺序不同。之所以规定不同的排列线序，主要是为了控制相邻线路的信号传输使其方向相同，以达到减小串扰对的目的。因为串扰这种故障的连通性是好的，所以用万用表是查不出来的。此外，串扰故障有时不易被发现是因为当网络低速度运行或流量极低时其表现不明显；而当网络繁忙或高速运行时其影响极大，会导致 NEXT 超标。

2．认证测试

电缆的认证测试是测试电缆的安装、电气特性、传输性能、设计、选材以及施工质量情况。例如测试 UTP5 类线的两端是否按照有关规定正确连接、电缆的走向如何等。

通常结构化布线的通道性能不仅取决于布线的施工工艺，还取决于采用的电缆及相关连接硬件的质量，所以对结构化布线必须要做认证测试。此外，电缆安装是一个以安装工艺为主的工作，与具体施工者的安装技术也有一定的关系，为确保电缆的安装满足性能和质量的要求，也必须进行认证测试。

认证测试并不能提高布线系统的通道性能，只是确认所安装电缆、相关连接硬件及其工艺能否达到设计要求。只有使用能满足特定要求的测试仪器并按照相应的测试方法进行测试，所得结果才是有效的。

电缆的认证测试是指电缆除了正确的连接以外，还要满足有关的标准，即安装好的电缆的电气参数(例如衰减、NEXT 等)是否达到有关规定所要求的指标。关于 UTP5 类线的现场测试指标可参照 ANSI/TIA/EIA PN3287，即 TSB-67《非屏蔽双绞电缆布线系统传输性能现场测试规范》进行测试。该标准对 UTP5 类线的现场连接和具体指标都作了规定，同时对现场使用的测试仪器也作了相应的规定。对于网络用户，网络安装公司或电缆安装公司都应对安装的电缆进行测试，并出具可供认证的测试报告。

对布线工程中的光纤或光纤系统，其验证测试的主要指标是衰减，包括测量光纤输入功率和输出功率，分析光纤的衰减/损耗，确定光纤连续性和发生光损耗的部位等。实际测试时还包括测试光缆长度和时延等内容。光纤本身的种类很多，但光纤及其系统的基本测试方法大体上都是一样的，所使用的设备也基本相同。

测量光纤的各种参数之前，必须做好光纤与测试仪器之间的连接。目前，在连接时有各种各样的接头可用，但如果选用的接头不合适，就会造成损耗，或者造成光学反射。例如，在接头处，光纤不能太长，即使长出接头端面不足 1 mm，也会因压缩接头而使之损坏。反之，若光纤太短，则又会产生气隙，影响光纤之间的耦合。因此，应在进行光纤连接时，仔细地平整及清洁端面，并使之适配。

在具体的工程中通常对光缆的测试项目及方法有下述几种：

1) 端到端的损耗测试

端到端的损耗测试采取插入式测试方法，使用一台功率测量仪和一个光源，先以被测光纤的某个位置作为参考点，测试出参考功率值，然后再进行端到端测试并记录下信号增益值，两者之差即为实际端到端的损耗值。

2) 收发功率测试

收发功率测试是测定布线系统光纤链路的有效方法，使用的设备主要是光纤功率测试仪和一段跳接线。在实际情况中，链路的两端可能相距很远，但只要测得发送端和接收端的光纤功率，即可判定光纤链路的状况。

3) 反射损耗测试

反射损耗测试是检修光纤线路非常有效的手段。它使用光时域反射仪(OTDR)来完成测试工作。

此外，光时域反射仪可以测试光纤的长度、光纤衰耗、光纤故障点和光纤的接头损耗，它是检测光纤性能和故障的必备仪器。

3．故障原因分析

网络线缆故障分为两类：一类是连接故障，一类是电气特性故障。连接故障多是由施工工艺不到位或对网络线缆的意外损伤造成的，如接线错误、短路、开路等；而电气特性故障则是由线缆在信号传输过程中达不到设计要求造成的。造成电气特性故障的因素，除材料本身的质量不过关外，还包括施工过程中线缆的过度弯曲、线缆捆绑太紧、过力拉伸和过度靠近干扰源等。

对于 UTP 5 类线缆，如果在测试过程中出现一些问题，可以从以下几个方面着手分析，然后一一排除故障。

(1) 近端串扰太大。故障原因可能是近端连接点的问题，或者是串对、外部干扰、远端连接点短路、链路电缆和连接硬件性能问题、电缆不是同一类产品以及电缆的端接质量问题等。

(2) 开路、短路问题。故障原因可能是两端的接头断路、短路、交叉或断裂，或是跨接错误等。

(3) 衰减太大。故障原因可能是线缆过长或温度过高，或是连接点问题，也可能是链路电缆和连接硬件的性能问题，或不是同一类产品，还有可能是电缆的端接质量问题等。

(4) 长度问题。故障原因可能是线缆过长、开路或短路，或者设备连线及跨接线的总长度过长等。

(5) 测试仪故障。故障原因可能是测试仪不启动(可采用更换电池或充电的方法解决此问题)，测试仪不能工作或不能进行远端校准，测试仪设置为不正确的电缆类型，测试仪设置为不正确的链路结构，测试仪不能存储自动测试结果以及测试仪不能打印存储的自动测试结果等。

10.1.2　网络测试工具

随着网络的普及化和复杂化，网络的合理架设和正常运行变得异常重要，而保障网络的正常运行必须要从两个方面着手。其一，网络施工质量直接影响网络的后续使用，所以施工质量不容忽视，必须严格要求，认真检查，防患于未然。其二，网络故障的排查直接影响网络的运行效率。因此为了追求高效率、短时间，网络检测辅助设备在网络施工和网络维护工作中变得越来越重要。

1．网络测试仪

网络测试仪的使用可以极大地降低网络管理员排查网络故障的时间，提高综合布线施工人员的工作效率，加速工程进度和提升工程质量。网络测试仪按照网络传输介质可以分为无线网络测试仪和有线网络测试仪两类。

无线网络测试仪主要是针对无线路由和无线接入点(Access Point，AP)进行检测，可以排查出无线网络中连接的终端和无线信号强度，进而能有效地管理网络中的节点，增强网络安全。随着无线网络的推广，无线网络测试仪会越来越受网络管理工作者的重视，成为一种重要的检测工具。

有线网络中常见的传输介质包括双绞线、光纤和同轴电缆。同轴电缆已经很少见了，普遍使用的是双绞线，光纤是未来网络的发展方向。市场上针对传输介质开发出的网络测试仪分为光纤网络测试仪和双绞线网络测试仪。

网络测试仪按功能可以分为线缆检测仪、多功能网络测试仪和网络性能测试仪。

1) 线缆检测仪

线缆测试仪主要是针对于网络介质进行检测，包括线缆长度、串音衰减、信噪比、线路图和线缆规格等参数，常用于综合布线施工中。

2) 多功能网络测试仪

多功能网络测试仪通常是指多种测试功能集成在一起的网络检测设备，如集成链路识别、电缆查找、电缆诊断、扫描线序、拓扑监测、ping 功能、寻找端口、POE(以太网供电)检测等。该测试仪因其设备功能齐全，应用范围广，可胜任网络维护、网络施工和线缆诊断等工作。

多功能网络测试仪是比较常见的网络检测工具，可以说是网络检测的多面手，多功能网络测试仪通常被定义为一种网络维护工具，当然这也不妨碍它在工程中的实用性。多功能网络测试仪主要包括以下功能：

(1) 电缆诊断功能。

电缆和连接器组成了局域网的基础架构。无论是对网络的初始布设，还是对已建成网络的维护，这些工作大多数仍需要人工完成，并由此带来了网络可靠性的问题。同时，不同位置的电缆和各种连接器老化也会引起网络连接失效。当网络中出现诸如电缆中断(开路)和双绞线线对错误短接(短路)以及其他故障时，网络通信就会中断。网络管理员通过网络测试仪的 TDR(时域反射)电缆诊断功能，可以快速诊断和分析以太网网络线缆的连接可靠性及连接状态，并精确定位故障点所在的位置。

由 Cat5/Cat5E 双绞线构成的网络环境，潜在的电缆故障包括：

· 开路：在双绞线两端的接头之间缺少连续性。

· 短路：2 根或更多的导线一起短路。

· 交叉对：双绞线在末端未正确连接。例如，在一个末端某对线连到接头 4 和 5，这对线在另一个末端连到接头 7 和 8。

· 反转对：在双绞线中的两个导线以相反的极性连接。例如，一个末端连接到接头 1 和 2，在另一边却连接到接头 6 和 3(正确的情况应该是连接到接头 3 和 6)。

· 不正确的终止：电缆终止阻抗不等于 100 Ω。因为典型的 5 类(Cat 5)电缆阻抗为 100 Ω，在每个末端的电缆终止阻抗也必须为 100 Ω，以防止波形反射和潜在的数据误差。

(2) POE 测试功能。

随着网络技术的发展，许多网络设备厂商都推出了基于以太网供电(Power Over Ethernet，POE)的交换机技术，以解决一些在电源布线比较困难的网络环境中需要部署低功率终端设备的问题。POE 可以在现有的以太网 Cat.5 布线基础架构不做任何改动的情况下，为一些基于 IP 的终端(如 IP 电话机、无线局域网接入点 AP、网络摄像机等)传输数据信号的同时，还能为此类设备提供直流供电，用以确保在结构化布线安全的同时保证现有网络的正常运作，最大限度地降低成本。网络测试仪能够自动模拟不同功率级别的受电设备(Power Device，PD)，获取供电设备(Power Sourcing Equipment，PSE)的供电电压波形，根据不同的设备环境进行检测并在屏幕上绘出 PSE 供电输出的电压波形。网络测试仪可以通过智能地模拟不同功率级别的以太网受电设备来检测以太网供电设备的可用性和性能指标，包括设备的供电类型、可用输出功率水平、支持的供电标准以及供电电压。

(3) 识别端口功能。

在一些使用时间较长的网络环境中，经常会出现配线架端的标识磨损或丢失等情况，技术人员在排查故障时，很难确定发生故障的 IP 终端连接在交换机的哪一个端口，往往需要反复排查才能加以区分。网络测试仪针对这种情况提供了端口闪烁功能，通过设置自身的端口状态，使相连的交换机端口 LED 指示灯按照一定的频率关闭和点亮，让管理人员一目了然地确定远端端口所对应的交换机端口。

(4) 扫描线序功能。

网络测试仪通常提供双绞线电缆线序扫描功能，图形化地显示双绞线电缆端到端的连接线序，核对双绞线末端到末端的连接是否符合 EIA/TIA-568 标准，该功能可替代测线器进行双绞线线序验证。

(5) 定位线缆功能。

网络测试仪通常可以搭配音频探测器进行线缆查找，以便发现线缆的位置和故障点。

(6) 链路识别功能。

链路识别功能主要应用于判断以太网的链路速率(十兆、百兆或是千兆)，而且该类设备通常可以判断网络的工作状态(半双工或是全双工)。

(7) ping 功能。

ping 功能对网络测试仪至关重要，它可针对网络物理层进行检测和诊断，由于网络测试仪本身即是一个 IP 终端，利用 ping 功能可以对网络(IP)层进行连通性能测试，使网络管理和维护人员在大多数情况下，无须携带笔记本电脑即可对故障点进行测试以排除故障。通过可扩展的 Ping ICMP 连通性测试，根据用户定义信息，重复对指定 IP 地址进行连通性和可靠性测试。

目前，市面上常用的多功能网络测试仪有 FLUKE LinkRunner Pro 测试仪，如图 10.1 所示。国产的还有奈图尔 nLink-Ex 系列产品等。

图 10.1　FLUKE LinkRunner Pro 测试仪

3) 网络性能测试仪

网络性能检测设备属高端设备，主要功能包括网络流量测试、数据拦截、IP 查询、流量分析等，常用于大型网络的安全领域。

2．网络测试命令

在一般的网络环境中，我们通常也采用一些网络测试命令来完成对网络的基本性能以及功能的测试。下面介绍最常用的网络测试命令。

1) ping 命令

ping 命令用来确定两个网络设备之间能否连通，利用 ping 命令可以排除网卡、Modem、电缆和路由器甚至 TCP/IP 协议配置等存在的故障。ping 命令只有在安装了 TCP/IP 协议以后才可以使用。运行 ping 命令以后，在返回的屏幕窗口中会返回对方客户机的 IP 地址和 ping 通对方的时间，如果出现信息 "Reply from …"，则说明能与对方连通；如果出现信息 "Request timeout …"，则说明不能与对方连通。

2) tracert 命令

从本地计算机到目的计算机的访问往往要经过许多路由器，为了跟踪从本地计算机到目的计算机的路径，可以使用 tracert 命令。tracert 命令用来显示数据包到达目的计算机所经过的路径，并显示到达每个节点的时间。

3) netstat 命令

netstat 命令可以帮助了解网络的整体使用情况。它可以显示当前正在活动的网络连接的详细信息，可以统计目前一共有哪些网络连接正在运行。

4) ipconfig 命令

ipconfig 命令可用于显示本地计算机当前所有的 TCP/IP 协议的网络配置值，这些信息一般用来检验人工设置的 TCP/IP 协议配置是否正确。另外，ipconfig 还可以刷新对动态主机配置协议 (DHCP)和域名系统(DNS)的设置。

5) route 命令

route 命令用来显示、添加和修改计算机中的路由表的表项。计算机要访问 Internet 通常要通过路由器连接，在对 TCP/IP 协议进行配置时，需要指定默认网关，默认网关即计算机连接的路由器的 IP 地址。

10.2 工程验收

对网络工程进行验收是施工单位(乙方)向用户单位(甲方)移交工程的正式程序。验收是用户对施工单位工作的认可，验收时需要检查工程施工是否符合设计要求和符合有关施工规范。用户要确认工程是否达到了原来的设计目标，质量是否符合要求，有没有不符合原设计有关施工规范的地方。

网络建设项目完成的标志体现在项目的验收环节。由施工单位、监理单位以及相关部门和有关专家组成的项目验收小组，依据合同条例和设计技术书规定的内容及标准，对施工单位施工的建设项目，包括对工程建设总体数量、施工质量、系统性能、各类信息服务环境、相关的技术文档等全部建设内容进行实地验收。只有通过验收小组的全面检查验收，确认建设内容与项目设计目标相符，工程质量达到设计标准要求，并签发验收合格的验收报告后，才标志着建设工程正式竣工。否则，必须根据验收小组的检查意见，限期修复缺陷，直至通过再次验收。

10.2.1 综合布线系统工程验收规范

1. 施工前检查

施工单位在工程开工后，应首先对以下内容进行检查。

1) 环境要求

(1) 检查土建施工中与综合布线工程相关部分的完成情况和质量情况，即地面、墙面、门的位置及高度、开关方向、电源插座及地线位置等。

(2) 检查土建工艺中的预留孔洞、预埋管孔位置及畅通情况；检查电力电源线是否安全可靠，容量是否符合需求。

(3) 进行防静电活动地板的敷设质量和承重测试。

2) 器材检验

- 外观检查。
- 规格、品种、数量检查。
- 线材特性抽样测试。
- 光纤特性测试。
- 工程中使用的缆线、器材应与订货合同中规定的产品或封存的产品在规格、型号、等级上相符。
- 备品、备件及各类资料应齐全。

3) 安全与防火要求

- 消防器材是否齐全有效。
- 危险物的堆放是否有危险防范措施。
- 预留孔洞是否有防火措施。

2. 现场验收

由甲方、乙方共同组成一个验收小组，对已竣工的工程进行验收。网络工程的范围非常广泛，下面以网络综合布线系统为例，说明现场验收的主要内容。

1) 工作区子系统验收

对于众多的工作区，不可能逐一验收，而是由甲方挑选工作间进行验收。验收的重点是：线槽走向、布线是否美观大方，符合规范；信息插座是否按规范进行安装；信息插座安装是否做到一样高、平、牢固；信息面板是否固定牢靠。

2) 水平干线子系统验收

水平干线主要的验收点有线槽安装是否符合规范；槽与槽、槽与槽盖是否接合良好；托架、吊杆是否安装牢靠；水平干线与垂直干线、工作区交接处是否出现裸线，是否符合规范；水平干线槽内的线缆是否固定；接地是否正确。

3) 垂直干线子系统验收

垂直干线子系统的验收除了类似于水平干线子系统的验收内容外，还要检查楼层与楼层之间的洞口是否采用防火材料封闭，以防火灾发生时，成为一个隐患点；检查线缆是否按间隔要求固定，线缆拐弯是否按规范留有弧度。

4) 管理间与设备间子系统验收

管理间与设备间子系统的验收主要是检查设备安装是否规范整洁。这些不一定要等到工程结束时才进行，有些部分是随时验收的，特别是隐蔽工程要随工检验。

3. 综合布线系统的验收归纳

1) 设备的安装检查

设备的安装检查主要包含下述内容：

- 检查机柜安装的位置是否正确，规格、型号、外观是否符合要求。
- 检查安装的垂直度、水平度。
- 检查设备标牌、标志是否齐全。
- 检查各种螺丝是否紧固。
- 检查防震加固措施是否齐全。
- 检查测试接地措施是否可靠。

2) 信息模块的安装检查

信息模块的安装检查主要包含下述内容：

- 检查其质量、规格是否符合要求，安装位置是否符合要求。
- 检查信息模块、盖板安装是否平、直、正。
- 检查信息模块、盖板是否用螺丝拧紧；标志是否齐全。
- 检查屏蔽措施的安装是否符合要求。

3) 双绞线电缆和光缆的安装检查

(1) 桥架和线槽安装：检查位置是否正确，安装是否符合规范，接地是否正确。

(2) 线缆布放：检查线缆规格、路由、位置是否符合设计要求，线缆的标号是否正确，线缆拐弯处是否符合规范，竖井的线槽、线缆固定是否牢靠，是否存在裸线。

4) 室外光缆的铺设

(1) 架空布线：检查架设竖杆位置是否正确，吊线规格、垂度、高度是否符合要求，卡挂钩的间隔是否符合要求，光缆标志牌是否正确。

(2) 管道布线：检查使用的管孔及管孔位置是否合适，线缆规格与线缆走向是否正确，有无防护设施。

(3) 挖沟布线(直埋)：检查光缆规格是否正确，敷设位置、深度是否正确，是否加了防护铁管，回填时的复原与夯实是否做到位。

(4) 隧道线缆布线：检查线缆规格是否正确，安装位置、路由是否正确，设计是否符合规范。

5) 线缆终端的安装检查

线缆终端的安装检查主要包含下述内容：

- 信息插座安装是否符合设计和工艺要求。
- 配线模块是否符合工艺要求。
- 配线架压线是否符合规范。
- 光纤头制作是否符合要求。

- 光纤插座是否符合规范。
- 各类跳线的布放是否美观和符合规范。

注意：上述五点均应在施工过程中由甲方和监理人员随工检查。如果发现不合格的地方，就随时返工，如果完工后才发出现问题则不好处理。

10.2.2　工程验收过程

(1) 施工方提交验收申请(竣工验收申请表)。

(2) 基建管理部门组织甲方相关单位现场验收。

(3) 施工方应提前做好验收准备，需现场提交以下验收文档：

① 网络施工图纸(数据点、语音点的分布图，线路图，机柜布局图及网络拓扑图等)。

② 信息点自测报告(各信息点六类认证的逐个测试报告)。

③ 材质报告(线材、模块、面板、配线架等)。

④ 网络工程竣工验收说明书(网络施工说明书)。

⑤ 设备的随机资料及保函(主要设备的厂家授权、原厂售后服务承诺)。

(4) 经甲方相关管理部门认可后进入现场验收流程。

① 信息点抽测：甲方使用 FLUKE 六类 UTP 认证测试仪器按总信息点数的 10%～20% 进行抽测，并将所测数据与施工方自测数据进行比较，确定其自测数据是否真实有效。首次抽测中若出现不合格信息点则另行加测总信息点数的 10%，若全部抽测的故障信息点总数超过 10 个，甲方将中断验收流程，待施工方对大楼全部信息点重新检测并提交新的检测报告后，再重新进行验收。

② 网络测试：检测网络是不是可达；路由是否正确；策略是否合理；网络的延迟是否在正常范围以内等。

③ 网络架构验证：验证网络架构是否与施工方所提交的网络拓扑图、综合布线逻辑图、信息点分布图、机柜布局图、配线架上信息点分布图等相符。

④ 工作区子系统验收：

- 线槽走向、布线是否美观大方，符合规范。
- 信息座是否按规范进行安装。
- 信息座安装是否做到一样高、平、牢固。
- 信息面板是否都固定牢靠。
- 标志是否齐全。
- 接地是否正确。

(5) 管理间、设备间子系统验收。

- 检查机柜安装的位置是否正确，规格、型号、外观是否符合要求。
- 检查跳线制作是否规范，配线面板的接线是否美观整洁。

(6) 线缆布放。主要检查下述内容：

- 线缆规格、路由是否正确。
- 线缆的标号是否正确。

- 线缆拐弯处是否符合规范。
- 竖井的线槽、线缆固定是否牢靠。
- 是否存在裸线。

以上各项均检查合格后由参与验收的各部门在验收文档签字盖章，施工方对不合格部位进行限期整改。整改完毕后，组织进行复检。

验收手续完成，移交设备和网络。

10.2.3 验收文档管理

工程完工后，设计单位应将工程竣工技术资料一式三份交给用户，包括安装工程说明、设备、器材明细表、竣工图纸、测试记录报告等。用户不仅要注意接收纸质资料，还应接收存入计算机的电子资料，以便在计算机内建立网络资料库，进行网络管理。

所完成的工程应有完善的文档，以便于管理和维护。用户在验收时，应进行相应的抽检，以验证工程质量。项目验收的另一项工作，就是工程文档的验收。

工程文档既是项目建设的依据，同时又是施工建设的历史记录，其内容包括承建单位建设项目的全套规范文字、图表等文档资料，设计标准规范，技术方案，施工数量，设备及材料使用及剩余清单，网络拓扑结构图，测试报告，工程结算报告，审计报告以及验收机构的验收报告等。

项目验收的成果为验收报告书。

项目验收通过后，一般还应有为期一年的缺陷修补期。在此期间，主要有两项任务：一是承建单位根据系统的运行状况，全面负责解决系统运行中产生的相关问题；二是网络系统管理技术的转移交接。在试运行期间，以承建方为主的系统管理技术，将通过技术培训的方式，逐步移交给网络使用单位的技术部门，最终实现使用单位独立承担网络运行的管理模式。

工程验收完后，必须给客户提供验收报告单，内容包括：

- 主干路由图；
- 机柜配线图；
- 楼层配线图；
- 信息点分布图；
- 测试报告书；
- 材料实际用量表。

10.3 网络维护与管理

正常的网络维护包括网络设备管理(如计算机、服务器)、操作系统维护(系统打补丁、系统升级)、网络安全(病毒防范)等。网络管理包括对硬件、软件和人力的使用、综合与协调，以便对网络资源进行监视、测试、配置、分析、评价和控制，这样就能以合理的价格满足用户对网络的一些需求，如实时运行性能、服务质量等。另外，当网络出现故障时能及时报告和处理，并协调、保持网络系统的高效运行等也属于网络维护和管理。通常承担网络维护和管理工作的人员也简称为网管。

10.3.1　网络维护

1．网络维护工作职责

(1) 负责计算机网络系统的日常维护和管理；

(2) 负责系统软硬件的调研、询价、采购、安装、升级、保管、维护等工作；

(3) 负责软件有效版本的管理，对各计算机设备说明书、软件工具盘、机房钥匙、单位电脑耗材库存量进行统计，并预计下月用量，于每月初提交行政部门；

(4) 负责计算机网络、财务软件的安全运行；国际互联网服务器的安全运行和数据备份；Internet 对外接口安全以及计算机系统防病毒管理；各种软件的用户密码及权限管理；协助各部门进行数据备份和数据归档；

(5) 熟悉系统软件结构和硬件的配置，掌握排除一般硬件故障的办法，熟练掌握在紧急状态下系统的启动及停机处理方法；

(6) 及时应答和回复电脑使用部门提出的各种有关问题；

(7) 处理一些突发事件、紧急事件，协助各部门工作。

2．日常管理工作

1) 网络系统维护

(1) 每日定时对机房内的网络服务器、数据库服务器、Internet 服务器进行巡视，检查是否正常工作，网站是否能正常访问；

(2) 每日巡查计算机系统各个终端电脑、打印机、复印机等设备是否工作正常，是否有不正确的操作使用，是否有带故障工作的设备；

(3) 每当接到报修电话，应问清报修的部门、设备的名称、故障的现象，并做好记录，在没有处理主机或其他的紧急故障情况下，应首先处理报修，并要亲临报修现场，检查故障原因，处理故障，如遇到不能单独处理或涉及其他部门的故障，应请他人协助共同完成；

(4) 网管应对系统和网络出现的异常现象及时进行分析、处理，采取积极应对措施；针对当时没有解决的问题或重要的问题应将问题描述、原因分析、处理方案、处理结果、预防措施等内容记录下来；

(5) 定时对相关服务器数据进行备份；

(6) 维护 Internet 服务器，监控外来访问和对外访问情况，如有安全问题，及时处理；

(7) 每日做 Internet 服务器的数据流量分析，为公司高层的分析提供依据；

(8) 制定服务器的防病毒措施，及时下载最新的病毒库，防止服务器受病毒的侵害；

(9) 各部门安装、移动电脑或其他外部设备，应按照制度在接到审批手续后再做处理；

(10) 网管应及时下载系统及平台软件的相关补丁程序，并与原系统进行配套管理和使用。

2) 数据备份管理

(1) 公司内、外各类服务器的数据备份；

(2) 每天 23:30 对财务软件进行自动实时备份，每周做一次物理数据备份，并在备份服务器中进行逻辑备份的验证工作，经过验证的逻辑备份存放在不同的物理设备中，每月由文档中心刻录一张光盘进行存档；

(3) 每周至少对文件服务器做一次物理数据备份；

(4) 自动或手工备份的数据在数据库故障时应能够准确恢复。

3) 网络防毒

(1) 在服务器和客户端微机上安装病毒自动检测程序和防病毒软件，应及时下载防病毒库；

(2) 在向电脑及服务器拷贝或安装软件前，要进行病毒检测；如用户经部门主管批准安装外来软件，应经过网管对安装软件的防病毒检测；

(3) 送外维修和欲联网的计算机经过病毒检测后，方可联入网络；

(4) 为了防止病毒侵蚀，员工和网管不得从 Internet 网下载游戏及与工作无关的软件，不得在微机、服务器上安装或运行游戏软件；

(5) 使用漏洞扫描工具扫描网络系统漏洞，并及时修复；

(6) 经常查看历史记录，分析异常日志；

(7) 管理域控、IP 地址和用户密码。

10.3.2 网络管理

网络管理就是指监督、组织和控制网络通信服务以及信息处理所必需的各种活动的总称。其目的就是使网络中的资源得到更加有效的利用，并在计算机网络运行出现异常时能及时响应和排除故障，并协调、保持网络系统的高效运行等。网络管理主要有以下几方面的内容。

1. 机房环境管理

1) 终端布局

合理的终端布局不但能够提高工作效率，而且能够提高工作场地的有序性。

(1) 网管中心进行维护终端布局时应按照不同维护室的工作区域划分，避免因终端布局混乱造成工作场地人员流动混乱；

(2) 在各个维护室区域内，终端布局按照工作内容或维护终端承载网元类型分区域放置，以提高维护人员工作的便利性；

(3) 需要特殊保护的维护终端应与其他终端隔离，以降低整个区域内所需的安全保护级别。

2) 电源保护

可靠的电力供应是保证网络维护设施可用性的必要条件。

(1) 采用多路供电、对重要网元的监控、维护终端配备 UPS(不间断电源)等方式为网络设备运行监控或设备故障处理提供了可靠保障；

(2) 定期维护和检查供电设备，UPS 应有充足容量；

(3) 在设备监控区域及设备维护区域配备应急照明设备；

(4) 已知或临时的停电计划应提前通知相关领导，并对停电可能造成的影响提前做好准备或通报，防止因无准备的断电造成不必要的损失。

3) 线缆布放

正确有序的线缆布放，不但能够延长线缆的使用寿命，而且能够避免在维护终端出现断连现象。

(1) 电力缆和通信缆应尽可能隐藏于地下，并尽量采取充分的备用保护措施；

(2) 线缆布放应使用电缆管道，避免线路经过公共区域或暴露在外；

(3) 若机房内的维护终端使用路由设备连接，那么线缆布放人员应在线缆两端做好相应标签；

(4) 网管支撑室维护人员应定期对电缆线路进行维护、检查和测试。

4) 区域环境

根据不同的安全保护需要，将网管中心划分为不同的安全区域，如工作区域、三方区域、会议/会客区域等，实施不同等级的安全管理制度。

(1) 网管工作人员应严格遵守各个区域的安全原则；

(2) 出于安全原因和防止恶意破坏，安全区域内应避免不受监督的工作；

(3) 未使用的安全区域应采取物理方式锁闭，并定期检查；

(4) 第三方支持人员应仅在需要时进入工作区域，使用信息处理设施。这种访问必须经过授权并受到相应的限制，同时应接受监督；

(5) 在安全区域内，具有不同安全要求的区域之间需要设置额外的安全边界，以控制物理访问；

(6) 除非经过授权，否则不允许使用摄影、摄像、音频、视频及其他记录设备；明确紧急情况下的处理措施，例如火灾等；

(7) 第三方人员应仅在"需要知道"时才了解安全区域的存在或者发生的活动。

5) 行为规范

以下规范适用于任何在网络管理中心区域内活动的人员：

(1) 严禁在工作台上放置任何与工作无关的东西，以免对维护终端造成安全隐患；

(2) 严禁携带易燃易爆危险物品进入机房，严禁在机房内吸烟；

(3) 严禁在工作区域内进行任何与工作无关的行为，如上网、聊天、看报等；

(4) 机房应具有较高的清洁度，进入网管中心的工作人员需严格做到进门换鞋或戴鞋套；

(5) 任何工作人员或第三方人员在使用维护终端进行维护工作后(以离开所使用维护终端 10 分钟以上为规定范围)，必须注销或退出相关维护程序或维护界面；

(6) 任何工作人员或第三方人员在使用完维护终端后，必须将所使用桌椅放回原位并将桌面清理干净；

(7) 严禁任何工作人员或第三方人员在离开工作台后，将纸质文件滞留于工作台上(以离开工作台 1 个小时以上为规定范围)；

(8) 第三方厂家或外单位人员进入机房应按规定登记，进入机房应遵守机房的各项管理制度；

(9) 若设备要搬入机房应提供相应的授权文件。如无授权文件只有在得到室经理级别以上的管理人员的同意时才可进入机房；

(10) 定期派人对无人机房的设备和环境进行巡视检查。在洪水、雷雨、严寒等情况下，应加强巡查；

(11) 机房除保持充分的市电照明外，须备有应急照明设备。各种照明设备应有专人负责定期检修，市电照明线和直流照明线应有间距，并远离设备线缆；

(12) 机房门外、信道、路口、设备前后和窗户附近均不得堆放物品和杂物，以免妨碍通行和工作；

(13) 办公设备，如复印机、传真机等，应放置在合适的安全区域内，避免无关人员接触，减少信息的泄露；

(14) 无人值守时，门窗都应关闭，底层窗户应考虑设置外部防护；

(15) 单位管理的网络与信息处理设施应与第三方管理的设备实现物理分离；

(16) 记录重要网络与信息处理设施所在位置等信息的通讯录和内部电话簿不应被公众接触；

(17) 危险或易燃物品应安全存放，与工作区域保持一定的安全距离。一般情况下，在工作区域内不得存放大量的、短期内不使用的材料和物品。

6) 仪表、工具、备品、备件和材料

(1) 各类仪表放置在专用的仪表柜中，定期做好清洁维护、防尘防潮工作；

(2) 维护人员经室经理同意方可使用仪表，必须遵照说明书和有关操作规程，正确使用仪表，确保设备安全；

(3) 使用后必须及时将仪表及所有配件放置到仪表柜中；

(4) 仪表发生故障后及时送修，并做好记录；

(5) 维护人员应爱护和正确使用工具，保证工具完好；

(6) 机房常用工具及测试卡、测试手机应在专柜中整齐存放，使用后及时归还原处，交班时进行清点检查。非因工作需要，一律不得带出机房；

(7) 备品、备件及常用材料入库，按设备类型分别放置；

(8) 维护人员因检修需使用备品、备件及材料时，必须得到室经理的许可。更换下来的电路板按要求及时返修，确保备品、备件的完备；

(9) 备品、备件要按要求放置在干燥、通风良好、温度适宜的地方，应参照同类设备的检测周期定期检查，以保证其性能良好，并做好记录；

(10) 网管中心负责仪器仪表的使用，在使用过程中进行仪器仪表的检测，而且每年仪器仪表都会送到运维部检测。

2．机房安全管理

1) 人员进出安全管理

无论内部员工还是第三方人员，只有经过授权的人员才可以进入安全区域。网管中心应实施以下措施对安全区域的出入进行控制(以下管理办法同时适用于网管中心维护机房及设备机房)：

(1) 重要的安全区域应仅限于授权人员访问，并使用身份识别技术(例如门禁卡、个人识别码等)对所有访问活动进行授权和验证。所有访问活动的审计跟踪记录应被安全地保管；

(2) 所有内部员工都应佩戴明显的、可视的身份识别证明，并应主动向那些无单位员工陪伴的陌生人和未佩戴可视标志的人员提出质疑；

(3) 安全区域的访问者应办理出入手续并接受监督或检查，应记录其进入和离开的日

期和时间;

(4) 访问者的访问目的必须经过室经理以上管理人员批准,并只允许访问经授权的目标;

(5) 访问者应被告知该区域的安全要求及有关应急程序;

(6) 安全区域的访问权应被定期审查和更新;

(7) 不得随意允许未经授权许可的人员进入机房。原则上只有在获得网管中心室经理级别以上的管理人员授权证明的情况下才可进入机房,进入时应做好登记工作;

(8) 对于需临时进入机房的人员(包括单位内部及外部人员),必须经过室经理级别以上的工作人员授权批准后,在有权限进入机房的工作人员的陪同下进入机房,并填写机房进出登记表;

(9) 安全管理人员(非机房管理人员)应定期(如每月)对机房进出日志/登记记录进行审核,发现异常情况应及时上报;

(10) 进出设备机房单位内部人员一律在门卫处登记姓名、所属部门、工作内容、进入时间等;

(11) 进入设备机房的厂家或工程队等人员,在没有本单位随工人员陪同的情况下一律不允许进入设备机房进行工作。如遇紧急故障,当第三方人员在没有本单位随工人员陪同的情况下到达现场时,保安人员可让其立即进场,但必须全程尾随。在第三方人员进入现场的同时问明相关部门领导或设备责任人,并立即致电核实。

2) 文档安全管理

系统文档可能包含一系列敏感信息,比如应用流程、程序、数据结构、授权流程的说明。应当考虑下列控制程序,避免系统非法访问:

(1) 工作人员应当安全保存系统文档;

(2) 系统文档的访问列表应控制在最小范围,并由应用责任人授权;

(3) 保存在公共网络的系统文档或者通过公共网络提供的系统文档应当得到有效地保护;

(4) 维护和管理人员均应熟悉并严格执行安全保密规定,部门领导或室经理定期对维护人员进行安全保密教育,并定期检查保密规定的执行情况;

(5) 安全文档包含下列内容:

• 系统网络结构框图,网络拓扑图,网络组织技术说明,各类应用接入技术说明,业务流程图,局资料;

• 现网的设备配置;

• 各类设备、仪器说明书,原理图及布线图;

• 各类设备安装、测试、检修、返修记录;

• 维护测试规定;

• 维护作业计划;

• 各种维护规章制度和维护手册;

• 交接班记录;

• 系统运行记录(含系统故障和重启动记录);

• 故障及处理记录;

• 用户申告故障记录;

- 巡回检查记录；
- 其他问题记录；
- 资料修改记录；
- 硬件更换记录；
- 系统中继方式及中继框图；
- 开通资料(包括工程设计文件、验收文件)；
- 备份更换及相关信息汇总记录；
- 各类联系电话，技术培训资料；
- 质量统计表，话务量统计表，维护作业表；
- 单位内部管理、学习、传阅类文档。

3) 存储媒介使用规范

(1) 存储保护：在不使用信息资产时，做好屏幕和桌面的清理工作，可以有效防止信息的未授权访问，这是保护信息资产，防止其泄露、丢失、破坏的一种重要措施。单位应制定有效管理可移动存储媒介的规定，如移动硬盘、磁带、磁盘、卡带以及纸质文件等。以下是基本的控制措施：

- 包含重要、敏感或关键信息的移动式存储设备不得无人值守，以免被盗；
- 删除可重复使用的存储媒介中不再需要的信息；
- 将任何存储媒介带入和带出单位都需经过授权，并保留相应记录，方便审计跟踪；
- 无论设备的所有权归属于谁，任何在工作区域外使用信息处理设备的行为，都应经过管理层授权许可；
- 在公共场所使用的单位设备和存储媒介均不得无人看管；
- 始终严格遵守设备制造商有关设备保护的要求；
- 纸质文件和计算机设备在不使用时，特别是在工作时间以外，应保存在锁闭柜子内或其他形式的保险装置内；
- 机密和绝密信息在不使用时，特别是办公室无人时，必须予以锁闭(最好置于防火的保险柜或文件柜内)；
- 个人电脑、计算机终端在无人看管时，不得处于登录状态；在不使用时，必须通过键盘、密码锁定或通过其他控制措施予以保护；
- 复印机、扫描仪在工作时间以外，应被锁闭或采用其他方式保护，以防非授权使用；在打印、复印、扫描机密或绝密信息时，必须有人值守，并应在完成后立即从设备中清除；
- 在对信息处理设备处置或重用时，单位应在风险评估的基础上，实施审批手续，决定信息处理设备的处置方法——销毁、报废或利旧，并采取适当的方法将其内存储的敏感信息与授权软件清除，而不能仅采用标准删除功能。

(2) 信息处置：确立信息处置和存储程序，以便有效保护此类信息，避免非法泄露或者误用。根据信息在文档、计算系统、网络、移动计算、移动通信、邮件、语音邮件、语音通信、多媒体中的级别制定相应的处置程序。应当考虑下列控制程序：

- 处置和标记所有媒介；
- 设置非授权人员的访问限制；
- 保持授权访问数据人员的正式记录；

- 确保输入数据的完整性、确保正确的处理过程，以及确保输出验证；
- 根据与敏感程度相匹配的级别，保护准备输出的假脱机数据；
- 在符合制造商规范的环境中保存媒介；
- 将数据的分发限制在最小范围内；
- 清楚标记所有数据拷贝，以便引起合法接收人的注意；
- 定期检查分发清单以及合法接收人名单。

(3) 媒介处置：为最大限度地降低信息泄露的风险，网管中心应制定存储媒介的安全处置流程，规定不同类型媒介的处置方法、审批程序和处置记录等安全要求，其中处置方法应与信息分级相一致。以下是一些基本的控制措施：

·包含敏感信息的媒介应被安全地处置，如粉碎、焚毁，或清空其中的数据，以便重用；

·需要安全处置的媒介种类：纸质文档；语音或其录音；复写纸；输出报告；U盘；移动硬盘；光存储介质(所有形式的媒介，包括制造商的软件发布媒介)；程序列表；测试数据；系统文档；

·当无法确认媒介中的信息级别，或确认信息级别的代价较高时，统一按最严格的方式处理所有媒介；

·敏感媒介的处置过程应当记录在案，以便审计跟踪。

◆ ◆ ◆ 本 章 小 结 ◆ ◆ ◆

本章主要介绍网络工程测试的方法和工具，另外还介绍在工程验收过程中的验收测试流程和注意事项，以及验收过程的文档管理。最后介绍网络运行环境中可能出现的故障和解决办法，以及网络管理的工作规范和要求。

习 题 与 思 考

1. 网络验收时要求网络安装公司提供哪些文档？

2. EIA/TIA-568A 和 EIA/TIA-568B 两种标准的主要区别是什么？制定这两种标准的目的是什么？

3. 网络调试和验收过程中应当注意些什么问题？

4. 作为一名单位的网络管理及维护人员，应该如何重视和执行日常的管理工作？

参 考 文 献

[1] 王振川，等. 网络系统集成一点通[M]. 北京：人民邮电出版社，2004.

[2] 蔡立军. 网络系统集成技术[M]. 北京：清华大学出版社，2004.

[3] 杨威. 网络工程设计与系统集成[M]. 北京：人民邮电出版社，2005.

[4] 邹文波，等. 网络系统集成与管理[M]. 北京：人民邮电出版社，2005.

[5] 徐振明，秦智，等. 组网工程[M]. 西安：西安电子科技大学出版社，2006.

[6] EMC. 解决方案[EB/OL]. http://china.emc.com/solutions/index.htm

[7] 天融信. 产品中心[EB/OL]. http://www.topsec.com.cn/aqli.php?id=128#

[8] 百度. 无线广域网[EB/OL]. http://baike.baidu.com/view/1430160.htm?fr=ala0_1_1